电子通信行业职业技能等级认定指导丛书

信息通信网络机务员指导教程
（基础知识）

工业和信息化部教育与考试中心 组 编
倪为民 主 编
于振伟 周 楠 副主编
董 健 张宏苏 参 编
李炳华 主 审

電子工業出版社
Publishing House of Electronics Industry
北京•BEIJING

内 容 简 介

本书以通信行业特有职业（工种）《国家职业标准》（信息通信网络机务员）为依据，系统介绍了信息通信网络机务从业人员所涉及的基础知识、相关理论和技能要求。

全书共 9 章，内容主要包括：职业道德及相关法律法规知识、安全生产知识、通信网概述、计算机网络知识、新技术及其发展趋势、通信设备工程、通信设备基础维护、通信网络安全防护、培训与指导。

本书的主要内容来源于生产实践，技能操作性强，符合目前企业的生产实际，可作为信息通信网络机务员国家职业五级（初级）、四级（中级）、三级（高级）、二级（技师）和一级（高级技师）职业技能鉴定和培训的教材，也可作为职业专科在校学生、通信工程专业本科生的参考用书。

图书在版编目（CIP）数据

信息通信网络机务员指导教程. 基础知识 / 工业和信息化部教育与考试中心组编. —北京：电子工业出版社，2021.1

ISBN 978-7-121-40445-0

Ⅰ. ①信… Ⅱ. ①工… Ⅲ. ①计算机通信网－教材Ⅳ. ①TN915

中国版本图书馆 CIP 数据核字（2021）第 007954 号

责任编辑：蒲 玥　　特约编辑：田学清
印　　刷：北京盛通数码印刷有限公司
装　　订：北京盛通数码印刷有限公司
出版发行：电子工业出版社
　　　　　北京市海淀区万寿路 173 信箱　　邮编：100036
开　　本：787×1092　1/16　印张：16.5　字数：422.4 千字
版　　次：2021 年 1 月第 1 版
印　　次：2024 年 8 月第 3 次印刷
定　　价：52.00 元

凡所购买电子工业出版社图书有缺损问题，请向购买书店调换。若书店售缺，请与本社发行部联系，联系及邮购电话：（010）88254888，88258888。

质量投诉请发邮件至 zlts@phei.com.cn，盗版侵权举报请发邮件到 dbqq@phei.com.cn。

本书咨询联系方式：010-88254485，puyue@phei.com.cn。

前 言

2020年，我国正式进入5G时代，人们的生活也因这一时刻的到来而发生翻天覆地的变化。处于国际5G发展第一梯队的中国通信行业，正在全力以赴为中国从网络大国成为网络强国而奋进。建设网络强国，人才是第一资源。

为适应新一代信息通信技术发展对技术人才、技能人才提出的新要求，进一步引领技能人才培养模式，夯实人才培养基础。工业和信息化部教育与考试中心组织专家以工业和信息化部、人力资源和社会保障部发布的通信行业相关职业标准为依据，紧密结合我国通信行业技术技能发展现状，编写了这套通信行业职业技能等级认定指导图书。

本套图书内容包括信息通信网络机务员、信息通信网络线务员、信息通信网络运行管理员、信息通信网络终端维修员四个职业。

本套图书按照国家职业技能标准规定的职业层级，分级别编写职业能力相关知识内容，力求通俗易懂、深入浅出、灵活实用地让读者掌握本职业的主要技术技能要求，以满足企业技术技能人才培养与评价工作的需要。

本套图书的编写团队主要由企业一线的专业技术人员及长期从事职业能力水平评价工作的院校骨干教师组成，确保图书内容能在职业技能、工艺技术及专业知识等方面得到最佳组合，并突出技能人员培养与评价的特殊需求。

本套图书适用于通信行业职业技能等级认定工作，也可作为通信行业企业岗位培训教材以及职业院校、技工院校通信类专业的教学用书。

本书由倪为民任主编，于振伟、周楠任副主编，董健、张宏苏参与编写，李炳华主审。其中，倪为民编写了本书的第1章、第2章、第7章和第9章；于振伟编写了本书的第4章、第5章和第8章；周楠编写了本书的第3章、第6章；董健参与编写了本书的第6章，张宏苏参与编写了本书的第9章。在编写过程中，得到了工业和信息化部教育与考试中心、江苏省通信管理局、江苏省通信行业职业技能鉴定中心的指导帮助。另外，还得到了中通服咨询设计研究院有限公司、中国电信股份有限公司江苏分公司的大力支持。在此一并向他们表示诚挚的感谢。

限于编者的水平以及受时间等外部条件影响，书中难免存在疏漏之处，恳请使用本书的企业、培训机构及读者批评指正。

工业和信息化部教育与考试中心

目 录

第 1 章　职业道德及相关法律法规知识

1.1　通信行业职业道德

1.1.1　通信行业职业道德概述

通信行业职业道德是指通信行业从业人员在职业活动中应该遵循的道德规范和应该具备的道德品质。这是从事通信行业的干部、职工，在长期的工作实践中及在履行国家所赋予的社会职能中，逐步形成的体现社会主义通信事业的性质和任务、保证通信服务质量、维护和提高通信部门信誉而共同遵循的行为规范。通信行业的任务、特点和作用，要求通信行业从业人员必须具备高尚的职业道德。

1.1.2　通信行业职业道德特点

通信行业职业道德与其他行业职业道德相同，是社会主义道德的具体化和补充，是社会主义道德规范体系的一个组成部分，同时又具有本行业的特点。

1. 充分体现“人民电信为人民”的根本宗旨

“人民电信为人民”的根本宗旨是电信（通信）行业一切工作的出发点和落脚点，是检验电信（通信）行业一切工作的标准，电信（通信）职业道德是从“道德立法”上规定员工贯彻执行“人民电信为人民”宗旨的行为规范。

2. 充分体现通信生产（服务）的高度集中统一性

集中统一性，一方面要求必须在通信生产（服务）中树立整体观念，服从统一指挥调度，反对各自为政，保证通信畅通；另一方面反映了通信从业人员加强团结协作，加强组织纪律性的必要性。

3. 充分体现通信“迅速、准确、安全、方便”的服务方针

“迅速、准确、安全、方便”的服务方针既反映了通信的基本特点和工作标准，也反映了社会和人民群众对通信的基本要求。通信生产（服务）的效用在于缩短时间和空间的距离。时间要求迅速，效用要求准确，传递要求安全，服务要求方便。因此，时限观念、准确观念、安全观念和方便观念，既是通信的服务方针，也是通信职业道德的基本内容。

4．通信行业职业道德应与法律纪律相辅相成

通信行业职业道德与国家法律、通信纪律既有联系也有区别。它们的共性是制约人们行为的准则。法律和纪律是通过行政手段强制执行的，而作为社会意识形态的通信行业道德规范则具有相对独立性，是一种精神力量，是依靠通信行业从业人员的思想信念、传统习惯、社会舆论和教育力量起作用的。

通信行业职业道德规范可以激发通信从业人员的良知和觉悟，贯穿心灵深处与行为的始终。它既可防患于未然，提高员工的精神境界，抵制丑恶行为的发生，也能约束于后，引导员工心灵深处向善的方向发展。道德具有法律和纪律所不能起到的重要作用，通信行业职业道德也是这样，是通信行业从业人员自觉地明断是非、分清美丑、辨别好坏、认识荣辱、判断善恶的尺子。

1.1.3　通信行业职业道德规范

通信行业职业道德规范在具备社会主义职业道德基本规范的同时，还具备通信行业职业道德的特殊规范。

通信行业从业人员必须遵守的职业道德规范如下：

（1）必须坚守工作岗位，服从通信指挥调度，不得擅离职守，严格遵守交接班制度，不准人为地中断通信。

（2）严格执行通信保密制度，不准将保密文件及材料带到家中或者与工作无关的场所。除按照规定了解通话质量等情况外，不准偷听用户通话。不得告诉他人因职务之便接触到的通信内容及有关通信情节。不准泄露通信网络的分布、保密电话号码、战备通信设施、无线呼号频率、客户资料等内容。

（3）不准用普通电话、普通邮件传送机密事项和机密文件。不应通过无线电路传递的电报、电话及会议电话，一律不得经短波通信、微波通信、卫星通信、蜂窝移动通信等无线电路传递。

（4）严禁利用职权谋取私利。不准接受用户的馈赠，不准向用户勒索财物，不准乱收费用，不准拒办应开办的业务或者违章办理业务，不准刁难、挟嫌报复用户。

（5）严禁与规定外的通信对象联系及使用规定外的呼号频率，不准利用通信设备收听广播，不准在电路上争吵、谩骂及交谈与工作无关的事情。

（6）要如实反映通信情况。对通信事故、完成的服务质量情况等，必须如实统计上报，不得弄虚作假。

（7）建立通信机房出入登记制度，禁止无关人员进入。

1.2　《中华人民共和国电信条例》相关知识

1.2.1　《中华人民共和国电信条例》体现的主要原则

《中华人民共和国电信条例》主要体现了以下原则。

1．贯彻政企分开和公平、公正的原则

《中华人民共和国电信条例》理顺了政府与企业的关系。政企分开后，电信（通信）主管部门与各个电信（通信）企业都脱离了经济关系和行政隶属关系，电信（通信）主管部门的任务是站在社会公共利益的高度，公开、公平、公正地制定规则，当好裁判。电信（通信）企业是市场竞争的主体，要依法经营，公平竞争，接受政府主管部门的监督检查。

2．体现保护竞争促进发展的原则

《中华人民共和国电信条例》一方面为新电信（通信）企业进入市场创造了较宽松的政策环境；另一方面对已占市场主导地位的电信（通信）企业规定了保证互联互通、平等接入、提供网络元素和分拆销售等义务，限制其利用先占优势，排挤竞争对手的不正当竞争行为。

3．反映当代通信和信息技术进步的要求

《中华人民共和国电信条例》采用了国际电信联盟对“电信”的定义和国际上的通用做法，将广播电视传输网和计算机互联网及相关服务纳入了电信管制的范围，体现了当代通信与信息技术进步的发展方向，为实现通信、计算机和电视三种网络与业务的融合，推进信息网络化提供了法律基础。

4．考虑与国际接轨，具有一定的前瞻性

《中华人民共和国电信条例》借鉴和汲取国外电信立法的经验，采用了发达国家在引入竞争后电信（通信）监管比较通行的做法。例如，对发放基础电信（通信）经营许可证及稀缺电信（通信）资源的分配采用拍卖方式；采用听证会方式调整基础电信（通信）业务资费；电信（通信）业务分类中明确了网络元素出租、出售业务，并且对基础电信（通信）企业提供非捆绑网络元素提出了相应要求。

1.2.2　《中华人民共和国电信条例》的主要内容

《中华人民共和国电信条例》共有七章八十条，主要确立了我国电信（通信）行业行政监管的八项重要制度。

1．电信业务经营许可制度

经营电信（通信）业务必须取得国务院信息产业主管部门或者省、自治区、直辖市电信（通信）管理机构颁发的电信（通信）业务经营许可证。按照电信（通信）业务种类分别规定申请基础电信（通信）业务经营许可证及增值电信（通信）业务经营许可证的程序、条件和受理机关。鉴于电信（通信）资源的有限性，为了防止不必要的重复建设，对颁发基础电信（通信）经营许可证规定了较严格的条件，并且将按照国家有关规定采用评议、招标、拍卖等方式进行。

为了鼓励技术创新，对利用新技术试办新型电信（通信）业务进行例外处理，其只需向电信（通信）监管机构备案即可。

2．电信网间互联管理制度

电信（通信）网间应按照技术可行、公平公正、经济合理、相互配合的原则实现互联互通。主导的电信（通信）业务经营者不得拒绝其他电信（通信）业务经营者及专网运营单位提出的互联互通要求。网间互联首先应由互联双方进行协商，在规定时间内未能达成协议的，任何一方可向电信（通信）监管机构申请协调；在规定时间内经协调仍不能达成协议的，协调机构可邀请有关方面的专家进行公开论证，并提出网间互联方案。协调机构根据专家论证的结论及互联方案做出决定，并且强制实现互联互通。

3．电信资费管理制度

电信（通信）资费实行以成本为基础的定价原则。根据电信（通信）业务的不同情况，电信（通信）资费实行企业定价、政府指导价及政府定价三种定价方式。对市场竞争充分的电信（通信）业务逐步实行企业定价，对具有垄断性质的电信（通信）业务实行政府定价，其余电信（通信）业务实行政府指导价。制定政府定价及政府指导价的电信（通信）业务资费标准应采取听证会的形式听取社会各方面的意见。对关乎国计民生的重要电信（通信）业务的政府定价，由工业和信息化部提出方案，征求国务院价格主管部门意见，报国务院批准后公布实施。

4．电信资源有偿使用制度

无线电频率、卫星轨道位置、电信（通信）网号码等用于实现电信（通信）功能并且数量有限的资源，必须由国家集中管理、统一规划、合理分配，实行有偿使用制度。对稀缺电信（通信）资源的分配应该逐步采用拍卖方式。电信（通信）资源的收费方法由工业和信息化部会同国务院财政、价格主管部门制定，报国务院批准后公布实施。

5．电信服务质量监督制度

电信（通信）业务经营者有责任为用户提供迅速、准确、方便、安全和价格合理的电信（通信）服务。《中华人民共和国电信条例》对装机、移机、障碍修复、查询、交费等直接影响用户利益的服务环节规定了服务质量标准及时限要求。规定电信（通信）业务经营者采取各种形式广泛听取用户意见，并接受用户监督。电信（通信）监管机构也应该受理用户申诉，依法对电信（通信）企业的服务质量进行监督检查，并向社会公布检查结果。规定了电信（通信）业务经营者不得在服务中侵害用户合法利益的六种行为。

6．电信建设保障管理制度

公用电信（通信）网是社会公共基础设施，是国民经济和社会服务实现信息网络化的物质基础。为了实现国家资源的有效配置与合理利用，防止不必要的重复建设，专用电信（通信）网、公用电信（通信）网、广播电视传输网的建设应接受国务院信息产业主管部门的统筹规划及行业管理。属于全国性信息网络工程或国家规定限额以上建设项目的专用电信（通信）网、公用电信（通信）网、广播电视传输网建设，在按照国家基本建设项目审批程序报批前，应征得信息产业主管部门的同意。基础电信（通信）建设项目应纳入地方各级人民政府城市建设总体规划和村镇、街道建设的总体规划。

7. 电信设备进网制度

对电信（通信）终端设备、电信（通信）设备和涉及网间互联的设备，国家实行进网许可制度。接入公用电信（通信）网的上述三类设备，必须符合国家规定的技术标准，并通过国务院产品质量监督部门认可的机构的检测、认证，才能够正式向国家信息产业主管部门申请办理设备进网许可证。

8. 电信安全保障制度

任何组织和个人不得利用电信（通信）网络从事危害国家安全、社会公共利益及他人合法权益的活动，明确了利用电信（通信）网络从事网络犯罪或者违规活动的 17 项禁止行为。规定了国际电信（通信）业务必须通过国务院信息产业主管部门批准设立的国际电信（通信）出入口局实施。规定了电信（通信）业务经营者和相关机构对维护国家网络与信息安全的权利和义务。

1.3 《中华人民共和国劳动法》相关知识

1.3.1 适用范围

（1）在中华人民共和国境内的企业、个体经济组织及与之形成劳动关系的劳动者适用《中华人民共和国劳动法》。对于企业性质，按照类别划分主要有独资企业、合资企业、私营企业、国有企业、集体所有制企业、全民所有制企业、股份制企业、有限责任制企业等；按照经济类型划分主要有国有企业、集体所有制企业、股份制企业、私营企业、联营企业、股份合作企业、外商投资企业、港（澳、台）投资企业。个体经济组织指雇用的员工在七人以下的个体工商户。

（2）劳动者在试用期内、退休后都受《中华人民共和国劳动法》保护。

（3）国家机关、事业组织、社会团体实行劳动合同制的及按规定应该实行劳动合同制的工勤人员适用《中华人民共和国劳动法》。

（4）其他通过劳动合同（包括聘用合同）与国家机关、事业组织、社会团体建立劳动关系的劳动者适用《中华人民共和国劳动法》。

（5）实行企业化管理的事业组织的人员适用《中华人民共和国劳动法》。

（6）公务员及比照实行公务员制度的事业组织和社会团体的工作人员，不适用《中华人民共和国劳动法》，适用《中华人民共和国公务员法》。

（7）农村劳动者（乡镇企业职工和进城务工、经商的农民除外）、现役军人及家庭保姆、在中国享有外交特权和豁免权的外国人等人员不适用《中华人民共和国劳动法》。

1.3.2 劳动者的权利和义务

《中华人民共和国劳动法》规定凡年满十六周岁、有劳动能力的公民是具有劳动权利能力和劳动行为能力的人。对有可能危害未成年人健康、安全或者道德的职业或工作，最低就业年龄不应低于十八周岁。用人单位不得招用已满十六周岁但未满十八周岁的公民从事过重、有害、有毒的劳动或危险作业。文艺、体育和特种工艺单位，确实需要招用未满十六周岁的文艺工作者、运动员和艺徒时，须报县级以上（含县级）劳动行政部门批准。

1．劳动者享有的权利

（1）平等就业及选择职业的权利。

（2）取得劳动报酬的权利。

（3）获得劳动安全卫生保护的权利。

（4）接受职业技能培训的权利。

（5）申请劳动争议处理的权利。

（6）享有休息休假的权利。

（7）享受社会保险与福利的权利。

（8）享受社会福利待遇的权利。

（9）依法参加及组织工会的权利。

（10）依法参与企业民主管理的权利。

2．劳动者享有的义务

（1）完成劳动任务、提高职业技能的义务。

（2）执行劳动安全卫生规程的义务。

（3）遵守劳动纪律和职业道德的义务。

1.3.3　劳动争议的处理

1．劳动争议处理的概念

劳动争议是因劳动问题引起的，即因用人单位除名、开除、辞退劳动者及劳动者辞职、自动离职发生的争议；或者因执行国家有关工资、福利、保险、培训、劳动保护的规定发生的争议；或者因履行劳动合同发生的争议。劳动者与用人单位之间非劳动问题引起的争议不是劳动法所定义的劳动争议。

2．劳动争议处理的途径

（1）协商。协商指劳动者与用人单位发生劳动争议时，双方通过平等协商的方式自行解决问题。

（2）调解。如果双方不能通过协商解决问题，可以进入调解程序。调解应在 30 日内结束，调解不是必需的程序。

（3）仲裁。自劳动争议发生之日起 60 日内向劳动仲裁委员会提出书面申请，7 日内做出受理决定，60 日内做出仲裁裁决。

（4）诉讼。如果发生劳动争议当事的一方对仲裁不服，可在受到仲裁裁决的 15 日内向人民法院提起诉讼，逾期不起诉的，仲裁裁决发生法律效力，当事人必须履行，如果仍有一方当事人不履行，则另一方当事人可向人民法院申请强制执行。

（5）集体合同争议的协调处理。如因签订集体合同发生的争议，当事人协商解决不成的，应由当地人民政府的劳动行政主管部门组织相关各方协商处理。如因履行集体合同发生的争议，当事人协商解决不成的，则可不经调解直接申请仲裁和诉讼。

1.3.4　劳动保护

1. 劳动保护的概念

狭义的劳动保护指保护劳动者在生产过程中的安全与健康。广义的劳动保护指依靠科学技术和管理，采取技术措施和管理措施，消除生产过程中危及人身健康及人身安全的不良环境、不安全环境、不安全设备与设施、不安全场所与不安全行为，防止伤亡事故及职业危害，保障劳动者在生产过程中的安全与健康。

劳动保护的对象是从事生产的劳动者。

2. 劳动安全卫生制度

（1）劳动安全卫生的概念。劳动安全卫生指国家为了改善劳动条件，保护劳动者在劳动过程中的安全和健康而采取的各种保护措施。

（2）劳动安全卫生的工作方针。劳动安全卫生的工作方针是"安全第一、预防为主"。"安全第一"是指在劳动过程中，始终将劳动者的安全放在第一位。"预防为主"是指采取有效措施消除事故隐患、防止职业病发生。

（3）劳动安全卫生的工作制度。劳动安全卫生的工作制度是指为了贯彻劳动安全卫生法律法规，有效保护劳动者在劳动过程中的安全和健康而制定的各种制度，包括安全生产责任制度、安全技术措施计划管理制度、检查制度、劳动安全卫生教育制度、劳动防护用品发放和管理制度、伤亡事故和职业病统计报告制度等。

3. 女职工特殊劳动保护制度

女职工的特殊劳动保护是世界各国劳动法及劳动保护工作的一个重要组成部分。女职工由于其生理特点和抚育子女的需要，在劳动过程中需要采取区别于男职工的特殊保护。特殊保护包括以下几个方面。

1）女职工禁忌的劳动范围

（1）矿山井下作业。

（2）森林业伐木、归楞和流放作业。

（3）建筑业脚手架组装和拆除作业及电力电信（通信）行业的高处架线作业。

（3）连续负重超过 20 千克，间断负重每次超过 25 千克的作业。

（5）《体力劳动分级标准》中第四级体力劳动强度的作业。

（6）已婚怀孕女职工禁忌从事汞、铅、镉等作业场所属于《有毒作业等级标准》中的第三级、第四级的作业。

2）女职工的"四期"保护

（1）月经期保护。在此期间不得安排女职工从事低温、高处、冷水作业及《体力劳动分级标准》中的第三级体力劳动强度的劳动。

（2）怀孕期保护。为了保障怀孕女职工及其胎儿的安全和健康，不得安排女职工在怀孕期间从事《体力劳动分级标准》中的第三级体力劳动强度的劳动及孕期禁忌从事的劳动。

对怀孕7个月以上的女职工，不得安排其延长工作时间及夜班劳动。

（3）生育期保护。女职工生育享受不少于98天的产假。

（4）哺乳期保护。女职工在哺乳未满1周岁的婴儿期间，用人单位不得安排其从事《体力劳动分级标准》中的第三级体力劳动强度的劳动及哺乳期禁忌从事的劳动，不得安排其延长工作时间及夜班劳动。

4．未成年工特殊劳动保护制度

未成年工是指用人单位录用的年满十六周岁但不满十八周岁的职工。未成年工处于身体发育阶段，与成年人相比在身体上有明显差别，有关法律法规对未成年工规定了特殊保护措施：

（1）对未成年工的劳动工种进行限制。禁止安排未成年工从事矿山、有毒有害作业，以及国家规定的第四级体力劳动强度的劳动。

（2）对未成年工的劳动时间加以限制。未成年工的工作时间应该少于标准时间，适当增加休息时间，以保障未成年工的正常发育，组织未成年工完成文化技术学习任务，不得安排未成年工加班加点及从事夜班劳动。

（3）未成年工要定期进行健康检查。用人单位应按要求对未成年工进行健康检查，即在安排工作岗位之前、工作满1年、年满十八岁以后，以及距前一次体检时间已超过半年时，均应安排未成年工进行健康检查。

1.4 《中华人民共和国劳动合同法》相关知识

1.4.1 适用范围

中华人民共和国境内的企业、个体经济组织、民办非企业单位等组织与劳动者建立劳动关系，订立、履行、变更、解除或终止劳动合同，适用《中华人民共和国劳动合同法》。国家机关、事业单位、社会团体和与其建立劳动关系的劳动者订立、履行、变更、解除或终止劳动合同，依照《中华人民共和国劳动合同法》执行。

1.4.2 基本原则

1．合法原则

合法原则指用人单位与劳动者签订劳动合同时，不违反有关法律法规的规定。该原则主要体现在以下几个方面：

（1）主体合法。主体合法是指用人单位和劳动者都具备签订劳动合同的主体资格，即用人单位必须在劳动合同法规定的用人单位的范围内并依法设立；劳动者必须是达到法定就业年龄，即年满十六周岁、具有劳动能力的人。

（2）内容合法。内容合法是指劳动合同的内容应符合法律规定，即用人单位和劳动者双方在劳动合同中约定的权利和义务必须符合法律法规和国家有关规定；用人单位和劳动者不能违反有关法律法规及强制性标准签订劳动合同。

（3）程序合法。程序合法是指签订劳动合同时应依照法定程序进行，如应该以书面形式签订劳动合同，遵守有关签订期限的要求等。

2. 公平原则

公平原则指用人单位和劳动者在签订劳动合同时，应遵循符合社会正义、公正的理念及原则确定双方的权利与义务。一方当事人享有的权利与其履行的义务不相适应，或一方当事人应享有的权利或义务被排除，就违反了公平原则。

3. 平等自愿原则

平等是指用人单位和劳动者双方在签订劳动合同时具有平等的法律地位，一方不能将自己的意志强加给另一方。自愿是指在签订劳动合同时，用人单位和劳动者选择对方当事人、决定劳动合同内容都是真实的意思表达。采取强迫、威胁等手段，把一方的意愿强加给另一方，或所签订的条款与当事人的意愿不一致，都不符合自愿原则。

4. 协商一致原则

协商一致原则指签订劳动合同的双方当事人经过协商达成一致的意见。协商是过程，一致是结果。

5. 诚实信用原则

诚实信用原则指要求市场主体在市场活动中恪守诺言、讲究信用、诚实不欺，在不损害他人利益与社会利益的前提下追求自己的利益。在签订劳动合同时遵循诚实信用原则，当事人应诚实告知对方有关情况，不隐瞒真相。

1.4.3 基本内容

1. 劳动合同的签订

（1）用人单位自用工之日起即与劳动者建立了劳动关系，用人单位应建立职工名册备查。

（2）用人单位聘用劳动者时，应如实告知劳动者的工作内容、工作地点、工作条件、职业危害、安全生产状况、劳动报酬，及劳动者要求了解的其他情况；用人单位有权了解劳动者与劳动合同直接相关的基本情况，劳动者应该如实说明。

（3）用人单位聘用劳动者，不得扣押劳动者的居民身份证及其他证件，不得要求劳动者提供担保或以其他名义向劳动者收取财物。

（4）建立劳动关系时，应该签订书面劳动合同。已建立劳动关系未签订书面劳动合同的，应该自用工之日起一个月内签订书面劳动合同。用人单位与劳动者在用工前签订劳动合同的，劳动关系自用工之日起建立。

（5）用人单位未在用工的同时签订书面劳动合同，没有明确约定劳动报酬的，新聘用的劳动者的劳动报酬按照集体合同规定的标准执行，没有集体合同或集体合同未规定的，实行同工同酬。

2．劳动合同的种类

（1）固定期限劳动合同。其是指用人单位与劳动者约定合同终止时间的劳动合同。用人单位与劳动者协商一致，可签订固定期限劳动合同。

（2）无固定期限劳动合同。其是指用人单位与劳动者约定无确定终止时间的劳动合同。用人单位与劳动者协商一致，可签订无固定期限劳动合同。有下列情形之一，劳动者提出或同意续订劳动合同的，除劳动者提出订立固定期限劳动合同外，应该签订无固定期限劳动合同：

① 劳动者在该用人单位连续工作满十年的。

② 用人单位初次实行劳动合同制度或国有企业改制重新签订劳动合同时，劳动者在该用人单位连续工作满十年并且距法定退休年龄不足十年的。

③ 连续签订两次固定期限劳动合同，并且劳动者没有《中华人民共和国劳动合同法》第三十九条和第四十条第一项、第二项规定的情形，续订劳动合同的。用人单位自用工之日起满一年不与劳动者签订书面劳动合同的，视为用人单位与劳动者已签订无固定期限劳动合同。

（3）以完成一定工作任务为期限的劳动合同。其是指用人单位与劳动者约定以某项工作的完成为合同期限的劳动合同。用人单位与劳动者协商一致，可订立以完成一定工作任务为期限的劳动合同。

3．试用期

（1）劳动合同期三个月以上不满一年的，试用期不超过一个月。劳动合同期一年以上不满三年的，试用期不超过两个月。劳动合同期三年以上固定期和无固定期的试用期不超过六个月。

（2）同一用人单位与同一劳动者只能约定一次试用期。

（3）以完成一定工作任务为期限的劳动合同或劳动合同期不满三个月的，不约定试用期。

（4）试用期包含在劳动合同期限内。劳动合同中仅约定了试用期的，试用期不成立，此期限为劳动合同期限。

（5）试用期工资。劳动者在试用期的工资不低于本单位相同岗位最低档工资或劳动合同约定工资的百分之八十，且不低于用人单位所在地的最低工资标准。

（6）试用期内解除劳动合同。在试用期内，除劳动者有《中华人民共和国劳动合同法》第三十九条和第四十条第一项、第二项规定的情形外，用人单位不得解除劳动合同。用人单位在试用期解除劳动合同的，应向劳动者说明理由。

4．服务期

用人单位为劳动者提供专项培训费用对其进行专业技术培训的，可与该劳动者签订协议，约定服务期。

劳动者违反服务期约定的，应按照约定向用人单位支付违约金，违约金的数额不超过用人单位提供的培训费用。用人单位要求劳动者支付的违约金不得超过服务期尚未履行部分应分摊的培训费用。

用人单位与劳动者约定服务期的，不影响按照正常的工资调整机制提高劳动者在服务期的劳动报酬。

5. 劳动合同无效

1）劳动合同无效的情形

（1）以欺诈、胁迫的手段或乘人之危，使对方在违背真实意思的情况下签订或变更劳动合同的。

（2）用人单位免除自己的法定责任、排除劳动者权利的。

（3）违反法律、行政法规强制性规定的。

2）劳动合同部分无效的情形

劳动合同部分无效，不影响其他部分效力的，其他部分仍然有效。

对劳动合同的无效或部分无效有争议的，由劳动争议仲裁机构或人民法院确认。

3）劳动合同无效后劳动报酬的支付

劳动合同被确认无效，但劳动者已付出劳动的，用人单位应向劳动者支付劳动报酬。劳动报酬的数额，参照本单位相同或相近岗位劳动者的劳动报酬确定。

6. 劳动合同的协商解除

（1）用人单位与劳动者协商一致的，可解除劳动合同。

（2）劳动者提前通知解除劳动合同。劳动者提前三十日以书面形式通知用人单位，可解除劳动合同。劳动者在试用期内提前三日通知用人单位，可解除劳动合同。

（3）劳动者单方解除劳动合同。用人单位有下列情形之一的，劳动者可解除劳动合同：

① 未按照劳动合同约定提供劳动保护或劳动条件的。

② 未及时足额支付劳动报酬的。

③ 未依法为劳动者缴纳社会保险费的。

④ 用人单位的规章制度违反法律、法规的规定，损害劳动者权益的。

⑤ 因《中华人民共和国劳动合同法》第二十六条第一款规定的情形致使劳动合同无效的。

⑥ 法律、行政法规规定劳动者可解除劳动合同的其他情形。

用人单位以暴力、威胁或者非法限制人身自由等手段强迫劳动者劳动的，或用人单位违章指挥、强令冒险作业危及劳动者人身安全的，劳动者可立即解除劳动合同，无须事先告知用人单位。

7. 过失性辞退

过失性辞退指用人单位在劳动者有过错的情况下，无须提前三十日通知，而即刻辞退职工的行为。劳动者有下列情形之一的，用人单位实施过失性辞退。

（1）在试用期间被证明不符合录用条件的。

（2）严重违反用人单位规章制度的。

（3）严重失职，营私舞弊，给用人单位造成重大损失的。

（4）劳动者同时与其他用人单位建立劳动关系，对完成本单位的工作任务造成严重影响，经用人单位提出，拒不改正的。

（5）因《中华人民共和国劳动合同法》第二十六条第一款第一项规定的情形致使劳动合同无效的。

（6）被依法追究刑事责任的。

8．无过失性辞退

无过失性辞退指劳动者因非过失性原因及客观情况的需要导致劳动合同无法履行时，用人单位向对方提前通知以后或者额外支付劳动者一个月工资以后，可单方解除劳动合同。

有以下情形之一的，用人单位可实施无过失性辞退：

（1）劳动者患病或非因工负伤，医疗期满后，不能从事原工作也不能从事由用人单位另行安排的工作的。

（2）劳动者不能胜任工作，经过培训或调整工作岗位，仍不能胜任工作的。

（3）劳动合同签订时依据的客观情况发生重大变化，致使原劳动合同无法履行，经当事人协商不能就变更劳动合同达成协议的。

9．劳动合同终止的情形

（1）劳动合同期满的。

（2）劳动者开始依法享受基本养老保险待遇的。

（3）劳动者死亡或被人民法院宣告死亡或宣告失踪的。

（4）用人单位被依法宣告破产的。

（5）用人单位被吊销营业执照，撤销、责令关闭或用人单位决定提前解散的。

（6）法律、行政法规规定的其他情形。

10．经济补偿

1）用人单位应向劳动者支付经济补偿的情形

（1）劳动者依法单方解除劳动合同的（《中华人民共和国劳动合同法》第三十八条）。

（2）用人单位依照《中华人民共和国劳动合同法》第三十六条规定，向劳动者提出解除劳动合同并与劳动者协商一致解除劳动合同的。

（3）用人单位依照《中华人民共和国劳动合同法》第四十条规定，实施无过失性辞退解除劳动合同的。

（4）用人单位依照《中华人民共和国劳动合同法》第四十一条第一款规定，实施经济性裁员解除劳动合同的。

（5）除用人单位维持或提高劳动合同约定条件续订劳动合同，劳动者不同意续订的情形外，依照《中华人民共和国劳动合同法》第四十四条第一项规定终止固定期限劳动合同的。

（6）依照《中华人民共和国劳动合同法》第四十四条第四项（用人单位被依法宣告破产的）、第五项（用人单位被吊销营业执照责令关闭撤销或者用人单位决定提前解散的）规定终止劳动合同的。

（7）法律、行政法规规定的其他情形。

2）经济补偿计算

按劳动者在用人单位工作的年限，每满一年支付一个月工资的标准向劳动者支付经济补偿。六个月以上不满一年的，按一年计算经济补偿；不满六个月的，向劳动者支付半个月工资的经济补偿。

劳动者的月工资高于用人单位所在直辖市、设区市市级人民政府公布的本地区上年度职工月平均工资三倍的，向其支付的经济补偿标准按照职工月平均工资三倍的数额支付，向其支付经济补偿的年限最高不超过十二年。

此处的月工资是指劳动者在劳动合同解除或终止前十二个月的平均工资。

11. 违法解除或者终止劳动合同的法律后果

用人单位违反《中华人民共和国劳动合同法》规定解除或终止劳动合同，劳动者要求继续履行劳动合同的，用人单位应继续履行；劳动者不要求继续履行劳动合同或劳动合同已不能继续履行的，用人单位应依照《中华人民共和国劳动合同法》第八十七条规定支付赔偿金。

12. 集体合同

（1）集体合同的订立和内容。企业职工一方与用人单位通过平等协商，可以就工作时间、劳动报酬、休假休息、劳动安全卫生、保险福利等事项签订集体合同。集体合同草案应提交职工代表大会或全体职工讨论通过。集体合同由工会代表企业职工一方与用人单位签订；尚未建立工会的用人单位，由上级工会指导企业职工一方推举的代表与用人单位签订。

（2）专项集体合同。企业职工一方与用人单位可签订劳动安全卫生、女职工权益保护、工资调整机制等专项集体合同。

（3）集体合同的报送和生效。集体合同签订后，应报送劳动行政部门。劳动行政部门自收到集体合同文本之日起十五日内未提出异议的，集体合同即行生效。依法签订的集体合同对用人单位和劳动者具有约束力。行业性、区域性集体合同对当地本行业、本区域的用人单位和劳动者均具有约束力。

（4）集体合同中劳动报酬、劳动条件等标准。集体合同中劳动报酬和劳动条件等标准不低于当地人民政府规定的最低标准。用人单位与劳动者签订的劳动合同中劳动报酬和劳动条件等标准不低于集体合同规定的标准。

（5）集体合同纠纷和法律救济。用人单位违反集体合同，侵犯职工劳动权益的，工会可依法要求用人单位承担责任。因履行集体合同发生争议，经协商仍没有解决的，工会可依法申请仲裁、提起诉讼。

13. 劳务派遣

1）劳务派遣单位义务

（1）劳务派遣单位是《中华人民共和国劳动合同法》中所称的用人单位。劳务派遣单位应履行用人单位对劳动者的义务。劳务派遣单位与被派遣劳动者签订的劳动合同，除了应包含《中华人民共和国劳动合同法》第十七条规定的事项外，还应包含被派遣劳动者的用工单位及派遣期限、工作岗位等情况。

（2）劳务派遣单位应与被派遣劳动者签订两年以上的固定期劳动合同，按月支付劳动报酬。被派遣劳动者在无工作期间，劳务派遣单位应按照所在地人民政府规定的最低工资标准向其按月支付报酬。

（3）劳务派遣单位应将劳务派遣协议的内容告知被派遣劳动者。劳务派遣单位不得克扣用工单位按照劳务派遣协议支付给被派遣劳动者的劳动报酬。

2）劳务派遣协议

劳务派遣单位派遣劳动者应该与用工单位签订劳务派遣协议。劳务派遣协议中应约定派遣岗位及人员数量、派遣期限、劳动报酬与社会保险费的数额及支付方式和违反协议的责任。用工单位应根据工作岗位的实际需要与劳务派遣单位确定派遣期限，不得将连续用工期限分割订立数个短期劳务派遣协议。

3）用工单位的义务

（1）执行国家劳动标准，提供相应的劳动条件与劳动保护。

（2）告知被派遣劳动者的工作要求及劳动报酬。

（3）支付加班费、绩效奖金，提供与工作岗位相关的福利待遇。

（4）对在岗被派遣劳动者进行工作岗位所需的培训。

（5）连续用工的，实行正常的工资调整机制。

用工单位不得将被派遣劳动者再派遣到其他用人单位。

4）被派遣劳动者的权利和义务

（1）被派遣劳动者享有与用工单位劳动者同工同酬的权利。用工单位应该按照同工同酬的原则，对被派遣劳动者与本单位同类岗位的劳动者实行相同的劳动报酬分配办法。用工单位无同类岗位劳动者的，参照用工单位所在地相同或相近岗位劳动者的劳动报酬确定。

劳务派遣单位与被派遣劳动者签订的劳动合同和与用工单位签订的劳务派遣协议，载明或约定的向被派遣劳动者支付的劳动报酬应符合前款的规定。

（2）被派遣劳动者有权在劳务派遣单位或用工单位依法参加或组织工会，以维护自身合法权益。

（3）用人单位不得设立劳务派遣单位，向本单位或所属单位派遣劳动者。

14. 非全日制用工

非全日制用工指以小时计酬为主，劳动者在同一用人单位一般平均每日工作时间不超过四小时，每周工作时间累计不超过二十四小时的用工形式。

（1）非全日制用工的劳动合同。

非全日制用工双方当事人可以签订口头协议。从事非全日制用工的劳动者可与一个或一个以上用人单位签订劳动合同。但是，后签订的劳动合同不能影响先签订的劳动合同的履行。

（2）非全日制用工双方当事人不能约定试用期。

（3）非全日制用工双方当事人任何一方都可随时通知对方终止用工。终止用工后，用人单位不向劳动者支付经济补偿。

（4）非全日制用工小时计酬标准不得低于用人单位所在地人民政府规定的最低小时工资标准。非全日制用工劳动报酬结算支付周期最长不超过十五日。

第 2 章　安全生产知识

2.1　基本概念

2.1.1　安全生产的概念

安全生产是指使生产过程在符合物质条件及工作秩序的情况下进行，防止发生人身伤亡与财产损失等生产事故、保障人身安全和健康、消除或者控制危险有害因素、设备与设施免受损坏、环境免遭破坏的总称。

1．安全与危险

安全与危险是相对的概念，它们是人们对生活、生产过程中是否可能遭受健康损害或人身伤亡的综合认识。

1）安全

安全是指生产过程中人员免遭不可承受危险的伤害。在生产过程中，不发生人员伤亡、职业病或者设施、设备损害或者环境危害的条件，就是安全条件。

2）危险

危险是指生产过程中存在导致发生不期望后果的可能性超过了人们所能承受的程度。危险是人们对事物的具体认识，必须指明具体对象，如危险条件、危险环境、危险状态、危险人员、危险物质、危险场所、危险因素等。

通常用危险度表示危险的程度。在安全生产管理中，危险度与生产过程中事故发生的可能性及严重性有关：

$$R=f(F,C) \tag{2-1}$$

式中，R 表示危险度；F 表示发生事故的可能性；C 表示发生事故的严重性。

2．危险源、风险、重大危险源

1）危险源

从安全生产的角度看，危险源是指可能造成人员伤害、财产损失、疾病、作业环境破坏或者其他损失的根源或者状态。

危险源可以是一种环境、一次事故、一种状态的载体，也可以是可能产生不期望后果的人或物。例如，在管道线路作业中，部分人孔内可能存在沼气、一氧化碳、硫化氢等有毒有害气体，如果冒险进入，会造成人员中毒窒息死亡事故。因此，存在有毒有害气体的人孔是危险源。吊装天馈线的吊索已经严重磨损，当起吊承重后，绳索有可能断裂，从而发生事故，因此，严重磨损的吊索是危险源。

2）风险

风险是活动或者事件消极的、人们不希望的后果发生的潜在可能性。

3）重大危险源

重大危险源是指长期性地或临时性地生产搬运、使用或储存危险物品，且危险物品的数量等于或超过临界的单元（包括场所及设施）。如果单元中有多种危险品，当各类危险品的量满足下式时即成为重大危险源：

$$\sum_{i=1}^{N}\frac{q_i}{Q_i}\geqslant 1 \qquad (2\text{-}2)$$

式中，q_i 表示单元中危险品 i 的实际存在量；Q_i 表示危险品 i 的临界量；N 表示单元中危险品的种类数。

GB18218—2018《危险化学品重大危险源辨识》标准中的表 1 给出了 85 种典型危险化学品属于重大危险源的临界量，表 2 给出了健康危害、急性毒性、物理危险、爆炸物、易燃气体、气溶胶、氧化性气体、易燃液体、自反应物质和混合物、有机过氧化物、自燃液体和自燃固体、氧化性液体和固体、易燃固体、遇水放出易燃气体的物质和混合物等属于重大危险源的临界量。为了加强对重大危险源的监督和管理，国家标准对危险化学品重大危险源进行了分级，由高到低分为四个级别，其中，一级为最高级别。同时，国家从 2004 年开始，对重大危险源实行了申报、登记、建档和备案制度。要强调的是，以上所说的“重大危险源”一般存在于危险化学品行业，而生产过程不存在危险化学品，工程施工主要是提供技术和劳务服务。因此，可以说工程施工中不存在 GB18218—2018 标准定义所特指的“重大危险源”。但是，根据前面所说的“危险源”的概念，在工程施工过程中，客观上存在许多危险源和危险有害因素，这是不争的事实。这些危险源和危险有害因素，如果在风险评价时按照事故后果的严重程度，则可分为“一般危险源”与“重要危险源”。所谓“重要危险源”是相对于“一般危险源”而言的，是指对作业人员生命构成严重威胁的，会导致人员死亡、财产重大损失的这一类危险源。

由此看出，“重大危险源”与“重要危险源”虽然只有一字之差，但不是一个概念，两者不能混淆。作为施工作业人员，认清“危险源”“重大危险源”“重要危险源”的含义及它们之间的区别，普及危险源的知识，掌握危险源的辨识、风险评价和控制方法，是十分必要的。

3. 事故、事故隐患

1）事故

事故是指造成人员财产损失、伤亡、伤害、职业病或者其他损失的意外事件。

事故的分类：物体打击、机械伤害、车辆伤害、起重伤害、淹溺、触电、灼烫火灾、高处坠落、坍塌、放炮、透水、瓦斯爆炸、容器爆炸、锅炉爆炸、其他爆炸、中毒和窒息、其他伤害等。

2）事故隐患

事故隐患泛指生产过程中可能导致事故发生的人的不安全行为、物的不安全状态及管理上的缺陷。

事故隐患可归纳为 21 类：爆炸、火灾、中毒和窒息、水害、滑坡、坍塌、泄漏、腐蚀、触电、机械伤害、坠落、煤气与瓦斯泄漏、公路车辆伤害、铁路车辆伤害、公路设施伤害、铁路设施伤害、港口码头伤害、水上运输伤害、空中运输伤害、航空港伤害、其他隐患等。

2.1.2 安全生产的方针、目标、任务、内容

1. 安全生产的方针

安全生产的方针是“安全第一、预防为主”，这是长期实践过程中正反两个方面经验教训的总结，体现和反映了安全生产的基本规律。通信企业必须坚持“安全第一、预防为主”的基本方针，这也符合通信企业的特点及发展的客观要求。

2. 安全生产的目标

通信企业安全生产的目标：适合通信企业的特点，围绕通信企业的发展思路，保证通信企业持续快速健康和谐地发展；改进员工的操作行为，改善生产过程中危及人身安全健康的条件，保障员工的安全和健康，保障通信畅通及设备运行无故障，环境安全无污染。

3. 安全生产的任务

安全生产的基本任务：发现、分析及消除生产过程中的各种危险，防止发生事故与职业病，避免各种损失，保障职工的安全与健康，推动企业生产的顺利发展，为提高企业的经济效益与社会效益服务。

4. 安全生产的内容

安全生产主要包括以下内容。

1）安全生产管理

安全生产管理包括国家安全生产的监督管理及企业的自主安全生产管理。国家安全生产的监督管理主要是立法、执法和监督检查等管理。企业的自主安全生产管理是指企业根据国家的法规和政策，对企业自身的安全生产进行具体的直接管理。

2）安全技术

安全技术包括机械（起重与运输机械）安全技术，消防安全技术，电气安全技术，锅、管、压、特安全技术，化工安全技术，建筑安全技术，矿山安全技术，冶金安全技术等。

3）劳动卫生

劳动卫生是指防止职业中毒、职业病和物理伤害，确保劳动者的身心健康。

2.2 安全生产基础知识

2.2.1 现场危险源辨识和控制

1. 危险源产生的根源及触发因素

2.1.1 节介绍了危险源的概念，要能在生产现场有效地辨识和控制危险源，必须了解危

险源产生的根源及触发因素。

（1）能量与有害物质是危险源产生的根源，也是事故发生的前提条件。

危险源的表现形式各有不同，但从事故发生的本质来看，危险源转化为事故均可以归结为能量的意外释放或有害物质的泄漏、散发。也就是说，能量的供体和载体在特定条件下都有可能是危险源，能量的意外释放或有害物质的泄漏、散发是伤亡事故发生的物理本质。因此，能量与有害物质是危险源产生的根源。在通信工程施工、维护作业现场，离不开相应的能量与物质，离不开能量的使用和相互转换。例如，未泄力的拉线、吊起的钢塔桅结构的势能、各类机械运动部件和施工车辆的动能、带电导体上的电能、高温作业的热能、施工噪声的声能、电焊时的光能等，出现失控都可能造成各种事故。静止物体的棱角、毛刺、地面等之所以能伤害人体，也是作业人员在运动、摔倒时的动能和势能造成的。此外，汽油发电机发电时形成的碳氢化合物、一氧化碳，人井中产生的硫化氢、沼气等，这些有害物质的存在、泄漏或者散发，也可以形成危险源。

（2）危险源转化为事故的触发因素是事故发生的必要条件。

生产作业中的危险源作为能量主体，是客观存在的，但它们并不一定会造成事故，仅仅是事故发生的前提条件。危险源最终转化为事故的必要条件，一定要有外界的触发因素。触发因素可以分为人的因素和自然因素。

人的因素包括个人因素（如判断失误、粗心大意、漫不经心、操作错误、违章作业等各种不安全行为和不良的心理生理因素等）和管理因素（如错误安排、设计差错、违章指挥、缺乏监护等）。自然因素则是指引起危险性转化的各种自然条件及其变化，如气候条件参数变化，以及地震、海啸、雷电、雨雪等。触发因素虽然不属于危险源的固有属性，但它们是危险源转化为事故的外因，并且每个类型的危险源都有相应的敏感触发因素。因此，一定的危险源总是与相应的触发因素相关联。在触发因素的作用下，危险源转化为危险状态，继而演变为事故。

一起事故的发生往往是前提条件和必要条件共同作用的结果。因此，在面对客观存在的危险源时，避免和削减各种触发因素，控制能量的意外释放或者有害物质的泄漏、散发，消除造成事故的必要条件，是防止危险源转化为事故的关键。

2. 生产过程危险和有害因素分类

1）按导致事故的直接原因进行分类

根据 GB/T13861—2009《生产过程危险和有害因素分类与代码》的规定，将生产作业过程中的危险和有害因素分为四大类。这四大类因素是人的因素、物的因素、环境的因素、管理的因素，如表 2-1～表 2-4 所示。

表 2-1 生产作业过程中的危险和有害因素——人的因素

代　码	因素描述
11	心理、生理性危险有害因素
1101	负荷超限
1102	健康状况异常
1103	从事禁忌作业

续表

代　码	因 素 描 述
1104	心理异常
1105	辨识功能缺陷
12	行为性危险和有害因素
1201	指挥错误
1202	操作错误
1203	监护失误
1299	其他行为性危险和有害因素

表 2-2　生产作业过程中的危险和有害因素——物的因素

代　码	因 素 描 述
21	物理性危险和有害因素
2101	设备、设施、工具、附件缺陷
2102	防护缺陷
2103	电伤害
2104	噪声
2105	振动危害
2106	电离辐射
2107	非电离辐射
2108	运动物伤害
2109	明火
2110	高温物质
2111	低温物质
2112	信号缺陷
2113	标志缺陷
2114	有害光照
2199	其他物理性危险和有害因素
22	化学性危险和有害因素
2201	爆炸品
2202	压缩气体和液化气体
2203	易燃液体
2204	易燃固体、自燃物品和遇湿易燃物品
2205	氧化剂和有机过氧化物
2206	有毒品
2207	放射性物品
2208	腐蚀品
2209	粉尘与气溶胶
2299	其他化学性危险和有害因素
23	生物性危险和有害因素

续表

代　码	因素描述
2301	致病微生物
2302	传染性媒介物
2303	致害动物
2304	致害植物
2399	其他生物性危险和有害因素

表 2-3　生产作业过程中的危险和有害因素——环境的因素

代　码	因素描述
31	室内作业场所环境不良
3101	室内地面滑
3102	室内作业场所狭窄
3103	室内作业场所杂乱
3104	室内地面不平
3105	室内梯架缺陷
3106	地面、墙和天花板上的开口缺陷
3107	房屋基础下沉
3108	室内安全通道缺陷
3109	房屋安全出口缺陷
3110	采光照明不良
3111	作业场所空气不良
3112	室内温度、湿度、气压不适
3113	室内给排水不良
3114	室内涌水
3199	其他室内作业场所环境不良
32	室外作业场地环境不良
3201	恶劣气候与环境
3202	作业场地和交通设施湿滑
3203	作业场地狭窄
3204	作业场地杂乱
3205	作业场地不平
3206	航道狭窄、有暗礁或险滩
3207	脚手架、阶梯或活动梯架缺陷
3208	地面开口缺陷
3209	建筑物和其他结构缺陷
3210	门和围栏缺陷
3211	作业场地基础下沉
3212	作业场地安全通道缺陷
3213	作业场地安全出口缺陷

续表

代　码	因素描述
3215	作业场地空气不良
3216	作业场地温度、湿度、气压不适
3217	作业场地涌水
3299	其他室外作业场地环境不良
33	地下（含水下）作业环境不良
3301	隧道/矿井顶面缺陷
3302	隧道/矿井正面或侧壁缺陷
3303	隧道/矿井地面缺陷
3304	地下作业空气不良
3305	地下火
3306	冲击地压
3307	地下水
3308	水下作业供氧不当
3399	其他地下作业环境不良
39	其他作业环境不良
3901	强迫体位
3902	综合性作业环境不良
3999	以上未包括的其他作业环境不良

表 2-4　生产作业过程中的危险和有害因素——管理的因素

代　码	因素描述
41	职业安全卫生组织机构不健全
42	职业安全卫生责任制未落实
43	职业安全卫生管理规章制度不完善
4301	建设项目“三同时”制度未落实
4302	操作规程不规范
4303	事故应急预案及响应缺陷
4304	培训制度不完善
4399	其他职业安全卫生管理规章制度不健全
44	职业安全卫生投入不足
45	职业健康管理不完善
49	其他管理因素缺陷

2）按事故类别进行分类

根据 GB/T6441—1986《企业职工伤亡事故分类》的规定，按伤亡事故类别，综合考虑起因物、致害物、伤害方式等，将危险和有害因素分为20类，如表2-5所示。

表 2-5 生产作业过程中的危险和有害因素分类

序号	危险和有害因素	因素描述
1	物体打击	指物体在重力或其他外力的作用下产生运动，打击人体，造成人身伤亡事故，不包括机械设备、车辆、起重机械、坍塌等引发的物体打击
2	车辆伤害	指企业机动车辆在行驶中引起的人体坠落和物体倒塌、下落、挤压伤亡事故，不包括起重设备提升、牵引车辆和车辆停驶时发生的事故
3	机械伤害	指机械设备运动（静止）部件、工具、加工件直接与人体接触引起的碰撞、卷入、挤压、夹击、剪切、绞、碾、割、刺等伤害，不包括车辆、起重机械引起的机械伤害
4	起重伤害	指各种起重作业（包括起重机安装、检修、试验）中发生的挤压、坠落（吊具、吊重）物体打击和触电
5	触电	包括雷击伤亡事故
6	淹溺	包括高处坠落淹溺，不包括矿山、井下透水淹溺
7	灼烫	指火焰烧伤、高温物体烫伤、化学灼伤、物理灼伤，不包括电灼伤和火灾引起的烧伤
8	火灾	指在时间或空间上失去控制的灾害性燃烧现象
9	高处坠落	指在高处作业中发生坠落造成的伤亡事故，不包括触电坠落事故
10	坍塌	指物体在外力或重力作用下，超过自身的强度极限或因结构稳定性被破坏而造成的事故，如挖沟时的土石塌方、平台坍塌、堆置物倒塌等，不适用于矿山冒顶片帮和车辆、起重机械、爆炸引起的坍塌
11	冒顶片帮	指矿井、隧道、涵洞在开挖、衬砌过程中因开挖或支护不当，顶部或侧壁大面积垮塌造成伤害的事故
12	透水	采掘工作面与矿山地表水或地下水沟通时突出发生大量涌水，淹没井巷的事故
13	放炮	指爆破作业中发生的伤亡事故
14	火药爆炸	指火药、炸药及其制品在生产、加工、运输、储存中发生的爆炸事故
15	瓦斯爆炸	
16	锅炉爆炸	
17	容器爆炸	
18	其他爆炸	包括化学爆炸（可燃气体、粉尘等与空气混合形成爆炸性混合物，接触引爆能源时发生的爆炸事故）
19	中毒和窒息	
20	其他伤害	指除上述以外的危险因素，如摔、扭、挫、擦、刺、割伤和非机动车碰撞、扎伤等

按事故类别对危险和有害因素进行分类，易于被现场作业人员接受和理解。识别施工现场危险源时，对危险源及其造成的伤害分类一般都采用这种分类方法。

3. 危险源的辨识方法和要求

危险源在没有触发之前是潜在的，往往不被人们认识和重视。因此，需要通过一定的方法进行辨识。危险源辨识应多角度、不漏项、全面、系统，覆盖施工生产的全过程、活动与场所及全部人员。辨识危险源的方法和要求如下所示。

（1）自下而上调查，即发动作业人员，通过相互提示、讨论、现场观察、调查等方式，对作业单元、范围及作业过程进行调查和辨识，作业组应指定专人填写《危险源调查表》。

（2）调查和辨识时，还要考虑到常规的施工作业活动和非常规的施工作业活动（如临时抢修、恶劣气候条件下的作业），以及曾经发生过或行业内曾经发生过的事故的作业活动。

（3）引导作业人员按照生产过程中易发、高发的事故类型（如触电、高处坠落、中毒和窒息、机械伤害、物体打击、车辆伤害等），进行分类汇总记录，查找导致事故发生的最主要的危险因素及产生部位，来辨识和确定哪些是危险源。

（4）关注重点应放在客观存在的能量主体、危险物质等方面，并注意与排查事故隐患的区别。

（5）汇总所有基层一线作业组排查和辨识出的危险源及危险有害因素，在讨论、梳理的基础上，形成较为一致的意见，整理出《危险源清单》。

（6）危险源客观存在，且始终处于变化中，原有的危险源消除了，又可能会产生新的危险源。所以不能僵化、机械、一成不变地认识危险源。要根据施工作业内外环境的变化和动态，识别出新的危险源。同时，每半年或一年应进行重新辨识和评审，并对《危险源清单》进行必要的更新。

4．通信设备安装常见的危险源

（1）开箱。带钉子、铁皮的箱板。

（2）搬运。搬动滑落的物品、失控倾倒的机箱。

（3）吊装天线。可能坠落的钢丝绳、大绳、葫芦、滑轮，制动失灵的吊装设备。

（4）安装天馈线。严重锈蚀的避雷网、坍塌的楼顶支架、平台，坠落的工具和材料。

（5）漏电的电焊机、漏电的电钻等移动式手提工具。

（6）组立机架。未扶稳的机架，容易踏空的静电地板。

（7）安装走线架（道）及布放电缆。高速运转的砂轮切割机、铁件毛刺。

（8）不停电电源连接。裸露的电源线、绝缘脱落的线缆头。

（9）调测。微波辐射，基站天线发射的电磁波。

（10）有严重缺陷的安全带、安全帽、高空防坠落自锁装置。

（11）运行中的交流配电屏、直流配电屏、列头柜、配电箱、UPS 电池开关柜等设备的狭小空间。

（12）无扶手的楼梯、无挡板或栅栏的通道口、预留洞口、楼梯口等。

（13）电梯井口及底坑、轿厢或轿顶等作业场地。

（14）有冰、霜、雪、水、油等易滑物的作业场地及光线不足、能见度差的作业场地。

（15）带病行驶的作业车辆、恶劣的气候条件等。

5．危险源的风险评价

对已经辨识出来的危险源，应通过安全评价方法来确定该危险源的风险大小和严重程度，也就是应对排查出的危险源逐一进行风险评价。目前常采用的方法为“作业条件危险法”，即风险值 $D=L$（发生事故的可能性大小）$\times E$（人体暴露在这种危险环境中的频繁程度）$\times C$（一旦发生事故可能会造成的后果）。表 2-6 所示为作业条件危险性评价法应用表。

表 2-6　作业条件危险性评价法应用表

<table>
<tr><th colspan="2">发生事故的可能性大小 L</th><th colspan="2">人体暴露在这种危险环境中的频繁程度 E</th><th colspan="2">一旦发生事故可能会造成的后果 C</th></tr>
<tr><td>10</td><td>完全可以预料</td><td>10</td><td>连续暴露</td><td>100</td><td>大灾难，多人死亡或重大财产损失</td></tr>
<tr><td>6</td><td>相当可能</td><td>6</td><td>每天工作时间暴露</td><td>40</td><td>灾难，数人死亡或很大财产损失</td></tr>
<tr><td>3</td><td>可能，但不经常</td><td>3</td><td>每周 1 次或偶然暴露</td><td>15</td><td>非常严重，1 人死亡或一定财产损失</td></tr>
<tr><td>1</td><td>可能性小，完全意外</td><td>2</td><td>每月 1 次或偶然暴露</td><td>7</td><td>严重，重伤或较小的财产损失</td></tr>
<tr><td>0.5</td><td>很不可能，可以想象</td><td>1</td><td>每年几次暴露</td><td>3</td><td>重大，致残或很小的财产损失</td></tr>
<tr><td>0.3</td><td>极不可能</td><td rowspan="2">0.5</td><td rowspan="2">非常罕见地暴露</td><td rowspan="2">1</td><td rowspan="2">引人注目，需要救护</td></tr>
<tr><td>0.1</td><td>实际不可能</td></tr>
</table>

通常将风险值 $D \geqslant 90$ 的风险定位为不可承受的风险。因此，$D<90$ 的风险级别可定为“一般危险源”；而 $D \geqslant 90$ 的风险级别可定为“重要危险源”。通过风险评价，可以在众多危险源中最终评价出若干种危险源作为“重要危险源”，对这些重要危险源，应汇总出《重要危险源清单》。

需要强调的是，L、E、C 的数值是凭经验选取的，难免带有局限性。因此，“一般危险源”和“重要危险源”是相对而言的，不要绝对化，应用时需要根据实际情况给予修正。

生产作业班组应根据企业下发的《重要危险源清单》控制文件，结合本作业组生产实际，了解、摸底、调查本作业组生产项目和作业现场是否存在《重要危险源清单》中所列举的重要危险源。如果存在清单中所列举的一种或几种重要危险源，那么就应按照事先对重要危险源的策划方案和控制措施，重点防范。

6．对重要危险源风险控制的措施

对每种特定的重要危险源，应采取相应的预防、稳定、减弱、消除等控制措施。一般采用的控制方法有以下几种（实际应用中可结合起来综合使用）。

（1）必要时，在项目策划中制定相关的控制目标、指标和管理方案。

（2）制定运行控制程序，采用正确的控制方法，确保整个过程受控。

（3）加强作业人员的教育、培训和安全技术交底，严格执行安全操作规范。

（4）强化过程的监视和测量，避免敏感触发因素，防止危险源被触发或转化。

（5）在现场设置安全警示标志，严格作业资格许可制度，强化个人劳动防护。

（6）事先制定好现场处置预案，紧急时启动和采取相应的应急救援方案及措施。

2.2.2　特种劳动防护用品的配备与使用

劳动防护用品是指生产经营单位为从业人员配备的，使其在劳动过程中免遭或减轻事故伤害及职业危害的个人防护装备（用品）。劳动防护用品也是保护从业人员人身安全的最后一道防线。《安全生产法》第三十七条明确要求，“生产经营单位必须为从业人员提供符合国家标准或行业标准的劳动防护用品，并且监督、教育从业人员按照使用规则佩戴、使用”。

1. 特种劳动防护用品

劳动防护用品分为特种劳动防护用品和一般劳动防护用品。特种劳动防护用品目录由国家安全生产监督管理总局确定并发布。未列入目录的劳动防护用品为一般劳动防护用品。特种劳动防护用品共六大类，21 个小类。

（1）头部护具类：安全帽。

（2）呼吸护具类：防尘口罩、自给式空气呼吸器、过滤式防毒面具、长管面具。

（3）眼（面）护具类：焊接眼面防护具、防冲击眼护具。

（4）防护服类：防酸工作服、阻燃防护服、防静电工作服。

（5）防护鞋类：保护足趾安全鞋、导电鞋、防静电鞋、防刺穿鞋、胶面防砸安全靴、电绝缘鞋、耐酸碱胶靴、耐酸碱皮鞋、耐酸碱塑料模压靴。

（6）防坠落护具类：安全网、安全带、密目式安全立网。

特种劳动防护用品实行安全标志管理。生产劳动防护用品的企业生产的特种劳动防护用品，必须取得特种劳动防护用品安全标志，否则不得生产和销售。特种劳动防护用品安全标志标识由盾牌图形和特种劳动防护用品安全标志的编号组成，如图 2-1 所示。标识采用盾牌的形状，寓“防护”之意；盾牌中间采用字母“LA”表示“劳动安全”之意。根据 GB2893—2008《安全色》的规定，标识边框、盾牌及“安全防护”为绿色，“LA”及背景为白色，标识编号为黑色。

图 2-1　劳动防护用品安全标志

2. 安全帽的使用规则

安全帽是指对人头部受坠落物及其他特定因素引起的伤害起防护作用的帽子。安全帽由帽壳、帽衬、下颚带、附件等组成。

（1）从事线路施工作业人员、线路抢修作业人员、设备室外安装作业人员、维护登高作业人员等，在作业期间必须按照使用规定，正确佩戴安全帽。

（2）安全帽应从具有生产许可证的生产厂家定点采购，禁止在市场上廉价采购伪劣产品。安全帽的各项安全性能指标应符合 GB2811—2007《安全帽》的规定。工程施工一般采用塑料壳、Y 型的安全帽。每顶安全帽都应有厂名、商标、出厂日期、安全标志等永久性标志。

（3）佩戴安全帽时，必须戴正安全帽。应该注意头顶最高点与帽壳内表面之间的轴向距离（垂直间距）应该小于或等于 50mm。按头围的大小调节锁紧卡子，并系紧下颚带。

（4）作业组应该经常检查安全帽是否完好。如发现帽衬内顶带、托带、护带、下颚带、拴绳、插件损坏等异常情形时，应该停止使用并及时修复。不允许采用更换内衬的方法，超期限使用安全帽。

（5）作业现场禁止存放已经破损的或者不符合安全性能要求的安全帽。安全帽不应该储存在酸、碱、日晒、高温、潮湿等场所，更不可和硬物、工具堆放在一起。安全帽应编号，实行定人、定帽。

3．安全带的使用规则

安全带是防止高处作业人员发生坠落或者发生坠落后保证作业人员可以安全悬挂的个体防护装备。

（1）凡是在坠落高度基准面 2m 及以上有可能坠落的高处进行施工作业时，必须使用符合 GB6095—2009《安全带》规定的安全带。施工作业中应该根据专业及作业现场的情况，选用不同规格或型号的安全带。例如，在吊板上作业应选用“悬挂单腰式安全带”，在线路电杆上作业应选用“围杆作业安全带”。

（2）应定点采购并统一配发安全带。安全带的质量必须可靠，其永久性标志应该缝在主带上，内容应该包括：产品名称、标准号、类别、制造厂名、生产日期（年、月）等。

（3）每次使用安全带前必须进行全面检查，当发现安全带的织带、折痕、围杆绳磨损、破损，弹簧扣、卡子、环、钩不灵活或者不能扣牢，金属配件腐蚀、变形等异常情形时，应该停止使用。

（4）坠落距离同安全带挂点与佩戴者之间的相对位置密切相关。当发生高处坠落时，安全带高挂对人体的威胁最小，安全带低挂对人体的威胁最大。所以，使用安全带时，挂点与佩戴者之间的相对位置应该做到高挂低用。安全带必须挂在坚固钝边的结构物上，应该能够承受坠落的冲击力。要注意防止安全带的摆动与碰撞，不准将安全带打结使用。

（5）不得任意拆卸安全带上的各种部件，更换新安全带时要注意加带套。禁止使用一般绳索、皮线等代替安全带。安全带应该防止雨淋、霉变和日晒，应该储藏在干燥及通风的仓库内，不准接触 120℃ 以上的高温、强酸、明火和尖锐的坚硬物体。

（6）使用频繁的安全带，应该经常进行外观检查，如发现外观异常，应该立即更换。

4．电绝缘鞋的使用规则

电绝缘鞋对防止施工作业过程中的直接接触电击伤害有重要预防和保护作用。

（1）施工作业人员在工作期间应该按照规定穿着符合 GB12011—2009《足部防护电绝缘鞋》规定的电绝缘鞋。线路专业的施工作业人员、维护作业人员、抢修作业人员，设备专业的涉电操作人员、登高作业人员等，都必须穿着能耐不低于 5kV 电压的高腰电绝缘布面胶鞋或者高腰电绝缘皮鞋，并且鞋底必须具备防滑功能。

（2）每只电绝缘鞋的鞋底或者鞋帮上应该有鞋号、标准号、生产年月、检验合格印章、电绝缘字样、耐电压数值等标志。

（3）严禁穿着凉鞋、旅游鞋、皮鞋、布鞋、休闲鞋等进入施工作业现场。业主对进入的机房有穿鞋套等要求时，应该按照业主的要求执行。

（4）严禁穿着内、外潮湿的电绝缘鞋或者在积水的环境中使用电绝缘鞋。穿着和保管电绝缘鞋的过程中应该避免与高温、酸、碱及其他腐蚀性化学物质接触，避免因使用或保管不当造成鞋底变形和断裂。

2.2.3 作业现场的安全警示标志

《安全生产法》第三十二条规定，“生产经营单位应该在有较大危险因素的生产经营场所及有关设施、设备上，设置明显的安全警示标志”。

设置安全警示标志不仅可以对路过的行人、车辆、进入现场的非作业人员（包括监理、随工、安全检查人员、建设单位管理人员等）以明显的警告与提示，还可以提醒施工作业人员在施工过程中谨慎操作、遵纪守法、注意安全，防止某些不安全行为的发生。一旦遇到紧急情况，现场人员能及时、正确地采取应急措施，或者安全撤离事故现场，以免发生生产安全事故。施工作业人员必须熟知安全色和安全标志的含义及使用方法，在容易发生事故或者危险的部位及设施设备上，正确设置及悬挂安全警示标志与警示说明。安全警示标志应该符合国家标准的规定，其设置必须规范、统一。

1. 安全色的国家标准

安全色是表达“提示”“指令”“警告”“禁止”等安全信息含义的颜色，要求必须引人注目及辨认简易。GB2893—2008《安全色》规定了“红”“蓝”“黄”“绿”四种颜色。这四种颜色代表的含义如下：

（1）红色。红色传递停止、禁止、危险或者提示消防设施、设备的信息。红色引人醒目，使人在心理上产生兴奋及醒目感。由于红色光波的波长较长，所以其注目性很高，在很远的地方也能够看到，用于表示禁止、危险、紧急停止等信号。

（2）蓝色。蓝色传递警告、注意的信息。蓝色的视认性和注目性虽然不如红色和黄色，但是在阳光照射下，蓝色和白色衬托出的安全标志物视认明显，所以用于指令标志的颜色。

（3）黄色。黄色传递必须遵守规定的指令性信息。黄色是一种明亮鲜艳的颜色，黄色和黑色相间组成的条纹形状是视认性最高的标志物，特别引人注目，所以用于警告信号。

（4）绿色。绿色传递安全的提示性信息。虽然绿色的视认性和注目性都不高，但绿色能够给人带来平静、舒服和安全的感觉，所以用于安全提示。

2. 安全色的对比色

为了使安全色更加醒目，更加容易识别，规范规定：白色和黄色的对比色为黑色，红色、绿色、蓝色的对比色为白色。用安全色及其对比色组成的间隔条纹标识，能够显得更加清晰。例如，道路上的防护栏杆用红白相间的条纹或者黄黑相间的条纹标志，显得更加醒目。

3. 安全警示标志的国家标准

安全警示标志是用于表达特定安全信息的标志，由安全色、图形符号、几何形状（边框）或者文字构成。设置安全标志的目的是引起人们对不安全环境、不安全因素的注意，预防安全事故的发生。安全标志必须清晰易辨、含义简明、引人注目，尽量少使用文字说明，使人一目了然。

GB2894—2008《安全标志及其使用导则》规定了禁止标志、警告标志、指令标志及提示标志四大类安全标志。

1）禁止标志

禁止标志是禁止人们不安全行为的图形标志，如图 2-2 所示。

（a）禁止攀登　（b）禁止合闸　（c）禁止吸烟

图 2-2　禁止标志

禁止标志的基本形式是带斜杠的圆环形边框，圆环及斜杠均用红色描画，表示“禁止”或者“不允许”。圆环内背景为白色，用黑色描绘简单易辨的图像。几何图形下面用白色撰写禁止内容的简明文字。例如，禁止烟火、禁止吸烟、禁止带火种、禁止用水灭火、禁止合闸、禁止启动、禁止攀登、禁止触摸、禁止入内、禁止通行、禁止跨越、禁止跳下、禁止靠近等，文字区背景为红色。

2）警告标志

警告标志是提醒人们注意周围环境，以免发生危险的图形标志，如图 2-3 所示。

（a）当心触电　（b）当心坠落

图 2-3　警告标志

警告标志的基本形式是正三角形边框，三角形背景用黄色，边框和图像均用黑色，图形下方可用文字说明警告的内容。

常用的警告标志：注意安全、当心火灾、当心中毒、当心爆炸、当心触电、当心吊物、当心电缆、当心落物、当心坠落、当心坑洞、当心烫伤、当心瓦斯、当心塌方、当心车辆等。

3）指令标志

指令标志是强制人们必须做出某种动作或者采用防范措施的图形标志，如图 2-4 所示。

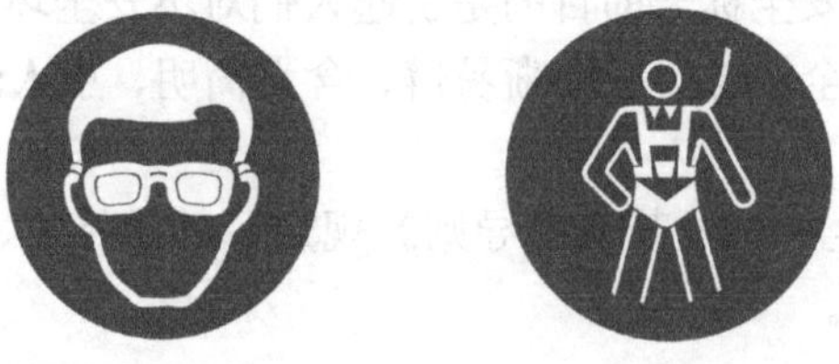

（a）必须戴防护眼镜　（b）必须系安全带

图 2-4　指令标志

指令标志的基本形式是圆形边框，圆形内配以表示指令含义的蓝色图形，用白色图形符号表示必须履行的事项。例如，必须戴防毒面具、必须戴安全帽、必须戴防护手套、必须戴防尘口罩、必须系安全带、必须穿救生衣等。图形下方可用文字说明指令的内容。

4）提示标志

提示标志是向人们提供某种信息（如标明安全设施或者场所等）的图形标志，如图 2-5 所示。

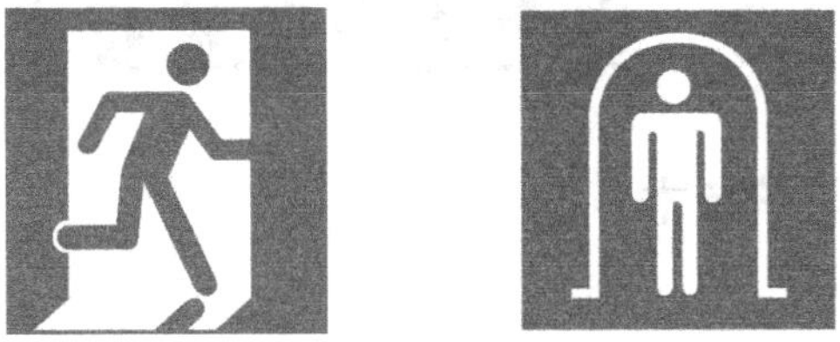

（a）紧急出口　　（b）应急避难场所

图 2-5　提示标志

提示标志的基本形式是正方形边框，以绿色为背景的长方形几何图形，配上白色的文字和图形符号，用白色箭头表明提示的方向，构成提示标志。提示标志主要有紧急出口、击碎板面、可动火区、应急避难场所、应急电话、急救点等。

4．现场安全警示标志的设置要求

（1）在城镇及道路的下列地点和危险部位进行施工作业时，应该按照有关规定设置或者悬挂明显的安全警示标志。

① 道路转弯处、街巷拐角、交叉路口。

② 有碍行人或者车辆通行处。

③ 在跨越道路架线、放缆需要车辆临时限行处。

④ 架空光（电）缆接头处及其两侧。

⑤ 挖掘的洞、坑、沟处。

⑥ 已揭开盖的人（手）孔处。

⑦ 跨越十字路口或者在直行道路中央施工区域的两侧。

⑧ 在公路或者高速公路上施工。

（2）基站内、机房内、小区、楼宇等作业场所及其他需要设置或者悬挂安全警示标志的仓库、场所或者设备、设施上，都应按照规定，正确设置或者悬挂安全警示标志。

（3）安全警示标志和防护设施应该随作业地点的变动而转移。

根据作业专业和环境的不同，应该选用对应的安全警示标志牌，作业班组应当指定专人负责将安全警示标志牌放置在适当、醒目的位置。需要注意的是，在机房的设备机架上不得悬挂、放置金属材质的安全标志牌。线路架空、直埋、管道人孔施工、机房楼、居民小区、基站、办公楼宇等现场，以及进行吊装、涉电等危险作业时，安全警示标志、围栏、围挡及锥形筒等的数量必须满足覆盖整个作业区域的要求。在人行道、快车道开启人（手）孔及在人孔内作业时，除了设置围挡及安全警示标志外，还必须有专人看管监护，严禁用安全帽等其他物品代替安全警示标志。沿公路作业时必须按照当地公路管理部门的规定，迎面对着来人、来车方向沿途逐级设置安全警示标志。安全警示标志应该根据施工作业点“滚动前移”。收工后，安全警示标志的回收顺序要与摆放顺序相反。夜间道路施工应该悬挂红色安全警示灯或者悬挂、摆放带有反光效果的安全警示标志。

（4）作业班组及作业人员对现场使用的安全警示标志牌应当加以爱护，妥善保管。应该至少每月检查一次安全标志牌，如果发现安全标志牌有变形、破损、褪色等现象，应当及时修整或者更换。

2.3 安全生产防护技术

2.3.1 触电事故防护技术

1. 安全用电常识

1）电的危险性与电的特点

（1）电的危险性。电的用途极其广泛，但是如果使用不当会对人的生命安全和健康造成威胁。

① 触电会导致人员受伤甚至死亡。

② 电气出现故障易导致火灾。

③ 电气设备带电不像机械设备的危险部位那样容易被人发现。很多情况下人们会因为不经意接触带电物体而发生危险。

（2）电的特点。

① 电的形态特殊，看不见听不到。人们日常能感受到的电只是电能的转换形式，如光、磁、热等。

② 电的传输速度为 3×10^8m/s。

③ 电的网络性强，若干线路可连接成一个整体，发电、供电、用电在瞬间完成。局部的故障有时会波及整个电网。

④ 发生事故的可能性及危害性大。电的应用广泛性和电本身的特性，决定了其发生事故的可能性与危害性都较大（如发生人身触电、设备损坏、爆炸等电气事故），会影响企业的生产，甚至造成整个企业生产瘫痪，后果非常严重。

2）正确理解电压、电流及其对人体的伤害

（1）电压。电压是电流的推动力，此推动力可将电源产生的电输送到电器及设备上使之工作。在我国，照明用电的电压为220V，企业电气设备的工作电压通常是380V。

人体触电主要有单相触电、两相触电、跨步电压触电三种。

① 单相触电：人在地面或者其他接地体上，人体的某一部位触及一相带电体时的触电。

② 两相触电：人体两处同时触及两相带电体时的触电。

③ 跨步电压触电：人进入接地电流的散流场时的触电。

（2）电流。电流是指电子从一个位置到另一个位置的迁移。电子的迁移是通过电线或者电缆完成的。电线（电缆）越粗，允许通过的电流就越大。

电流通过人体内部时，肌肉会产生突然收缩效应，产生针刺感、打击感、压迫感，以及疼痛、痉挛、昏迷、血压升高、心律不齐、心室颤动等症状；数十毫安的电流通过人体可以使人呼吸停止；数十毫安的电流直接流过心脏会导致致命的心室纤维性颤动。

电流对人体的损伤程度与电流的大小、持续的时间、电流的途径、电流的种类、人体的状况等因素有关。

① 电流的大小。

a. 感知电流，是指使人有感觉的最小电流，通常为0.5～1mA。

b. 摆脱电流，是指人触电后能够自行摆脱带电体的最大电流，通常为5～10mA。

c. 室颤电流，是指通过人体引起心室发生纤维性颤动的最小电流，约为50mA。发生心室纤维性颤动后，若得不到及时抢救，数分钟内甚至数秒钟内就可导致生物性死亡。

d. 致命电流。当电流达到100mA时，只需要三秒钟人就会因心室颤动或者呼吸窒息而死亡。如果电流达到300mA，持续0.1s以上就可以致人心跳及呼吸停止。

通过人体的电流的大小由人体的接触电压和人体电阻决定。人体电阻因人体各种组织器官有所差异。人体表皮0.05～0.2mm厚的角质层电阻最大，为1000～10 000Ω，其次是皮肤、骨骼、脂肪、神经、肌肉等。但是，若皮肤出汗、潮湿、有损伤或带有导电性粉尘，人体电阻会下降为800～1000Ω。因此，在考虑电气安全问题时，人体电阻只能按照800～1000Ω计算。

② 持续的时间。

人的心脏在每个收缩扩张周期中，有0.1～0.2s的时间称为易损伤期。当电流在这个时间段内通过时，引起心室颤动的可能性最大，危险性也最大。触电时间越长，人体电阻降低越多，越容易造成心室颤动，危险性也就越大。

③ 电流的途径。

电流通过心脏，会引起心室颤动或者心脏停止跳动，血液循环中断，导致死亡。电流通过脊髓，会使人的肢体瘫痪。所以，电流通过人体的途径从手到脚最危险，其次是从手到手，再次是从脚到脚。

④ 电流的种类。

电流对人体的伤害主要与通过人体电流的频率有关。工频电流（50Hz）最危险，但高频电流比工频电流易引起皮肤灼伤；相对而言，直流电的危险性小于交流电；雷电和静电放电都能产生冲击电流，此类电流通过人体时，会使肌肉强烈收缩。

⑤ 人体的状况。

电流对人体的伤害程度与人体状况有密切关系。人体状况除人体电阻之外，还与性别、健康状况及年龄等因素有关。女性对电的敏感度要比男性高；同受电击伤害，儿童要比成年人的受伤程度偏重；心脏病患者、体弱多病者受电击的损伤程度要比健康人严重得多。

3）触电事故的主要原因

（1）电气线路或者电气设备的安装不符合要求，会直接造成触电事故。

（2）电气设备运行管理不当或者电动工具使用不当，使绝缘损坏而漏电，又没有防止触电的安全措施，会造成触电事故。

（3）接线错误，特别是插销接线错误会造成触电事故。

（4）高压线断落地面可能造成跨步电压触电事故。

（5）操作者的安全用电知识欠缺、安全意识薄弱、违章作业等也是造成触电事故的重要原因。

需要注意的是，很多触电事故不是由单一原因造成的，往往是两个及两个以上的原因造成的。

2．直接接触电击预防技术

为了防止直接接触电击事故，避免故障接地、短路等电气事故，可采取绝缘、屏护、间距及标志等预防技术。

1）绝缘

绝缘是指用绝缘体将带电体封闭起来。良好的绝缘是保证电气线路及电气设备正常工作的必要条件，是防止触电事故的基本安全措施之一。

电气设备的绝缘应符合其相应的环境条件、电压等级和使用条件。绝缘的电气指标主要是绝缘电阻，绝缘电阻可用兆欧表测量。任何情况下绝缘电阻不得低于每伏工作电压1000Ω，并应符合专业标准的规定。绝缘损坏可能导致短路、电击、电烧伤、火灾等事故。绝缘有老化、击穿、损伤等三种破坏方式。在强电场、风吹雨淋及日晒造成老化等外界因素的作用下，绝缘会发生击穿丧失绝缘性能。

气体绝缘或液体绝缘击穿后，如果去掉外部因素，可以恢复绝缘性能，而固体绝缘击穿后，绝缘材料往往因发生质变而不能恢复其绝缘性能。除击穿破坏以外，环境条件的影响（如周围有导电性粉尘、腐蚀性气体等或者长期处于潮湿环境中）也会降低其绝缘性能，严重时可能导致绝缘损坏。

一些绝缘材料随着使用时间的延长会自然老化裂化，其绝缘性能也将逐渐下降，甚至丧失绝缘功能。

2）屏护

屏护是指采用遮栏、围栏、屏障、护盖、护罩、箱闸等将带电体同外界隔离开来。当电气设备不便于绝缘或者绝缘不足以保证安全时，为了防止触电、电弧伤人或者弧短路等事故发生，应当采取屏护措施。屏护装置不能与带电体接触，应该有足够的尺寸，应当与带电体保持足够的安全距离。屏护装置所采用的材料应有良好的耐燃性能和足够的机械强度。凡是用金属材料制成的屏护装置，为了避免发生意外，屏护装置除与带电体良好绝缘以外，还必须将装置接地或者接零。

3）间距

为了防止人体触及或者接近带电体，防止作业设施、设备和车辆等物体碰撞或者过分接近带电体，防止电气短路事故和因此引起火灾，在带电体与地面之间、带电体和带电体之间、带电体和其他设施/设备之间，均需要保持一定的安全距离，这种安全距离简称间距。间距应当符合国家有关安全标准的要求。

在低压作业中，人体及其所携带的工具与带电体的距离不应小于0.1m。

在高压作业中，人体及其所携带的工具与带电体的距离应该满足表2-7所列各项的最小距离。

表2-7　高压作业防触电最小安全距离

单位：m

项　目	电压等级/kV	
	10	35
无遮栏作业，人体及其所携带工具与带电体之间的最小距离	0.7	1.0
无遮栏作业，人体及其所携带工具与带电体之间的最小距离（用绝缘杆操作）	0.4	0.6

续表

项　　目	电压等级/kV	
	10	35
线路作业，人体及其所携带工具与带电体之间的最小距离	1.0	2.5
带电水冲洗，小型喷嘴与带电体之间的最小距离	0.4	0.6
喷灯或气焊火焰与带电体之间的最小距离	1.5	3.0

起重机具与线路导线之间的最小距离如表 2-8 所示。

表 2-8　起重机具与线路导线之间的最小距离

线路电压/kV	≤1	10	35
最小距离/m	1.5	2	4

4）标志

明确统一的标志是保证用电安全的重要因素。从事故统计数据可以看出，不少电气事故都是标志不统一造成的。例如，由于导线的颜色标志不统一，误将相线接到设备机壳，导致机壳带电，操作者触电伤亡。

标志有颜色标志和图形标志两类。颜色标志常用于区分各种不同用途、不同性质的导线，或者用于表示某处的安全程度。例如，交流电缆的 A 相线用黄色、B 相线用绿色、C 相线用红色、中性线用黑色；直流电缆的正极外皮颜色用红色，负极外皮颜色用蓝色；接地线外皮为黄绿相间的色标。为了保证安全用电，必须严格按照有关标准使用颜色标志和图形标志。

3. 间接接触电击预防技术

间接接触电击预防技术主要有保护接地（IT）系统、保护接零（TN）系统等。

1）保护接地（IT）系统

保护接地是指用导体将电气设备中所有正常不带电部分的外露金属部分和埋在地下的接地电极连接起来，是防止人身触电的一项极其重要的措施。其作用是当设备外壳带电时，电流从接地装置导入地下。如果电气设备接地良好，那么接地电阻比人体电阻要小得多，当人体接触带电外壳时，通过人体的电流会大大减小，从而减小触电的危险性。

保护接地系统适用于各种不接地配电网。这类配电网中，电压在 36V 以上或由于绝缘损坏或其他原因而可能呈现危险电压的金属部分，除了另有规定的，均应接地。具体包括：

（1）变压器、电动机、照明灯具、便携移动式用电器具的金属外壳和底座。

（2）控制屏、柜、箱、盘，配电屏、柜、箱、盘的金属构架。

（3）穿电线的金属管、线缆的金属外皮、接线盒及线缆终端盒的金属部分。

（4）互感器的铁芯及二次线圈的一端。

（5）装有避雷线的电力线塔、杆，高频设备的屏护等。

2）保护接零（TN）系统

保护接零系统用于用户装有变压器，并且其低压中性点直接接地的 220V/380V 三相四线配电网。在此系统中，电气设备在正常情况下不带电的金属部分与配电网中性点，即保护零线之间直接连接。其安全原理是当某相带电部分碰连设备外壳时，形成该相对零线的单相短路，短路电流促使线路上的短路保护器件迅速动作，从而将故障设备的电源断开，消除电击危险。

保护接零系统分为 TN-S，TN-C-S，TN-C 三种。TN-S 系统的安全性能最好，火灾危险性大、有爆炸危险及对其他安全要求高的场所应当采用该系统，通信局（站）低压交流供电系统均采用 TN-S 接线方式。低压配电的场所及民用楼房应该采用 TN-C-S 系统。用电设备简单、触电危险性小的场所可以采用 TN-C 系统。

运用保护接零系统应该注意以下要求。

（1）在同一接零系统中，不允许部分或者个别设备只接地不接零。在同一配电系统中，若两种保护方式同时存在，采取接地保护的设备一旦发生相线碰壳故障，零线的对地电压会升高到相电压的一半或者更高，这时接零保护的所有设备上会带上同样高的电位，使设备外壳等金属部分呈现较高的对地电压，从而危及人身安全。所以，同一配电系统只能采用同一种保护方式，不得混用两种保护方式。

（2）工作接地和重复接地应合格。

（3）保护接零的线路上不准安装单极开关及熔断器。

（4）保护导体的截面面积应合格。

（5）等电位连接，以提高保护接零系统的可靠性。

4．其他电击预防技术

1）双重绝缘和加强绝缘

双重绝缘是工作绝缘（基本绝缘）和保护绝缘（附加绝缘）两者的结合。工作绝缘是带电体与不可触及的导体之间的绝缘，是保证设备正常工作及防止电击的基本绝缘；保护绝缘是不可触及的导体与可触及的导体之间的绝缘，是当工作绝缘损坏后用于防止电击的绝缘。加强绝缘是指具有与上述双重绝缘相同水平的单一绝缘。具有双重绝缘的电气设备属于Ⅱ类设备。Ⅱ类设备工作绝缘的绝缘电阻不得低于 2MΩ，保护绝缘的绝缘电阻不得低于 5MΩ，加强绝缘的绝缘电阻不得低于 7MΩ。

2）安全电压

安全电压（特低电压）是在一定条件下、一定时间内不会危及生命安全的电压。具有安全电压的设备属于Ⅲ类设备。安全电压限值是在任何情况下，任意两个导体之间都不得超过的电压值。我国标准规定工频安全电压有效值的限值是 50V，工频电压有效值的特低电压额定值有 42V、36V、24V、12V、6V。

特别危险环境使用的携带式电动工具应采用 42V 安全电压；有电击危险环境使用的局部照明灯、手持照明灯应采用 36V 或者 24V 安全电压；金属容器内、水井内、隧道内及周围有大面积接地导体等工作地点狭窄、行动不便的环境应采用 12V 安全电压；水上作业等特殊场所应采用 6V 安全电压。

3）漏电保护

漏电保护装置主要用于防止间接接触电击及直接接触电击，也可用于防止漏电火灾及监测一相接地故障。

电流型漏电保护装置以漏电电流或者触电电流为动作信号，在设备或者线路漏电时，通过保护装置的检测机构获取异常信号，经中间机构转换与传递，促使执行机构迅速动作，自动切断电源起到保护作用。

在工程施工作业的过程中，在隧道、潮湿的人孔中作业应使用临时性电气设备、手持式电动工具，对于触电危险性较大的民用建筑物内的插座、潜水泵、抽水机等，均应安装漏电保护装置或者使用带有漏电保护装置的接线盘。

5. 电气设备触电防护分类和安全使用条件

按照触电防护方式，电气设备分为以下 4 类。

（1）0 类。这类设备仅靠基本绝缘防止触电。0 类设备外壳上及内部的不带电导体上均没有接地端子。

（2）Ⅰ类。这类设备除依靠基本绝缘以外，还有一个附加的安全措施。Ⅰ类设备外壳上没有接地端子，但其内部有接地端子，且自设备内引出带有保护插头的电源线。

（3）Ⅱ类。这类设备具有双重绝缘（工作绝缘及保护绝缘）及加强绝缘的安全防护措施。

（4）Ⅲ类。这类设备依靠特低安全电压供电，防止触电。

使用Ⅰ类设备时应配用绝缘手套、绝缘垫、绝缘鞋等安全用具。一般作业场所，手持电动工具应当采用Ⅱ类设备；在潮湿或者金属构架上等导电性能良好的作业场所，必须使用Ⅱ类或者Ⅲ类设备。在管道内、锅炉内、金属容器内等狭窄的特别危险场所，应该使用Ⅲ类设备。

若使用Ⅱ类设备，则必须装设额定漏电动作电流不大于 15mA、动作时间不大于 0.1s 的漏电保护器。

工程施工作业中，通常使用Ⅱ类或者Ⅲ类移动式手持电动工具。

使用上述设备时，绝缘电阻必须合格。国家标准规定，带电部分与可触及导体之间的绝缘电阻，Ⅰ类设备不低于 2MΩ、Ⅱ类设备不低于 7MΩ、Ⅲ类设备不低于 10MΩ。

6. 作业现场临时用电安全

1）作业现场临时用电基本要求

（1）根据 JGJ46—2005《施工现场临时用电安全技术规范》的相关规定，“临时用电设备在 5 台及 5 台以上或者设备总容量在 50kW 及 50kW 以上者，应该编制临时用电施工组织设计；临时用电设备在 5 台以下或者设备总容量在 50kW 以下者，应该制定安全用电技术措施和电气防火措施”。

（2）电工作业人员应持《特种作业操作资格证书》，电工作业应当由两人以上配合进行，且按规定戴绝缘手套、穿绝缘鞋、使用绝缘工具，严禁带电接线及带负荷插拔插头等。

（3）班组应当严格执行企业或者项目部制定的现场安全用电管理制度，凡涉电作业人员必须经过专业培训并考核合格，持有《电工证》方可进行操作。此外，班组应该对临时用电情况进行经常性的安全检查，对检查中发现的问题应及时整改。

2）施工现场对外电线路的安全距离及防护

对外电线路的安全距离指带电导体与其附近接地的物体及人体之间必须保持的最小空间距离，在 JGJ46—2005《施工现场临时用电安全技术规范》中已经进行了具体的规定。

在施工作业过程中，必须与外电线路保持一定的安全距离。因受现场作业条件限制而达不到安全距离时，必须采取屏护措施。例如，设置防护性栅栏、遮拦，悬挂警告标志牌，必要时应当采取停电、迁移外电线路或者改变设计路由等措施，防止发生因碰触造成的触电事故。

3）采用接地与接零保护系统

为了防止意外带电体上的触电事故，施工作业现场应当根据不同情况采取相应的保护措施。保护接地及保护接零是防止电气设备意外带电造成触电事故的基本技术措施。

必须注意的是，如果在同一用电系统中，一部分电气设备接零保护，而另一部分电气设备接地保护，则一旦接地保护设备出现漏电现象，正常运行的接零保护设备外壳对地就会呈现出电压，人体触及会发生伤害事故。因此，在同一电网中，保护接零和保护接地不能混用，在选用临时用电保护系统时，必须要考虑施工作业现场的实际情况。

4）作业现场的配电线路

（1）施工作业现场的配电线路包括室外线路和室内线路，室外线路的敷设方式有架空和埋设，室内线路的敷设方式有明敷设和暗敷设，具体可视现场的实际情况而定。由于施工作业现场的危险性，架空线路应该优先采用绝缘铜线，严禁使用裸线。导线、电缆的绝缘必须良好，不允许有破损、老化现象。对穿越构筑物、建筑物、树木、道路、易受机械损伤的场所，应该加设防护套管，对一些移动式电气设备采用的橡皮绝缘电缆，不允许在水坑中浸泡或者无防护穿越道路。

（2）施工作业现场从借用电源处到开关箱、配电箱、电气设备、发电机、手持电动工具、行灯、施工标志灯、高热灯具等的导线及电源线，其截面均应依据用电负荷，选用符合规格的橡胶套线缆；普通照明灯、安全红灯电源线，可以使用符合规格的塑料软线。

（3）施工作业现场的照明灯与安全红灯，不准使用同一路电源线。用电设备必须一机一线。严禁用电话线代替电源线及工具、设备的导线。

5）配电箱与开关箱

施工作业现场的配电箱是电源与用电设备之间的中枢环节。开关箱是配电系统的末端，是用电设备的直接控制装置。配电箱与开关箱的设置和使用直接影响施工作业现场的用电安全。施工作业现场要做到“三级配电、两级保护”。“三级配电”指配电箱应该分级设置，即在总配电箱下，设分配电箱，分配电箱下设开关箱，开关箱下设用电设备，形成三级配电。“两级保护”指除在末级开关箱内加装漏电保护器之外，还要在上一级分配电箱或者总配电箱中再加装一级漏电保护器，总体上形成两级保护。

每台用电设备应该有各自专用的开关箱。为了避免发生误操作等安全事故，不允许将两台用电设备的电气控制装置合设在一个开关箱内，必须实行一机一闸制。严禁用同一个开关直接控制两台及两台以上的用电设备（含插座）。不允许出现一闸多机或者一闸控制多个插座的情况。

配电箱及开关箱的制作和安装应符合有关规定，必须要有防雨措施，应该设置在稳固、安全、便于操作、防止碰撞的地点，周围不得有易燃物或者杂物。配电箱应当做出分路标记，配备门锁，其安装高度为底部距地面不应小于 1.3m。

开关箱中必须安装漏电保护器，开关箱的安放位置与用电设备的距离不宜超过 3m。例如，在进行移动钢塔桅结构吊装时，开关箱与卷扬机的距离应在 3m 以内，以便在发生紧急情况时，能随时切断电源。

所有配电箱、开关箱都应悬挂安全警示标志，停电及送电必须由专人负责。若施工作业现场停止作业 1h 以上，则应将开关箱断电上锁。

6）电气装置

（1）插销（插头与插座的总称）、开关、闸刀、熔断器等必须完整无损，不准使用破损、裸露的带电体。

（2）插头与插座孔必须一致方可使用。安全电压的插座应该采用与高压电压插座不同形式的插座，防止因插错发生意外。严禁作业人员将导线直接插入插座孔取电。

（3）施工作业现场有许多作业地点，在离电源插座较远、手持电动工具的软电缆不够长的情况下，应该采用多功能插座板（接线板）或者带有漏电保护装置的接线盘。不准从用户的电气设备上直接接用电源。在使用接线盘时，首先应当合上漏电保护器开关，然后打开电源。

（4）施工作业现场所用的插销、开关、闸刀、熔断器，必须紧固在配电箱、开关箱内，不得歪斜和松动且应该有防雨措施。熔断器的熔断丝规格与用电负荷必须匹配，不准用其他任何金属丝代替熔断丝。

7）作业现场照明安全

在施工作业现场的电气设备中，作业人员与照明装置的接触较为普遍，所以必须采取以下安全技术措施。

（1）照明线路的相线必须经过开关才能接入照明装置，不能直接接入照明装置。照明开关箱（板）应该装设漏电保护器，所有照明灯具的金属外壳必须进行保护接零。

（2）室外作业时，应该选用安全灯具照明，通常情况下应采用防水灯具；在有爆炸性气体或者粉尘的场所作业，应当采用防爆式灯具照明。

（3）在管道坑、沟沿线设置普通照明灯具及安全警示灯时，距离地面的垂直高度不得小于 2m。

（4）照明装置在一般情况下其电源电压为 220V，在以下情况应使用安全电压的电源。

① 使用行灯，其电源的电压不超过 36V，如在人孔内应选用 36V 的工作手灯照明。

② 在潮湿的坑、沟内应选用电压为 12V 的工作手灯照明。

（5）当用 150W 以上（含）的灯泡时，不得使用胶木灯具。

（6）施工作业现场的照明，不得使用自带开关的灯具。

8）作业现场油机发电安全

施工作业现场有时因各种原因需要采取临时发电措施。使用移动式小型汽油发电机组发电时，应当采取以下安全技术措施。

（1）发电机到配电箱的电源线应该良好绝缘，不得过长及拖在地面上。各接点应该接线牢固，不得从发电机输出端直接给用电设备送电。

（2）使用发电机时，严禁人体接触带电部位。在必须带电作业时，应当做好绝缘防护措施。

（3）发电机开启后，操作人员不得远离，应该监视发电机的运转情况。严禁在发电机周围吸烟或者使用明火。

（4）发电机工作时会产生碳氢化合物、一氧化碳等窒息性气体，极易使人中毒昏迷。所以，禁止在受限空间内（如地下室、基站室内）人机同处一室时进行发电作业。

（5）雨天抢修发电机应有遮雨措施，防止发电机及线缆、插头被雨水淋湿，引起触电事故。

2.3.2 高处作业安全防护技术

高处作业是指在距坠落高度基准面 2m 或者 2m 以上有可能坠落的高处进行的作业。高处作业容易发生坠落、坍塌、触电、物体打击等生产安全事故，给作业人员的生命安全带来极大的威胁。工程施工作业中的杆上作业（包括杆上抢修、维护）、移动基站天馈线安装、铁塔安装、铁塔维护等，都属于高处作业。

1. 直接引起高处坠落的客观危险因素

高处作业最容易引发的事故是高处坠落。工程作业现场引起高处坠落的客观危险因素很多，GB/T3608—2008《高处作业分级》国家标准，将直接引起坠落的客观危险因素归纳为以下 11 种。

（1）阵风风力五级（风速 8.0m/s）以上。

（2）GB/T4200—2008《高温作业分级》国家标准规定的Ⅱ级或者Ⅱ级以上的高温作业。

（3）平均气温等于或者低于 5℃环境中的作业。

（4）接触冷水温度等于或者低于 12℃的作业。

（5）作业场地有水、冰、雪、霜、油等易滑物。

（6）作业场所光线不足，能见度差。

（7）作业活动范围与危险电压带电体的距离小于 1.7m/10kV、2.0m/35kV。

（8）立足、摆动处不是平面或者只有很小的平面，即任一边小于 500mm 的矩形平面、直径小于 500mm 的圆形平面或者具有类似尺寸的其他形状的平面，致使作业者无法维持正常的姿势。

（9）GBZ/T189.10—2007《工业场所物理因素测量》第 10 部分：体力劳动强度分级第 14 项中规定的Ⅲ级或者Ⅲ级以上强度的体力劳动。

（10）存在有毒气体或者空气中含氧量低于 0.195 环境中的作业。

（11）可能会引起各种灾害事故的作业环境及抢救突然发生的各种灾害事故。

2. 高处作业分级和坠落范围半径

1）高处作业分级方法

根据 GB/T3608—2008《高处作业分级》国家标准的规定，高处作业分为 2m 到 5m、5m 以上到 15m、15m 以上到 30m 及 30m 以上 4 个区段。

不存在上面列出的 11 种客观危险因素中的任何一种的高处作业，按表 2-9 中规定的 A 分类法分级，存在上面所列出的 11 种客观危险因素中的一种或一种以上的高处作业，按表 2-9 中规定的 B 分类法分级。

表 2-9 高处作业分级

分类法	高处作业高度 h_w/m			
	$2 \leqslant h_w \leqslant 5$	$5 < h_w \leqslant 15$	$15 < h_w \leqslant 30$	$h_w > 30$
A	Ⅰ	Ⅱ	Ⅲ	Ⅳ
B	Ⅱ	Ⅲ	Ⅳ	Ⅴ

2）可能坠落范围半径（R）

（1）当 $2m \leqslant h_w \leqslant 5m$ 时，R 为 3m。

（2）当 $5m < h_w \leqslant 15m$ 时，R 为 4m。

（3）当 $15m < h_w \leqslant 30m$ 时，R 为 5m。

（4）当 $h_w > 30m$ 时，R 为 6m。

3．高处作业安全防护技术

实际工程的某些专业在作业过程中涉及一些洞口作业、临边作业、独立悬空作业等高处作业，必须做好必要的安全防护技术措施，防止发生坠落事故。

1）洞口作业

实际工程作业过程中，经常会出现各种预留洞口、楼梯口、通道口、电梯口，在这些区域附近作业，称为洞口作业。移动无线覆盖工程、系统集成综合布线工程等经常会与建筑工程同步进行，所以不可避免有许多洞口作业。洞口作业必须设置安全警示标志，并视情况设置牢固的防护栏杆、盖板或者其他防坠落的设施。作业人员进入楼宇和建筑工地，配合预留孔洞和预埋穿线管（槽）时，必须佩戴安全帽，在建筑工地管理人员的带领下进入作业现场，夜晚或者光照不充足时，不得进入洞口工地作业。

2）临边作业

在施工作业现场，工作面的边沿无围护设施，人与物有各种坠落可能的高处作业，称为临边作业。在线路施工和设备安装中都有可能涉及临边作业。

（1）临边作业的防护主要是设置防护栏杆，并结合其他防护措施。栏杆由上、下两道横杆及栏杆柱构成。横杆离地高度上杆为 1.0～1.2m，下杆为 0.5～0.6m，即位于栏杆中间。

（2）防护栏杆的上杆应该能够承受来自任何方向的 1000N 的外力。

（3）在作业临边处可以用密目式安全网全封闭。

（4）装设安全防护门。

3）独立悬空作业

在无立足点或者无牢固立足点的条件下进行的高处作业统称为悬空高处作业。例如，在高楼外墙走线架上安装馈线、在桥梁侧体布放光电缆、在高大机房内安装走线架吊挂等。悬空高处作业尚无立足点的，必须适当建立牢靠的立足点，如搭设脚手架、操作平台或者吊篮等，方可进行施工。

对天花板打洞及安装吊挂时，必须注意以下安全事项。

（1）应该先进行现场勘察，向业主或者客户询问和了解隔层内的管线情况，打孔时必须避开梁柱钢筋和内部管线。

（2）作业者应该使用移动式安装平台，保证摆动、立足处有较大尺寸的平面。通常任一边不得小于 500mm，使作业者能维持正常的姿态站立，同时，作业者必须系好安全带。

2.3.3 作业现场防火技术

1．火的三要素、火灾的分类

火的三要素为可燃物、氧化剂、点火源。三要素中缺少任何一个，燃烧都不可能发生和维持，所以火的三要素是燃烧的必要条件。

火灾是一种由在时间及空间上失去控制的燃烧造成的灾害。火灾损失分为直接经济损失和间接经济损失。直接经济损失是指由被烧损、烧毁、烟熏及灭火中水渍、破拆和因火灾引起的污染等造成的损失。间接经济损失指因火灾而停产、停工、停业造成的损失，及现场施救、善后处理费用（包括清理火灾现场、人身伤亡之后支出的医疗、丧葬、补助救济、抚恤、歇工工资等费用）。

在火灾防治中，如果能够阻断火的三要素中的任何一个，那么就能扑灭火灾。

根据 GB50140—2005《建筑灭火器配置设计规范》，将火灾分为以下 5 类。

（1）A 类火灾，是指固体物质火灾，如毛、麻、棉、纸张、木材及其制品等燃烧的火灾。

（2）B 类火灾，是指液体火灾或者可熔化的固体物质火灾，如煤油、汽油、柴油、甲醇、乙醇、石蜡、沥青等燃烧的火灾。

（3）C 类火灾，是指气体火灾，如天然气、煤气、氢气、甲烷、乙烷、丙烷等燃烧的火灾。

（4）D 类火灾，是指金属火灾，如钾、镁、钠、钛、铬、锂、铝镁合金等燃烧的火灾。

（5）E 类火灾（带电火灾），是指物体带电燃烧的火灾，如发电机房、配电间、仪器仪表间、变压器房和电子计算机房等在燃烧时不能及时或者不宜断电的电气设备带电燃烧的火灾。

GB/T4968—2008《火灾分类》推荐性国家标准将火灾分为 6 类，除上述 5 类外，还有 F 类火灾。F 类火灾是指由烹饪器具内的烹饪物（如动植物油脂）引起的火灾。

通信企业的火灾主要属于 A 类、E 类火灾。因此，在选用灭火器材时，应该选用适合这两类火灾的灭火器材。此外，灭火时，应采用电气火灾的扑救方法。

2．发生火灾的原因

通信企业的火灾，同样是在可燃物、氧化剂、点火源三要素同时存在并相互作用的情况下发生的，具体原因是多方面的，可归纳为以下几个方面。

（1）通信机房内设备过多，配电线路用电量增大，通信设备的备用设备是热备用。

（2）通信设备增多，机房内信号线、动力线很多，一层一层压在一起。许多线缆的绝缘皮是易燃的，若机房装修使用的是易燃物，一旦发生火灾将会迅速蔓延。

（3）通信楼与外部各种管道相连，楼内通信设备的动力线、信号线伸向楼外的四面八方，容易造成外界的煤气泄漏，并顺着管道侵入楼内发生爆炸。

（4）通信楼内的楼梯间、管道井、电梯井、电缆井、垃圾道等竖井林立，如同一座座烟囱，一旦发生火灾，容易产生烟囱效应。

（5）明火管理不慎引起火灾。明火包括生产、炉火、蚊香火、照明蜡烛、烟头火、气焊等。

（6）纵火。

（7）强电、雷电侵入引起的火灾。

3．火灾的发展规律及灭火的基本原理和基本措施

1）火灾的发展规律

火灾一般都有一个从小到大、逐步蔓延直至熄灭的过程。其发展分为初起期、发展期、最盛期、减弱期和熄灭期5个阶段。

初起期。初起期是火灾开始发生的阶段，此阶段可燃物的热解过程至关重要，主要特征是阴燃、冒烟，火焰不高、燃烧面积不大、辐射热不强、燃烧速度不快、烟和气流动缓慢，是扑救火灾的最佳阶段。

发展期。发展期是火势由小到大发展的阶段，此阶段火灾的热释放速率随时间的平方非线性发展，轰燃就发生在此阶段。

最盛期。由于燃烧时间继续延长，燃烧速度不断加快，燃烧面积迅速扩大，燃烧温度急剧上升，气体对流达到最快速度，热辐射很强，建筑构件的承重能力急剧下降。

减弱期和熄灭期。在这两个阶段，火势缓慢发展后逐步熄灭。

根据火灾发展的阶段性特点，一旦发生火情，要抓紧时机，争分夺秒，能正确运用灭火原理，有效控制火势，力争将火扑灭在初起阶段。

2）灭火的基本原理

灭火就是破坏燃烧条件，使燃烧反应终止的过程。灭火的基本原理可归纳为冷却、隔离、窒息、化学抑制等。前三种灭火原理主要是物理机理，最后一种则是化学机理。无论是使用灭火剂还是通过其他方式灭火，都是利用上述四种原理中的一种或者多种结合实现的。

3）灭火的基本措施

（1）控制可燃物。

（2）隔绝助燃物。

（3）消除点火源。

（4）阻止火势蔓延。

4．灭火器的分类、使用与维护

灭火器由器头、筒体、喷嘴等部件组成，借助驱动压力将所充装的灭火剂喷出，达到灭火目的。灭火器是扑救初起火灾的重要消防器材，按所充装的灭火剂可以分为二氧化碳灭火器、泡沫灭火器、干粉灭火器、卤代烷灭火器等几类。

1）二氧化碳灭火器

二氧化碳灭火器利用其内部充装的液态二氧化碳的蒸气压将二氧化碳喷出进行灭火。二氧化碳灭火剂通过窒息燃烧、稀释氧浓度和冷却等物理机理灭火。二氧化碳是一种性质稳定的气体，对绝大多数物质没有破坏作用，灭火后很快逸散不留痕迹，无毒无害。此外，二氧化碳是不导电介质，具有一定的电绝缘性能，所以，更适合扑救600V以下的带电电器、图书资料、贵重设备、仪器仪表等场所的火灾，也适合扑救一般可燃液体的火灾。二氧化碳灭火器的适用范围是A类、B类火灾及低压带电火灾。

2）泡沫灭火器

泡沫灭火器内充装的是泡沫灭火剂，包括蛋白质泡沫、化学泡沫、水成泡沫、抗溶性泡沫、高倍数泡沫等。泡沫灭火器的适用范围是A类、B类火灾，主要用于扑灭油类（如油罐区、地下油库、汽车库、液化氢罐区、油轮等）火灾，不适用带电火灾和C类、D类火灾。

用高倍数泡沫灭火剂（发泡倍数 201～1000 倍）代替低倍数泡沫灭火剂是当今的发展趋势。

3）干粉灭火器

干粉灭火器以液态二氧化碳或者氮气作为动力，将灭火器内的干粉灭火剂喷出进行灭火。由于干粉有 50kV 以上的电绝缘性能，所以能够扑救带电设备火灾。干粉灭火剂按其使用范围，可分为 BG 型干粉灭火剂和 ABC 型干粉灭火剂。

（1）BG 型干粉灭火剂。此类干粉灭火剂既适用于扑救液体火灾及天然气和液化石油气等气体火灾，也适用于扑救带电设备火灾。

（2）ABC 型干粉灭火剂。此类灭火剂既适用于扑救液体及带电设备火灾，也适用于扑救固体火灾。

4）卤代烷灭火器

充装卤代烷灭火剂的灭火器称为卤代烷灭火器，常用的有 1211 和 1301 灭火器。卤代烷的灭火机理主要是通过氟和溴等卤素氢化物的化学催化作用及化学净化作用，大量捕捉、消耗火焰中的自由基，抑制燃烧的链式反应，迅速将火焰扑灭。卤代烷灭火器具有灭火效率高、灭火后不留痕迹、药剂本身绝缘性好等特点，适用于除金属火灾之外的所有火灾，尤其适用于扑救计算机、精密仪器、珍贵文物及贵重物资仓库等的初起火灾。卤代烷灭火剂对空气臭氧层有破坏作用，目前非必要场所已停止使用该类灭火剂，并将逐步淘汰。

5）灭火器的使用与维护

施工作业场所及员工驻地的宿舍、办公地点、材料仓库等均应配备适宜的灭火器。灭火器应该设置在明显并便于取用的地点，要有醒目的安全标志并且不影响安全疏散。灭火器应当设置稳固，铭牌必须朝外，应该贴有检查记录的表格。手提式灭火器宜设置在托架、挂钩或者灭火箱内，其顶部距地面高度应不大于 1.5m，底部距地面高度应不小于 0.08m。灭火箱不得上锁。灭火器不应该设置在潮湿或者强腐蚀性及超过使用温度的地点。

作业班组应该有专人定期检查灭火器的安全状况，有的手提式灭火器上有小的压力指针表，指针在绿区范围，表示压力正常；指针在黄区范围，表示警告，到了临界；指针在红区范围，表示缺压，不可再用。灭火器缺压或者超过使用年限时，应予以更换或者报废。同时，专人定期检查灭火器必须留下检查记录。

5. 通信机房常用的灭火器

通信机房常用的灭火器主要有干粉灭火器、二氧化碳灭火器、卤代烷灭火器等。一般以干粉灭火器和二氧化碳灭火器居多，非必要场所不应该配置卤代烷灭火器。基站机房火灾属于 E 类（带电）火灾，应当配备两套便携式干粉灭火器或者二氧化碳灭火器。目前，人们在不断寻找新的环保灭火剂代替传统的灭火剂，其中，七氟丙烷灭火剂最具推广价值，此灭火剂属于含氢氟烃类灭火剂，具有灭火效率高、灭火浓度低、对大气无污染的优点。此外，混合气体 IG-541 灭火剂同样具有对大气层无污染的特点，它是由氩气、氮气、二氧化碳组合成的一种混合物，平时以气态形式储存，喷发时不会形成浓雾或者造成视野不清楚，使作业人员在火灾时能清楚地分辨逃生方向，并且对人体基本无害，因此也得到了广泛应用。

6. 火灾自动报警系统

火灾自动报警系统包括火灾探测器（探头）、控制及指示设备、传输系统三部分。火灾探测器是组成各种火灾自动报警系统的重要组件，是系统的“感觉器官”，其作用是监视被保护区域有无火灾发生。一旦发生火灾，将火灾的特征物理量，如烟雾、温度、气体和辐射光等，转换成电信号，并且立即动作，向火灾报警控制器发送报警信号。火灾探测器主要有以下几类。

1）光电感烟式火灾探测器

根据烟雾粒子对光的吸附和散射作用，光电感烟式火灾探测器可以分为减光式和散射光式两种类型。

（1）减光式光电感烟式火灾探测原理：进入光电检测暗室内的烟雾粒子对光源发出的光产生吸附及散射作用，使通过光路上的光通量减少，使受光元件上产生的光电流变小。

（2）散射光式光电感烟式火灾探测原理：进入暗室的烟雾粒子对光源发出的一定波长的光产生散射，使处于一定夹角位置的光敏元件的阻抗发生变化，从而产生光电流。

2）感温式火灾探测器

感温式火灾探测器可以分为定温式、差温式和差定温式三类，这里以定温式火灾探测器为例说明其工作原理。定温式火灾探测器是在规定的时间内，火灾引起的温度上升超过某个定值时启动报警的火灾探测器，分为线型结构和点型结构。线型结构：当局部环境温度上升到规定值时，可熔绝缘物熔化致使两导线短路，从而产生火灾报警信号。点型结构：利用易熔金属热电偶、双金属片、热敏半导体电阻等元器件，在规定的温度值上产生火灾报警信号。

7. 配电线路防火、防爆措施

配电线路发生火灾主要是由于过负荷、漏电、短路、接触电阻过大、电弧电火花造成的。

1）过负荷的预防

（1）合理选择导线截面并且适当考虑发展规划。

（2）定期测量或者计算线路的负荷情况，及时更换不符合要求的线缆。

（3）安装并经常检查熔断器等保险装置，严禁用铜铁丝替代熔断丝。

（4）根据需要合理调节用电负荷，避开用电高峰。

2）漏电的预防

（1）导线的绝缘强度不能低于电网（电源）的额定电压，常用的绝缘导线绝缘强度有250V及500V。

（2）支撑电线的支架、绝缘子等应根据电源的不同选配得当。

（3）潮湿、腐蚀场所应用线管配线，严禁绝缘导线明敷。

（4）施工作业时防止机械损伤并且保证安装质量。

3）短路的预防

（1）正确选择导线的类型。重点考虑防腐、防潮、防高温，防止线缆的绝缘材料被破坏。

（2）正确安装。线缆之间、线缆与其他物体之间要有足够的安全距离；线缆不宜固定在金属材料上。通信机房的所有电源线应该采用铜线，接头处应该安装封闭接线盒。电力线不得在铁钉上固定或者用金属丝捆扎。

（3）经常检查电力线路的绝缘情况，定期测量导线的绝缘电阻。

（4）在配电线路上安装熔断丝、避雷等保护装置。

（5）作业人员要克服麻痹思想，防止人为短路。

4）接触电阻过大的预防

（1）安装线缆时连接必须牢固可靠。

（2）经常检查线缆的接触电阻，发现问题，应及时处理。

（3）大截面导线的连接应该采取压接或者焊接的方式，铜铝线连接可以采用过渡接头（如果没有过渡接头，则可在铜线上加锌后再连接），接头处应安装封闭接线盒。

（4）在易发生接触电阻过大的地方涂变色漆或者放置蜡片，以便发现问题时可以及时处理。

5）电弧电火花的预防

（1）线缆架设不易过松，线缆之间宜保持一定的距离。

（2）线缆连接要紧密、牢固。

（3）经常检查线缆的绝缘情况。

（4）熔断器开关应安装在非燃烧材料上，若使用可燃材料，则要加阻燃保护。

（5）带电作业及进行电气焊接时要有安全保护措施，并履行审批手续。

8. 用电设备防火、防爆措施

1）空调设备

（1）尽量使可燃物避开空调器，如可燃窗帘是窗式空调器火灾蔓延的主要媒介。

（2）不要短时间内连续切断或者接通空调器的电源。

（3）供电线路必须和空调器的功耗相匹配，并设置单独的过载保护装置。

（4）经常疏通空调机排水管，安装空调器湿度报警器。

2）配电柜

（1）动力维护人员要注意配电设备的维护，检查配电柜内的接线端子是否有松动及氧化现象。

（2）建立配电设施维护档案，对长期运行的大容量电解电容进行观测，若发现老化现象应及时更换。

（3）隔离开关、熔断器等配件要严格按照工程设计规范的要求选型、安装及使用。

（4）加强对配电柜的密封管理，防止鼠咬或者其他小动物进入，造成短路。

（5）高低压配电柜是动力配电设施的主要设备，必须由专业人员进行维护与管理，其他人员不得私自接线或者操作。

3）蓄电池

（1）要注意对接线端子的保护，防止腐蚀和氧化。

（2）严格控制蓄电池的电解液浓度、容量及电极的纯度，注意电池的质量问题。

（3）对非阀控型蓄电池室的用电装置采取防爆、隔爆措施，从而避免因用电设施打火在可燃气体的爆炸极限内发生爆炸。

（4）蓄电池室内应该有良好的通风设施，以促进室内空气流通。

（5）应该选择质量有保证的蓄电池，对于陈旧老化的蓄电池应当及时更换。

9. 通信机房防火、防爆措施

（1）把住设计关、装修关。

通信大楼尤其是通信枢纽大楼的防火工作需要从源头抓起，把住设计关。在新建、扩建、改建通信大楼时，设计单位应该严格按照我国有关建筑规范和邮电建筑防火设计标准进行设计，并请相关部门对建筑防火设计进行论证和审核。

（2）加强防火安全管理。

通信楼防火安全要落实各项制度，明确逐级防火责任，严格管理，奖惩分明。要加强对通信楼的封闭式管理，外人不得随意出入。通信楼内严禁烟火，进入楼内施工的人员要办理出入手续。

（3）清理楼内易燃物。

（4）积极稳妥地解决好动力线和信号线混合敷设的问题。

电源线采用上走线方式，敷设在走线架上，尽量采用阻燃电缆。信号线、非阻燃电缆应该采取穿管或者套电缆槽盒保护等措施。

（5）认真落实空调运行的安全措施。

为了防止空调器水盒溢水或者排水管破裂漏水，要认真落实以下安全措施。

① 在空调器排水管外面再套一个保护管，如果排水管破裂漏水，则水可顺保护管流出，不会流在机房地面上。

② 在空调器附近地面上安装湿度报警器，如果地面有水，则报警器会及时发出警报。

③ 在空调器回风口安装烟感报警探头，一旦机房起火，火灾报警控制柜联动装置可以及时关闭空调器。

④ 中央空调管道都应装有防火阀门，一旦机房失火，防火阀门可以自动关闭，阻止烟火顺管道蔓延。

（6）抓好电缆竖井和孔洞的封堵工作。

采用防火包、防火泥、防火模块、防火板、防火胶等封堵材料封堵电缆竖井和孔洞。

（7）抓好火灾自动报警和灭火系统安装及维护管理工作。

火灾自动报警与灭火系统是通信大楼中必不可少的重要消防设施，应该认真做好火灾自动报警和灭火系统的安装及维护管理工作，要注意把好“五关”。

① 把好设计关。明确火灾自动报警和灭火系统的总体方案。

② 把好设备选型关。通过招投标选择质量稳定可靠、技术先进、售后服务好的产品。

③ 把好施工关。按照有关消防规范、建筑专业安装规程的施工要求进行消防工程的施工安装，保证施工质量达到设计要求。

④ 把好验收关。坚持先运行后验收的原则，进行释放试验和灭火试验。

⑤ 把好维护管理关。火灾自动报警与灭火系统是否能正常工作，很大程度上取决于值班守机及维护人员的出色工作。

（8）配置必要的防毒面具。

通信机房一旦失火，就会出现烟大、味大、毒气大的现象，机房内必须配置防毒面具。防毒面具主要有两种：一种是简易过滤式防毒面具；另一种是带氧气瓶的隔离式防毒面具。

当火灾现场毒气浓度大于0.1%时，简易过滤式防毒面具将不能很好地起到过滤作用。建议地市以上通信大楼应该配置2～3个带氧气瓶的隔离式防毒面具。

（9）落实防煤气侵入、防强电侵入及防鼠害措施。

为了防止煤气侵入，要认真封堵通信大楼各进线间的进缆管道缝隙。同时各进线间应该安装可燃气体浓度报警装置和排风装置。可燃气体报警探头需要半年标定一次。

（10）进一步加强对员工的教育和培训，提高全员防火意识。

教育员工增强防火自觉性和责任感。通过普及消防知识使员工都会报火警、会使用灭火器、会扑灭初起火灾、会疏散自救。抓好义务消防队伍的组织和训练工作，要充分发挥这支消防队伍的作用。

10．作业现场防火安全

（1）作业人员进入业主大楼、通信枢纽楼、通信中心机房、通信模块局、光（电）缆地下室、通信基站、接入网点等作业现场及材料仓库等地时，必须严格遵守业主、客户的消防安全管理制度。在以上地点施工和维护作业时，必须采取安全防火措施，制定应急救援预案。

（2）作业现场应该建立消防安全责任制度，确定班组消防安全责任人。作业时不得随意触动和损坏客户的各种消防、灭火器材、安防设施及机房报警系统。消防设施（包括手提式灭火器、推车式灭火器等）不得被遮挡，消防通道不得被堵塞。严禁将火种带入机房作业现场。

（3）作业现场内严禁带入并存放酒精、汽油等易燃易爆化学危险品。在室内进行油漆作业时，必须保持通风良好，照明应该使用防爆灯头，油漆等易燃物料必须妥善处置。

（4）作业人员进入仓库、机房、大楼及人井、基站等一切有特殊要求的作业场所时一律禁止吸烟。

（5）作业过程中凡需要动用明火或者电焊作业的，必须向安全保卫部门办理机房动火审批手续，安全保卫部门应该对电焊作业人员的操作证件认真核查，核发《动火证》且在现场落实专人进行监管，配备足量的消防灭火器材，布置好各项安全防护措施，方可在指定的时间和地点进行作业。

（6）施工作业中新凿孔洞或者开启已封堵的孔洞，必须向业主安全保卫部门书面申请，经批准后方可进行施工。大楼管道井、电缆竖井、过墙洞等必须用防火沙袋、防火泥封严堵实。要切实做到“谁开谁封”“随开随封”。作业班组兼职安全员和班组长每天必须及时检查孔洞的复原情况。

（7）电气火源是引起火灾的重要因素，所以，使用电气设备时必须做好接地和绝缘保护，严禁超负荷运转。作业人员不得乱拉乱接电源线，严禁使用大功率、高热灯泡作为临时照明。作业过程中的确需要使用临时电源时，必须经过机房责任区安全员的同意，且要符合规范（采用双护套线并用带熔断丝的插座），离开时必须及时切断电源。如需要新增大功率用电设备，必须向配电管理部门提出申请，经核准用电未超负荷后才可安装使用。

（8）设备安装作业过程中，各种交流、直流电源线应该使用阻燃电缆，且电源线与信号线必须分开敷设，新建工程中交流、直流电源线不得在地板下布放。

（9）使用后未冷却的热风器、电烙铁等严禁随意丢放，防止触碰可燃物引起火灾。使用结束后，必须及时断开电源，冷却后再将电烙铁、热风器等收回工具箱。严禁作业人员在不断开电源和不妥善放置工具的情况下离开操作现场。

（10）作业材料应按指定地点堆放，不得堵塞消防或者疏散通道。作业场所有条件的，应该指定临时放置作业材料的区域。作业中易燃包装材料应及时清出楼，严禁在机房内堆放设备的外包装、纸箱、泡沫塑料等易燃可燃材料。每日作业结束，离场前必须认真清理现场，不得遗留火种及废弃物品，经随工人员和机房值班人员确定无安全隐患后方能离开。

（11）作业人员应该掌握消防设施和灭火器材基本的使用常识，进入作业场所后，必须摸清已有的灭火器材、消防设施、消防水源、报警按钮及逃生用具的具体位置，了解消防通道及应急疏散路线。

（12）机房、设备或者设施、用电设备、线缆着火时，应当及时报警、切断电源，必须使用适合 E 类火灾（带电火灾）的灭火器，如二氧化碳灭火器、干粉灭火器、卤代烷灭火器等，严禁使用水型灭火器、泡沫灭火器、黄沙等。

2.3.4 防雷、防静电、防电磁辐射

1. 防雷

1）雷电的产生

雷雨季节，地面气温变化不均，时而升高时而下降。气温升高时，会形成一股上升的气流，在这种上升的气流中含有大量的水蒸气，受到高空中高速低温气流的吹袭，会凝结并分裂成一些小水滴及较大的水滴，它们带有不同的电荷。当电荷积聚到一定程度时，会冲破空气的绝缘，形成云与云之间或者云与大地之间的放电，发出强烈的光和声，这就是常见的雷电。

2）雷电的种类

（1）直击雷。大气中带有电荷的雷云，其对地电压高达几亿伏。当雷云与地面凸出物之间的电场强度达到空气的击穿强度时，就会发生放电现象，这种放电现象称为直击雷。

（2）球形雷。球形雷是一种发红光或者极亮白光的火球，其运动速度约为 2m/s。球形雷能从烟囱、门窗等通道侵入室内，极具危险性。

（3）感应雷。感应雷分为静电感应雷和电磁感应雷。静电感应雷是单一雷云（只带一种极性的电荷）接近地面时，在地面凸出物的顶部感应出大量异性电荷，在雷云与其他部位或者其他雷云放电后，凸出物顶部电荷失去束缚，并以雷电波的形式高速传播而形成的。电磁感应雷是雷电放电时，巨大的冲击雷电流在周围空间产生迅速变化的强磁场引起的。

（4）雷电侵入波。雷电侵入波是由于雷击而在架空线路上或者空中金属管道上产生的冲击电压，沿线路或者管道迅速传播的雷电波。

3）雷电的火灾危险性

雷电的火灾危险性主要表现在雷电放电时出现的各种物理效应及其作用。

（1）电效应。雷电放电时，能够产生高达数万伏甚至数十万伏的冲击电压，足以烧毁电力系统的变压器、发电机等电气设备和线路，引起绝缘击穿，进而短路，导致易燃、可燃、易爆物品着火与爆炸。

（2）热效应。当几十至上千安培的强大雷电流通过导体时，在极短的时间内强电流将

转换成大量的热能。雷击点的发热量为500～2000J，这个能量可熔化50～200mm^3的钢。因此，雷电通道中产生的高温往往会造成火灾。

（3）机械效应。雷电的热效应会使雷电通道中木材纤维缝隙和其他结构中的缝隙里的空气剧烈膨胀，同时使水分及其他物质分解为气体，故而在被雷击物体内部出现强大的机械压力会导致被击穿物体遭受严重破坏或者爆炸。

以上三种效应是由直接雷击造成的，这种由直接雷击产生的电、热、机械的破坏作用都非常大。

（4）静电感应。当金属处于雷云和大地电场中时，金属物体上会感应出大量的电荷。雷云放电后，云与大地之间的电场虽然消失，但金属物上所感应而积聚的电荷来不及立即泄散，故而会产生很高的对地电压，发生火花放电。因此，雷电对于存放可燃物品及易爆、易燃物品的仓库仍是很危险的。

（5）电磁感应。雷电具有很大的电流和很高的电压，且是在极短暂的时间内发生的，所以在其周围的空间里将产生强大的交变电磁场。

（6）雷电波侵入。雷击在金属管道、架空线路上会产生冲击电压，使雷电波沿管道或者线路迅速传播。如果雷电波侵入建筑物内，那么将使配电线路装置和电气线路绝缘层击穿，进而产生短路，或者使建筑物内的易爆、易燃物品爆炸和燃烧。

（7）防雷装置上的高电压对建筑物的反击作用。当防雷装置受到雷击时，在接闪器、引下线及接地装置上都具有很高的电压。如果防雷装置与建筑物内外的电气线路、电气设备或者其他金属管道相隔距离很近，它们之间就会产生放电，这种现象称为反击。反击可能使金属管道烧穿、电气设备绝缘损坏，甚至造成易燃、易爆物品着火和爆炸。

4）防雷装置

防雷装置主要由接闪器、引下线和接地装置三部分组成，其作用是防止直接雷击或者将雷电流引入大地，以保证人身及建筑物的安全。

（1）接闪器。接闪器是指避雷针、避雷线、避雷带、避雷网、避雷器等直接接受雷电的金属构件。

（2）引下线。引下线为防雷装置的中段部分，上接接闪器，下接接地装置。引下线通常应该采用镀锌圆钢或者扁钢，应当沿建筑物外墙敷设，并经最短线路接地。每座建筑物的引下线通常不少于两根。对外观要求较高的建筑物也可暗敷，但截面积应加大一级。对于建筑物的金属构件，如果其所有部件之间均能连成电气通路，则可以作为引下线使用。

（3）接地装置。接地装置包括埋设在地下的接地线和接地体。其中，垂直埋设的接地体，通常采用角钢、圆钢、钢管；水平埋设的接地体，通常采用圆钢、扁钢。接地线应该与接地体的截面形状相同。

2. 防静电

1）静电的概念及危害

（1）静电的概念。两种不同性质的物体相互接触或者摩擦时，由于它们对电子的吸引力大小不同，电子在物体之间发生转移。其中一个物体中的电子转移到另一个物体上，该物体因为缺少电子而带正电（荷），另一个物体因得到一些多余电子而带负电（荷），这种电荷停留在物体的表面或者物体内部呈相对静止状态，故称为静电。

（2）静电的危害。静电的危害主要有以下几种。

① 引起爆炸和火灾。这是静电最主要的危害。

② 电击。静电造成的电击，可能发生在人体接近带静电物体的时候，也可能发生在带静电电荷的人体接近接地体的时候。电击程度与储存的电能有关，电能越大，电击越重。

③ 妨碍纺织、印刷等行业的生产或者降低其产品质量。

④ 可能引起电子元器件的错误动作等。

2）防静电的基本措施

消除静电危害的措施大致可以分为以下三类。

（1）泄漏法，即采取接地、加入抗静电添加剂、增湿等措施。通信机房中铺设防静电地板，作业人员使用防静电手腕带，穿防静电服和防静电鞋，机房内保持一定的湿度等都属于泄漏法。

（2）中和法，即采用静电中和器或者其他方式产生与原有静电极性相反的电荷，使已产生的静电因得到中和而消除，避免静电的积累。

（3）工艺控制法，即从工艺设计、材料选择、设备结构等方面采取措施，以控制静电的产生，使之不超过危险程度。

3）通信机房的静电防护

（1）静电防护的基本原则。

① 抑制或者减少机房内静电荷的产生，严格控制静电源。

② 安全、可靠、及时消除机房内产生的静电荷，避免静电荷积累。对静电导电材料及静电耗散材料，采用泄漏法使静电荷在一定的时间内通过一定的路径泄漏到地。对绝缘材料，采用以离子静电消除器为代表的中和法，使物体上积累的静电荷吸引空气中的异性电荷被中和消除。

③ 定期（如一周）对防静电设施进行维护与检验。

（2）环境要求。

① 温度、湿度要求。温度、湿度要求分为三级，如表2-10所示。通信机房可以根据相关通信设备的环境要求选用。

② 空气含尘浓度。空气含尘浓度也分为三级，如表2-10所示。通信机房可以根据相关通信设备的环境要求选用。

表2-10 温度、湿度级别及空气含尘浓度级别

级别	温度/°C	相对湿度/%	直径大于0.5μm的含尘浓度/（粒/L）	直径大于5μm的含尘浓度/（粒/L）
A	21～25	40～65	≤350	≤3
B	18～28	40～70	≤3500	≤30
C	10～35	30～80	≤18 000	≤300

（3）静电电压。

静电电压绝对值应该小于200V。

（4）地面要求。

① 当采用地板下布线方式时，可以铺设防静电活动地板。铺设后地板上表面电阻及任一点与地之间的系统电阻值均为1×10^5～$1\times10^9\Omega$。

② 当采用架空布线方式时，应当采用静电耗散材料作为铺垫材料。铺设后地板上表面电阻及任一点与地之间的系统电阻值均为$1\times10^5\sim1\times10^9\Omega$。

（5）墙壁、顶棚、工作台和椅的要求。

① 墙壁和顶棚表面应光滑平整，减少积尘，避免眩光。允许采用具有防静电性能的墙纸及防静电涂料。可以选用铝合金箔材作表面装饰材料。

② 工作台、椅、终端台面应防静电，台面、椅面静电泄漏的系统电阻及表面电阻值均为$1\times10^5\sim1\times10^9\Omega$。

（6）静电保护接地要求。

① 静电保护接地电阻应不大于10Ω。

② 防静电活动地板金属支架、顶棚、墙壁的金属层接在静电地上，整个通信机房形成一个屏蔽罩。

③ 终端操作台地线、通信设备的静电地应该分别接到总地线母体汇流排上。

（7）人员和操作要求。

① 操作者在进行静电防护培训后才能操作。

② 进入通信机房前，应穿符合 GB12014—1989《防静电工作服》要求的防静电服及符合 GB21146—2007《个体防护装备职业鞋》要求的防静电鞋。不得在机房内直接更衣、梳理。

③ 设备到现场后，需要待机房防静电设施完善以后才能开箱验收。

④ 机架（或者印制电路板组件）上套的静电防护罩，待机架安装在固定位置连接好静电地线以后才可拆封。

⑤ 使用的工具必须防静电。

⑥ 在机架上插拔印制电路板组件或者连接电缆线时应戴防静电手腕带。

⑦ 备用印刷电路板组件和维修的元器件必须在机架上或者防静电屏蔽袋内存放。

⑧ 需要运回厂家或维护中心的待修的印刷电路板组件，必须先装入防静电屏蔽袋内，再加上外包装且有防静电标志方能运送。

⑨ 机房内的文件、图纸、资料、书籍必须存放在防静电屏蔽袋内，使用时需要远离静电敏感器件。

⑩ 外来人员（包括参观人员及管理人员）进入机房时必须穿防静电服和防静电鞋。

（8）其他防静电措施。

① 必要时装设离子静电消除器，以消除绝缘材料上的静电，降低机房内的静电电压。

② 应使用防静电的垫套、手套。

3. 防电磁辐射

电磁辐射是指电磁波从发射体（辐射源）出发，在空间或者介质中向各方向传播的过程。交变的电场与交变的磁场相互作用，交变的电场能在其周围激发交变的磁场，交变的磁场又能在其周围激发交变的电场。这种变化的电场与磁场交替产生，由近及远，以波动的形式和一定的速度向四面八方传播，就形成了电磁辐射。

1）电磁辐射对人体的影响

电磁辐射按其生物学作用的不同，可以分为电离辐射（如放射线、宇宙线）和非电离辐射（如紫外线、红外线、可见光、激光和射频辐射）。

（1）短波、超短波对人体的影响。

短波、超短波无线电波的频率范围是3～300MHz，该频段范围内的高频电磁场是电磁辐射中量子能量最小的，并且为非电离辐射。

（2）微波对人体的危害。

微波的频率范围为300MHz～300GHz，也为非电离辐射。微波频率高，振荡周期短，会引起人的机体组织发生一系列的生理效应，主要表现为有明显的致热效应，导致机体组织热损伤，使机能明显减退，出现脱发、神经衰弱、性欲减退、眼晶体混浊等现象。

（3）X射线对人体的危害。

X射线是一种电离辐射。大量X射线在照射人体组织时与肌体组织、细胞、体液等物质相互作用，引起物质原子或者分子电离，直接破坏肌体某些大分子，甚至损伤细胞结构。

2）电磁辐射的防护

（1）短波、超短波电磁辐射的防护。

① 尽可能对场源实施屏蔽，以降低短波、超短波的电磁场强度。在对较大的电磁场源进行屏蔽有困难时，可对操作岗位进行屏蔽。

② 安装短波、超短波设备时，应使场源尽可能远离操作岗位和休息地点。

③ 给工作人员配备防辐射服、防辐射眼镜等。

④ 定期测量工作场地的电磁场强度。

⑤ 定期对操作人员进行健康检查，建立健康档案。

⑥ 控制作业现场的环境温度和湿度。因为温度越高，机体表现的症状越突出；湿度越大，越不利于散热，不利于作业人员的健康。

⑦ 在短波、超短波电磁场场源与岗位和休息场所之间多种植树木，建立绿化带。

（2）微波防护。

① 直接减少辐射源的泄漏或者辐射。在制造微波设备时，要确保微波发生器的屏蔽质量。

② 将工作人员的工作地点置于微波辐射程度较小的部位。

③ 休息地点应尽量远离辐射源，并且有防辐射的隔离设施。

④ 建立严格的安全操作规程和设备维护制度，严禁违章操作。

⑤ 定期监测微波机房，发现有漏能现象时应及时采取防护措施。

⑥ 检修微波设备时，维修人员应该穿戴防护镜和防护服。

（3）X射线的防护。

① 尽量把照射控制在最短时间内。

② 设置防护屏障隔离X射线源，在无法设置防护屏障的地方，工作人员应该使用手套、围裙和眼镜等用具进行防护。

③ 工作人员在使用X光机时应该使用剂量仪进行适当地监测，确保设备不漏能。

④ 补充营养，增强体质。

2.4 事故应急处理与救护常识

2.4.1 事故现场应急处置流程

作为一线作业人员，在作业过程中要应对各种有害因素、危险的侵害，当事故发生时，应该立即启动相应的现场救援预案，按一定流程进行处置。

1. 发现和呼救

伤害事故发生后，事故现场最高职务者（一般为班组长）为现场负责人，第一发现者应当立即大声呼救并向班组长或者现场带队负责人报告。

2. 消除危险

伤害事故发生后，现场负责人（紧急时为第一发现者）切莫惊慌失措，应当保持冷静、清醒的头脑，对事故情况做出正确判断，尤其是要判断危险是否已消除。一般情况下事故发生现场仍有发生新危害的可能，应当采取适当措施消除或者防止新的危害发生。例如，是否有带电的线缆或者有毒气泄漏；对道路交通事故，应该在来车方向距事故现场 100m 处立起警告标志，防止其他车辆贸然进入事故现场，以避免事故扩大或者造成二次伤害。

3. 现场急救

针对不同的伤害事故，采用不同的急救方法，积极抢救伤员。可以迅速将伤者移至空气流通、地势平坦的地方，采取初步的消炎、包扎、止血、固定等急救措施。对于情况严重者，应当就地采用人工呼吸法和心脏复苏法进行抢救。

4. 电话求援

在抢救伤员的同时，必须立即拨打电话急救（120），拨打电话的人必须说清楚以下 4 个重要信息：事故类型、事故地点、受伤人数、伤势情况。可在电话中征询有关现场急救的措施，在救护人员到达前尽可能减小伤害的影响。如果 120 电话不通也可拨打 110 寻求帮助（中毒窒息事故和火灾事故可直接拨打 119 求助，车辆道路交通事故可拨打 122 或者 110、120 求助）。

5. 运送伤者

在伤者急需送医院急救而救护车辆不能及时来到现场的情况下，现场负责人应该迅速做出判断，用现场或者路过的车辆将伤者送往附近医院。拦车者在拦截路过的车辆时必须注意自身安全。运送伤者的车辆上应当有人看护，可打开双跳灯，并提醒车辆驾驶员注意交通安全，避免忙中出错发生新的危险。

6. 保护现场

应当安排专人保护现场，凡与事故有关的痕迹、物体、状态，不得破坏或者挪动，为了抢救伤者需要移动某些物体时，必须做好相应的标志，以便进行事故调查取证。同时要维持现场秩序，防止围观群众对救护工作产生影响，必要时应向围观者说明危害并疏散人群。

7. 逐级报告

现场人员（班组长）应该立即向作业队长或者项目负责人报告，请示后续应急措施。作业队长或者项目负责人接到报告后，应该根据事故危害的严重程度，决定是否需要采取相应的措施，同时应该立即向企业负责人和安全生产管理机构报告事故情况。

8. 协助调查和善后处理

在有关部门进行事故现场调查时，班组人员特别是现场目击证人应当实事求是地汇报和介绍情况，不得为了逃避责任、害怕受牵连而私下统一口径，捏造或者歪曲事实、作伪证或者瞒报谎报事故情况。同时，按照要求，做好事故现场的清理并协助做好有关善后工作。

2.4.2 触电事故现场救护方法

现场急救对抢救触电者是非常重要的。人触电后会出现电击性抽搐、休克、昏迷、心律不齐、四肢厥冷，重者呼吸心跳停止，但不应当认为是死亡，往往是处于“假死”状态，如果现场抢救及时，方法得当，呈“假死”状态的人就可以获救。据统计，触电 1 分钟后开始救治者，90%有良好效果；触电 4 分钟后救治者，50%可复苏成功；触电 6 分钟后救治者，仅有 10%存活；触电 10 分钟后才开始救治者，几乎无存活的可能。可见，时间就是生命，就地进行及时、正确的抢救，是触电急救成败的关键。所以，触电急救应当争分夺秒，动作迅速，而不能等待医务人员。为了做到及时急救，平时就应对员工进行触电急救常识的宣传教育，还要对工程作业中的涉电作业人员进行必要的触电急救训练。

1. 脱离电源

发现有人触电时，首先应尽快使触电人脱离电源，这是实施急救措施的前提，也是救活触电者的首要因素。脱离电源的方法如下。

（1）如果电源的闸刀开关或者插销就在附近，则应当迅速拉开开关或者拔掉插销。在一般情况下，拉线开关、电灯开关只控制单线，且控制的不一定是相线（俗称火线），所以拉开这种开关并不保险，还应当拉开闸刀开关。

（2）如果闸刀开关距离触电地点很远，则应迅速用绝缘良好的电工钳或者有干燥木把的利器（如斧、刀、锹等）将电线砍断（砍断后，有电的一头应妥善处理，防止又有人触电），或者用干燥的竹竿、木棒、木条等物迅速将电线拨离触电者。拨线时要特别注意安全，能拨的不要挑，以防电线甩在别人身上。

（3）如果现场附近无任何合适的绝缘物可利用，而触电者的衣服是干的，则救护人员可以用包有干燥毛巾或者衣服的一只手去拉触电者的衣服，使其脱离电源。如果救护人员未穿鞋或者穿湿鞋，则不宜采用此方法抢救。

以上抢救办法不适用于高压触电情况，若遇有高压触电应当及时通知有关部门拉掉高压电源开关。

2. 对症救治

当触电者脱离了电源以后，应当迅速根据具体情况进行对症救治，同时向医务部门呼救。

（1）若触电者的伤害情况并不严重，神志还清醒，只是有些心慌、全身无力、四肢发麻或者虽曾一度昏迷，却没有失去知觉，则使其就地安静休息 1～2h，不要走动，并仔细观察。

（2）若触电者的伤害情况较严重，无呼吸、无知觉，但心脏跳动（头部触电的人易出现这种症状），则应当采用口对口人工呼吸法抢救。若有呼吸，但心脏停止跳动，则应采用人工胸外心脏按压法抢救。

（3）如果触电者的伤害情况很严重，呼吸和心跳都已停止，则需要同时进行口对口人工呼吸和人工胸外心脏按压法抢救。如果现场仅有一人抢救，可以交替使用这两种方法，即先进行口对口吹气两次，再进行人工胸外心脏按压 15 次，如此循环连续操作。

（4）触电急救应当尽可能就地进行，只有在条件不允许时，才可以将触电者抬到可靠的地方进行急救。在运送至医院的途中，抢救工作也不能停止，直到医生宣布可以停止为止。

2.4.3 火灾事故现场逃生方法

在火灾事故现场，致人死亡的主要原因之一是一氧化碳中毒。据统计，1.3%的一氧化碳浓度几分钟内就可以致人死亡。火灾事故现场救护方法主要有自救和互救两种。火灾事故现场救护要注意以下事项。

（1）火灾发生后，处于火灾现场的人员，不要惊慌失措，要沉着冷静。在火灾初起尚未蔓延失控时，可以根据燃烧物的性质采用灭火器或者水扑灭火源。如果火势已大，则应该迅速判断危险地点和安全撤离方向并采取相应的方法，逃生脱险。

（2）在烟火中逃生要尽量放低身体，最好沿着墙角匍匐前进，并用湿手帕或湿毛巾等捂住口鼻。

（3）如身上着火，不要奔跑，应将衣服撕裂脱下，浸入水中或者用脚踩灭或者用水、灭火器扑灭。如果来不及撕脱衣服，则可以就地打滚把火压灭。

（4）在地下建筑物中的逃生方法如下。

① 要有逃生意识，熟记疏散通道安全出口的位置，采取自救或者互救的方法疏散到地面，迅速撤离险区。

② 当地下建筑物发生火灾时，应立即开启通风门窗等，迅速排出地下室的烟雾，以降低火场温度，提高火场能见度。

③ 逃生时，应沿着烟雾扩散的方向尽量以低姿势前行，不要进行深呼吸，在可能的情况下用湿毛巾或者湿衣服捂住口鼻，防止烟雾进入呼吸道。

④ 在火灾初起时，地下建筑内的有关人员应当及时引导疏散，并在转弯及出口处安排相关人员指示方向，疏散过程中要注意检查，防止有人未能及时撤出。逃生人员必须坚决服从工作人员的疏导，决不能盲目乱窜，已逃出的人员不得再返回地下。

⑤ 疏散通道被大火阻断时，应当尽量设法延长生存时间，等待消防人员前来救援。

（5）在高层建筑中的逃生方法如下。

① 利用避难层或者疏散楼梯逃生。

② 利用楼房的落水管、阳台和避雷管线逃生。

③ 封闭房间门窗缝隙，阻止烟雾及有毒气体进入。

④ 当着火层楼梯、走廊被烟火封锁时，被困人员应当尽量靠近当街阳台或者窗口等容易被人看到的地方，大声呼救，以便被救援人员及时发现。

⑤ 用绳子或者把床单撕成布条连接起来，将一端捆扎在牢固的固定物件上，顺着绳子或者布条落到地面。若处于楼层较低（三层以下）的被困位置，当火势危及生命又无其他方法可以自救时，可将室内席梦思床垫、被子等软物抛到楼下，从窗口跳到软物上逃生。

（6）火灾逃生时的注意事项。

① 不能因为惊慌而忘记报警。进入建筑物后应该注意灭火器、安全通道、警铃的位置，一旦发生火灾，立即按警铃或者打电话，延缓报警是非常危险的。

② 不能一见低层起火就往下跑。低楼层发生火灾后，如果上层的人都往下跑，反而会给救援增加困难，正确的做法是更上一层楼。

③ 不能因清理行李和贵重物品而耽误时间。起火后，若发现通道被阻，则应该关好房门，打开窗户，设法逃生。

④ 不能盲目从窗口往下跳。当被大火困在房内无法脱身时，应当用湿毛巾捂住口鼻，阻止烟气侵袭，耐心等待救援，并想方设法报警、呼救。

⑤ 不能乘普通电梯逃生。高楼起火后容易断电，乘普通电梯就有可能“卡壳”，导致疏散失败。

⑥ 不能在浓烟弥漫时直立行走。大火拌着浓烟腾起后，应该在地上爬行，避免呛烟和中毒。

2.4.4 高温中暑救护方法

在夏天，长时间在太阳暴晒下从事室外作业，或者长时间在没有空调的室内工作，都容易发生中暑。中暑是职业病，在烈日下或者高温的房间里作业，空气闷热、身体疲劳、饮水缺乏、衣服过紧等，都有可能导致中暑。所以，应关注当地气象台发布的中暑指数预报。中暑指数分为先兆中暑、轻症中暑和重症中暑。若天气最高温度在36℃及以上，中暑指数等级较高时，从事室外作业应当采取防范措施。

中暑的症状者先是头昏、心慌、眼花、大汗、呼吸急迫、四肢无力、血压下降等，重度中暑会惊厥、昏迷或者引起肌肉间歇性痉挛、抽搐；然后是体温上升或略高，有时也可以达到40℃；再出现血液中食盐成分减少，蛋白过多，血液浓缩等现象。

对中暑者的急救，应该立即将其送到凉爽通风的地方使其静卧休息，解开病人衣扣，能喝水的供给大量的冷茶或者食盐水，同时用冷毛巾贴敷其胸部及头部。若中暑气绝，则要进行人工呼吸，并请医生诊治。

一般轻中暑病人，可以服十滴水或者人丹。如果有恶心呕吐、头痛头晕等症状，则可以服用藿香正气水或者藿香正气丸，并充分饮水和休息。对于重度中暑者，应当立即将病人撤离高温点，并迅速送医院抢救。

第 3 章　通信网概述

3.1　通信网基础

3.1.1　通信网的基本概念

人类社会的发展离不开信息的交流和传递，古代的烽火台、驿站，现代的电报、电话、传真、电子邮件、广播电视和互联网等都是信息传递的方式。在各种各样的信息传递方式中，利用“电信号”承载信息的传递方式称为电通信，俗称电信。

1. 电信的定义

《中华人民共和国电信条例》规定，电信是指利用有线、无线电磁系统或光电系统，传送、发射或者接收语言、文字、数据、图像及其他任何形式信息的活动。

2. 信息的概念

在通信中，通常将语音、文字、数据、图像等统称为消息。如果收信的人对传给他（她）的消息事前一无所知，则这样的消息对收信者而言包含更多的信息。反之，收信者事前已知的消息或信号就无任何信息可言。因此，信息可理解为消息给予收信者的新知识或消息中包含的有意义的内容。

3. 信号的概念及其分类

信号是数据的电磁编码或电子编码，是运载信息的工具，是信息的载体。从广义上讲，它包括光信号、声信号和电信号等。根据数据编码在时间、幅度、取值上是否连续等，可将信号分为模拟信号和数字信号。

1）模拟信号

信号的某一参量（如连续波的振幅、频率、相位，脉冲波的振幅、宽度、位置等）可以取无限多个数值，并且直接与所传递的信息相对应的，称为模拟信号。模拟信号有时也称为连续信号，但这个连续是指信号的某一参量可以连续变化（可以取无限多个值），而不一定在时间上也连续。如强弱连续的语音信号，亮度连续变化的电视图像信号等都是模拟信号。

2）数字信号

信号在时间上离散而在数值上连续，且表征所传递信息的信号的某一参量（如振幅、频率、相位等）只能取有限个数值，不直接与所传递的信息相对应的，称为数字信号。

一般通过电信号传递信息的过程如下：一是在发送端通过终端设备将语言、文字、数据、图像等信息转换为可由电信设备载荷的电信号或光信号；二是将发送端的电信号或光信号通过传输、交换等一系列电信设备传送至接收端；三是在接收端通过终端设备将电信号或光信号还原成语言、文字、数据、图像等信息。

通常人们把通过电信号实现信息传递所需的一切设备和传输媒介所构成的系统称为通信系统。

3.1.2 通信系统模型

1. 通信系统的一般模型

通信系统的一般模型包括信源、发送设备、信道、噪声源、接收设备和信宿等六部分，如图3-1所示。

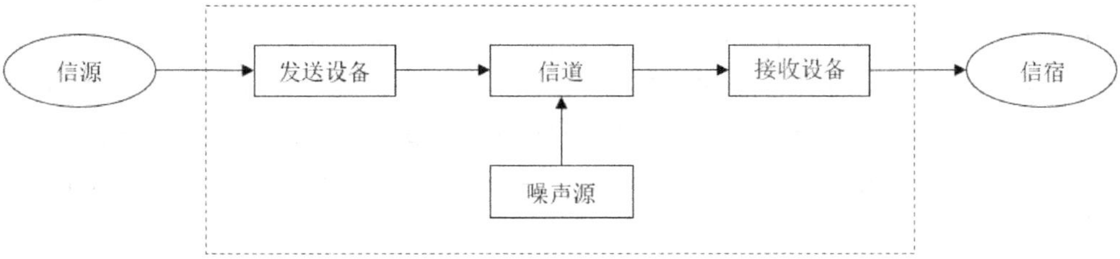

图3-1 通信系统的一般模型

（1）信源是指发出信息的信息源。在人与人之间通信的情况下，信源就是发出信息的人；在机器与机器之间通信的情况下，信源就是发出信息的机器，如计算机或其他机器等。

（2）发送设备一方面将信息转换成原始电信号，该原始电信号称为基带信号；另一方面将原始电信号处理成适合在信道中传输的信号。它所要完成的功能有很多，如调制、放大、滤波和发射等，在数字通信系统中发送设备又常常包含信源编码和信道编码等。

（3）信道是信号传输媒介的总称，按信道传输媒介的不同，可分为有线信道和无线信道两大类；按照信道中所传信号的形式不同，可分为模拟信道和数字信道。

（4）接收设备的功能与发送设备相反，即进行解调、译码等。它的任务是从带有干扰的接收信号中恢复出相应的原始电信号，并将原始电信号转换成相应的信息，提供给受信者。

（5）信宿是指信息传送的终点，也就是信息接收者。它可以与信源相对应，构成人→人通信或者机→机通信；也可以与信源不一致，从而构成人→机通信或者机→人通信。

（6）噪声源并不是人为实现的实体，但在实际通信系统中又是客观存在的。在模型中的噪声源是以集中形式表示的，实际上这种干噪声可能在信源信息初始产生的周围环境中就混入了，也可能从构成发送设备的电子设备中引入。另外，传输信道中的电磁感应，以及接收端各种设备中引入的干扰都会产生影响。在模型中我们把发送传输和接收端各部分的干扰噪声集中地由一个噪声源表示。

2. 模拟通信系统模型

传输模拟信号的系统称为模拟通信系统，其模型如图3-2所示。

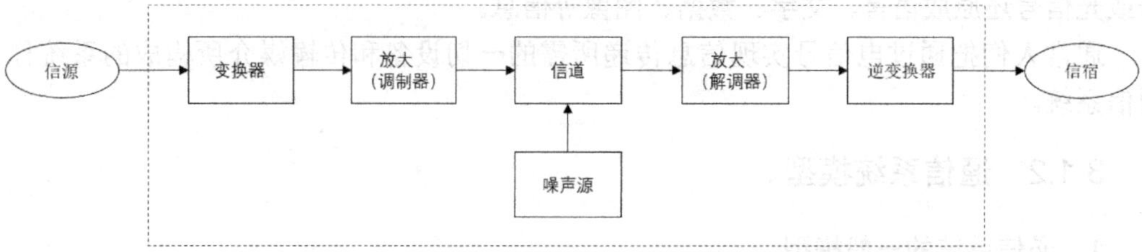

图 3-2　模拟通信系统模型

现在以语音通信为例来说明图 3-2 所示模拟通信系统模型各部分的作用。发信人讲话的语音信息即信源，首先经变换器将语音信息变成电信号，然后电信号经放大设备放大后可以直接在信道中传输。为了提高频带的利用率，使多路信号同时在信道中传输，原始的电信号（基带信号）一般要进行调制才能传输到信道中去。调制是信号的一种变换，通常将不便于信道直接传输的基带信号变换成适合信道传输的信号，这一过程由调制器完成，经过调制后的信号称为已调信号。在接收端，再将已调信号经解调器和逆变换器还原成语音信息。

实际通信系统中可能还有滤波、放大、天线辐射、控制等过程。由于调制与解调对信号的传输起决定性作用，所以它们是保证通信质量的关键。滤波、放大、天线辐射等过程不会对信号产生质的变化，只是对信号进行了放大或改善了信号的特性，因此被看作是理想线性的，可将其合并到信道中去。

模拟通信系统在信道中传输的是模拟信号，其占用的频带一般都比较窄，因此其频带利用率较高。缺点是抗干扰能力差，不易保密，设备元器件不易大规模集成，不能适应飞速发展的数字通信的要求。

3．数字通信系统模型

数字通信系统是利用数字信号传递信息的通信系统。数字通信系统可进一步细分为数字频带传输通信系统和数字基带传输通信系统。

1）数字频带传输通信系统

数字频带传输通信系统模型如图 3-3 所示。

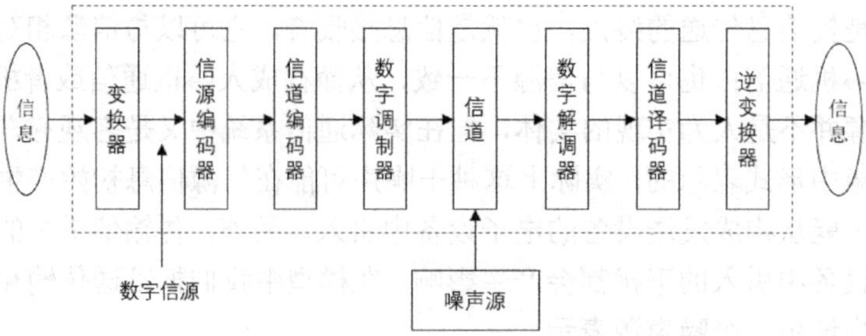

图 3-3　数字频带传输通信系统模型

在图 3-3 中，变换器的作用是将模拟信息转换成数字基带信号（数字信源）。信源编码的主要任务是提高数字信号传输的有效性。信源编码器的输出就是信息码元，接收端的信源译码则是信源编码的逆过程。信道编码的任务是提高数字信号传输的可靠性，其基本方法是在信息码组中按一定的规则附加一些监督码元，使接收端根据相应的规则进行检错和纠错。信道编码也称纠错编码。接收端的信道译码是其相反的过程。

数字通信系统还有一个非常重要的控制单元，即同步系统。它可以使通信系统的收、发两端或整个通信系统以精度很高的时钟提供定时，使系统的数据流与发送端同步，从而有序而准确地接收与恢复原信息。

2）数字基带传输通信系统

与数字频带传输通信系统相对应，将没有调制器/解调器的数字通信系统称为数字基带传输通信系统，其模型如图 3-4 所示。

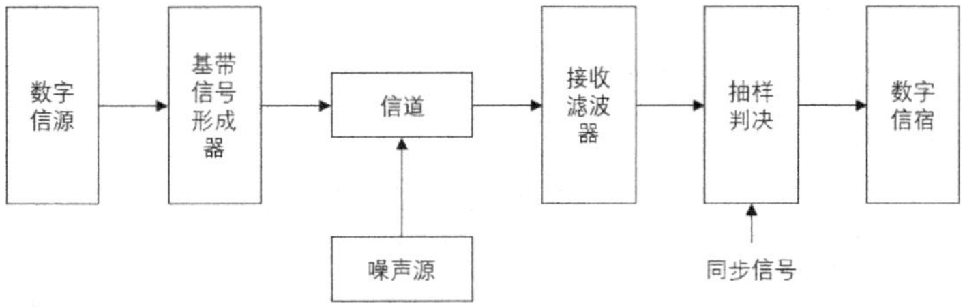

图 3-4　数字基带传输通信系统模型

在图 3-4 中基带信号形成器可能包括编码器、加密器及波形变换等，接收滤波器亦可能包括译码器、解密器等。

3）数字通信的主要特点

模拟通信和数字通信在不同的通信业务中都得到了广泛的应用。但是，数字通信更能适应现代社会对通信技术越来越高的要求，数字通信技术已成为当代通信技术的主流。与模拟通信相比，数字通信具有以下优点：

（1）抗干扰抗噪声性能好。在数字通信系统中，传输的信号是数字信号。以二进制为例，信号的取值只有两个（1 或 0），这样发端传输的和收端接收及判决的电平也只有两个值。传输过程中由于信道噪声的影响，必然会使波形失真，在接收端恢复信号时，首先对其进行抽样判决，才能确定是“1”码还是“0”码，并再生“1”“0”码的波形。因此，只要不影响判决的正确性，即使波形有失真也不会影响再生后的信号波形。而在模拟通信中，如果模拟信号叠加上噪声后，即使噪声很小，也很难消除它们。数字通信的抗噪声性能好，还表现在数字中继通信时它可以消除噪声积累，因为数字信号在每次再生后，只要不发生错码，它仍然像信源中发出的信号一样，没有噪声叠加在上面，因而中继站再多，仍具有良好的通信质量。而模拟通信随着传输距离的增大，会造成信号衰减，为了保证通信质量，必须当信噪比尚高时，及时对信号进行放大，但不能消除噪声积累。

（2）差错可控。数字信号在传输过程中出现的错误（差错）可以通过纠错编码技术来控制。

（3）易加密。与模拟信号相比，数字信号容易加密和解密，因此，数字通信的保密性好。

（4）与模拟通信设备相比，数字通信设备的设计和制造更容易，体积更小，重量更轻。

（5）数字信号可以通过信源编码进行压缩，以减少冗余度，提高信道的利用率。

（6）易于与现代科学技术相结合。

由于计算机技术、数字存储技术、数字交换技术及数字处理技术等现代科学技术的飞速发展，许多设备、终端接口的信号均是数字信号，所以极易与数字通信系统相连。正因为如此，数字通信才得以高速发展。

但是，数字通信的许多优点都是以比模拟通信占用更宽的系统频带资源为代价换取的。以电话为例，一路模拟电话通常只占用 4kHz 带宽，但一路接近同样话音质量的数字电话要占 20～60kHz 的带宽，因此数字通信的频带利用率不高。另外，由于数字通信对同步要求高，因此系统设备比较复杂。不过，随着新的宽带传输信道（如光纤）的采用、窄带调制技术和超大规模集成电路的发展，数字通信的这些缺点已经弱化。

4．通信系统分类及通信方式

按照不同的分类方法，通信系统可分成许多类别，下面介绍几种较常用的分类方法。

1）按传输媒介分类

按传输媒介分类，通信系统可分为有线通信系统和无线通信系统。有线通信系统是用导线或导引体作为传输媒介完成通信的，如双绞线、同轴电缆、光纤光缆和波导等。无线通信系统是依靠电磁波在空间传播达到传递信息的目的，如短波电离层传播、微波视距传播和卫星中继等。

2）按信号的特征分类

按携带信息的信号是模拟信号还是数字信号可以将通信系统分为模拟通信系统和数字通信系统。

3）按工作频段分类

按通信设备的工作频段不同，通信系统可分为长波通信、中波通信、短波通信和微波通信等。

3.2 通信网构成

3.2.1 通信网及其构成要素

1．通信网的概念

通信网是由一定数量的节点（包括终端节点、交换节点）和连接这些节点的传输系统有机地组织在一起，按约定的信令或协议完成任意用户之间信息交换的通信体系。

通信网上任意两个用户/设备之间或一个用户和一个设备之间均可进行信息的交换。交换的信息包括用户信息（如语音、数据、图像等）、控制信息（如信令信息、路由信息等）和网络管理信息。

2．通信网的构成要素

通信网由按特定方式组成的软件和硬件系统构成，每一次通信都需要软、硬件系统的协调配合完成。从硬件构成来看，通信网由终端节点、交换节点、业务节点和传输系统构成，它们完成通信网的接入、交换和传输等基本功能。软件系统包括信令、协议、控制、管理、计费等，它们主要完成对通信网的控制、管理、运营和维护等功能。

1）终端节点

终端节点是通信网最外围的设备，将输入信息变换成易于在信道中传输的信号，并参与控制通信工作，是通信网中的源点和终点。其主要功能是转换，它将用户发出的信息变换成适合在信道上传输的信号，以完成信息发送的功能；反之，把对方经信道送来的信号变换为用户可识别的信息，以完成接收信息的功能。常见的终端节点有电话机、传真机、计算机、视频终端、智能终端和用户交换机（PBX）。终端节点的主要功能如下所示。

（1）将待传送的信息和在传输链路上传送的信号进行相互转换。在发送端将信源产生的信息转换成适合在传输链路上传送的信号；在接收端则完成相反的变换。

（2）将信号与传输链路匹配，由信号处理设备完成。

（3）信令的产生和识别，即用于产生和识别网内所需的信令，以完成一系列控制作用。

2）交换节点

交换节点是通信网的核心设备，常见的有电话交换机、分组交换机、路由器、转发器等。交换节点负责集中、转发终端节点产生的用户信息，但它自己并不产生和使用这些信息。交换节点的主要功能如下所示。

（1）用户业务的集中和接入功能，通常由各类用户接口和中继接口来完成。

（2）交换功能，通常由交换矩阵完成任意入线到出线的数据交换。

（3）信令功能，负责呼叫控制和连接的建立、监视、释放等。

（4）其他控制功能，对路由信息的更新和维护、计费、话务统计维护管理等。

3）业务节点

常见的业务节点有智能网中的业务控制节点（SP）、智能外设、语音信箱系统，以及因特网（Internet）上的各种信息服务器等。它们通常由连接到通信网络边缘的计算机系统、数据库系统组成。业务节点的主要功能如下所示。

（1）对独立于交换节点业务的执行和控制。

（2）对交换节点呼叫建立的控制。

（3）为用户提供智能化、个性化、有差异的服务。

4）传输系统

传输系统是信息的传输通道，是连接网络节点的媒介。传输系统一般包括传输媒质和延长传输距离及改善传输质量的相关设备，其功能是将携带信息的信号从出发地传送到目的地。传输系统根据传输介质的不同有光纤传输系统、卫星传输系统、无线传输系统、同轴电缆与双绞线传输系统等。传输系统将终端设备和交换设备连接起来形成网络。

传输系统有一个主要的设计目标，就是提高物理线路的使用效率，因此通常都采用了多路复用技术，如频分复用、时分复用、波分复用等。

3.2.2 通信网的基本结构

任何通信网络都具有信息传送、信息处理、信令机制、网络管理功能。因此，从功能的角度看，一个完整的现代通信网可分为相互依存的三部分：业务网、传输网、支撑网。

1．业务网

业务网负责向用户提供各种通信业务，如基本语音、数据、多媒体、租用线、虚拟专用网（VPN）等。构成业务网的主要技术要素，包括网络拓扑结构、交换节点设备、编号计划、信令技术、路由选择、业务类型、计费方式、服务性能保证机制等，其中，交换节点设备是构成业务网的核心要素。采用不同交换技术的交换节点设备，通过传输网互连在一起就形成了不同类型的业务网。业务网交换节点的基本交换单位本质上是面向终端业务的，粒度很小，如一个时隙、一个虚连接。业务网交换节点的连接，在信令系统的控制下建立和释放。

2．传输网

传输网独立于具体业务网，负责按需为交换节点/业务节点之间互连分配电路，为节点之间信息传递提供透明的传输通道，它还具有电路调度、网络性能监视、故障切换等相应的管理功能。构成传输网的主要技术要素有传输介质、复用体制、传输网节点技术等，其中，传输网节点技术主要有分插复用（Add Drop，AD）和交叉连接（Digital Cross Connector，DXC）两种类型，它们是构成传输网的核心要素，如今 AD 和 DXC 的能力已经融合。

传输网节点也具有交换功能，又称交叉功能。传输网节点的最小交叉单位本质上是面向一个中继方向的，因此粒度较大。例如，同步数字体系（SDH）中基本的交叉单位是一个虚容器（最小是 2Mbit/s），在光传输网（OTN）中基本的交叉单位是一个 ODU0（1.25Gbit/s），而 ROADM 网络中基本的交叉单位则是一个波长（目前骨干网普遍使用 100Gbit/s）。传输网节点之间的连接则主要通过管理层面来指配建立或释放。

3．支撑网

支撑网负责提供业务网正常运行所必需的信令、同步、网络管理、业务管理、运营管理等功能，以为用户提供满意的服务质量。支撑网包括同步网、信令网、管理网等。

（1）同步网处于数字通信网的最底层，负责实现网络节点设备之间和节点设备与传输设备之间信号的时钟同步、帧同步及全网的网同步，保证地理位置分散的物理设备之间数字信号的正确接收和发送。它是开放数据业务和信息业务的基础。

（2）信令网在逻辑上独立于业务网，它负责在网络节点之间传送与业务相关或无关的控制信息流。其中，NO.7 信令网是发展智能业务和综合业务数字网（ISDN）业务所必需的。

（3）管理网的主要目标是通过实时和近实时监视业务网的运行情况，采取各种控制和管理手段，充分利用网络资源，保证通信的服务质量。

3.2.3 通信网的类型及拓扑结构

1．通信网的类型

1）按业务类型分类

（1）电话通信网（如 PSTN、移动通信网等）。

（2）数据通信网（如 X.25、帧中继网等）。

（3）电报通信网。

（4）多媒体通信网。

（5）综合业务数字网。

2）按空间距离和覆盖范围分类

（1）广域网（Wide Area Network，WAN）。

（2）城域网（Metropolitan Area Network，MAN）。

（3）局域网（Local Area Network，LAN）。

3）按通信网传输和交换采用的信号传输方式分类

（1）模拟通信网。

（2）数字通信网。

4）按通信网使用场合的不同分类

（1）公用通信网（如公用电话网、公用数据网等）。

（2）专用通信网（如专用电话网等）。

5）按通信的终端分类

（1）固定网。

（2）移动网。

6）按通信网采用传送模式的不同分类

（1）电路传送网（如公共交换电话网、综合业务数字网）。

（2）分组传送网（分组交换网、帧中继网）。

（3）异步传送网（宽带综合业务数字网）。

2. 通信网的拓扑结构

在通信网中，拓扑结构是指构成通信网的节点之间的互连方式。基本的网络拓扑结构有星型网、树型网、总线型网、环型网、网状网（全连接拓扑，又称 MESH 型拓扑）、复合型网（不规则拓扑）等，通信网拓扑结构示意图如图 3-5 所示。

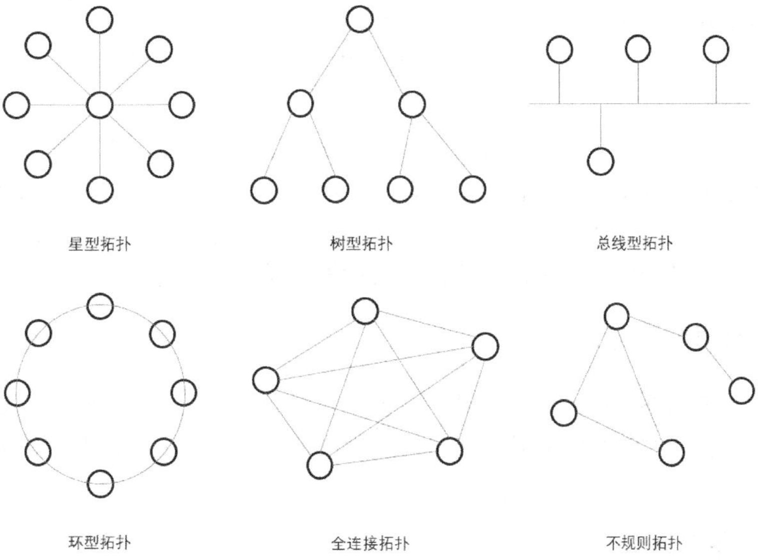

图 3-5　通信网拓扑结构示意图

1）星型网

星型网又称辐射网，在网络中有一个中心转接节点，其他节点都与转接节点有链路相连。N 个节点的星型网需要（N-1）条传输链路，链路数与节点数成正比关系，冗余度最低。优点是降低了传输链路的成本，提高了线路的利用率；缺点是网络的可靠性差，一旦中心转接节点发生故障或转接能力不足，全网的通信都会受到影响。星型网通常用于传输链路费用高于转接设备、对可靠性要求又不高的场合，以降低建网成本。

2）树型网

树型网可以看作是星型网的扩展。其节点按层次进行连接，信息交换主要在上下节点之间进行。树型网主要用于用户接入网及主从网同步方式中的时钟分配网。

3）总线型网

总线型网属于共享传输介质型网络，总线型网中的所有节点都连至一个公共的总线上，任何时候只允许一个用户占用总线发送或传送数据。该结构的优点是需要的传输链路少，节点之间通信无须转接节点，控制方式简单，增减节点也很方便；缺点是网络服务性能的稳定性差，节点数目不宜过多，网络覆盖范围也较小。总线结构主要用于计算机局域网、电信接入网等网络。

4）环型网

环型网中所有的节点首尾相连，组成一个环。N 个节点的环网需要 N 条传输链路。环形网可以是单向环，也可以是双向环。环型网的优点是结构简单，容易实现，双向自愈环结构可以对网络进行自动保护；缺点是节点数较多时转接时延无法控制，并且环型结构不好扩容。环型结构目前主要用于计算机局域网、光纤接入网、城域网、光传输网等网络。

5）网状网

网状网内任意两节点之间均由直达链路连接，N 个节点的网络需要 $N\times(N-1)/2$ 条传输链路。网状网的优点是线路冗余度大，网络可靠性高，任意两点之间可直接通信；缺点是线路利用率低，网络成本高，另外网络的扩容也不方便，每增加一个节点，就需要增加 N 条线路。完全互连的网状网，其中的链路数与节点数的平方成正比，因此不适用于大规模网络。网状结构通常用于节点数目少、又对可靠性有很高要求的场合。

6）复合型网

复合型网是由网状网和星型网复合而成的。复合型拓扑结构结合了网状网在可靠性方面的优势和星型网在成本方面的优势。它以星型网为基础，在业务量较大的转接交换中心之间采用网状网结构，因此整个网络结构比较经济，并且稳定性较好。目前，在公用通信网和规模较大的局域网中广泛采用分级的复合型网络结构。

3.2.4 通信网的分层

将不同的通信网络集成为一个协调工作的整体是相当复杂的，因此人们提出了分层的方法。分层可以将庞大复杂的问题转化为若干较小的局部问题，而较小的局部问题比较易于研究和处理。

1. 网络分层的原因

目前，现代通信网均采用了分层的体系结构，主要原因有以下几点：

（1）可以降低网络设计的复杂度。各种网络的功能越来越复杂，如果期望在单一模块中实现网络的全部功能则过于复杂，也是不现实的。而每一层在其下面一层所提供的功能之上构建，则简化了系统设计。

（2）增强了网络的可升级性。网络层次之间的独立性和良好的接口设计，使下层设施的更新升级不会对上层业务产生影响，提高了整个网络的稳定性和灵活性。

（3）方便异构网络设备之间的互连互通。各种通信网络的互连互通、资源共享是网络发展的必然，用户可以根据自己的需要决定采用哪个层次的设备实现相应层次的互连。例如，终端用户关心的往往是在应用层的互连，网络服务商关心的则是在网络层的互连，因此使用的互连设施必然有所不同。

（4）促进了竞争和设备制造商的分工。分层思想的精髓是开放，任何制造商的产品只要遵循接口标准设计，就可以在网上运行，这打破了以往专用设备易于形成垄断性的缺点。另外，制造商可以分工制造不同层次的设备。例如，软件提供商可以分工设计应用层软件和操作系统软件，硬件制造商也可以分工设计不同层次的设备，开发设计工作可以并行开展。网络运营商则可以购买来自不同厂商的设备，并最终将这些不同厂商的设备互连在一起。

在不同的网络中，层次的数目、每一层的命名和实现的功能各不相同，但其分层设计的指导思想完全相同，即每一层的设计目的都是为其上一层提供某种服务，同时对上层屏蔽其所提供的服务是如何实现的细节。

2. 协议

在分层体系结构中，协议是指位于一个系统上的第 N 层与另一个系统上的第 N 层通信时所使用的规则和约定的集合。一个通信协议主要包括以下内容：

（1）语法，即数据与控制信息的结构或格式。

（2）语义，即需要发出何种控制信息，完成何种动作及做出何种应答。

（3）时序，即事件实现顺序的详细说明。

图 3-6 所示为一个五层结构的网络。

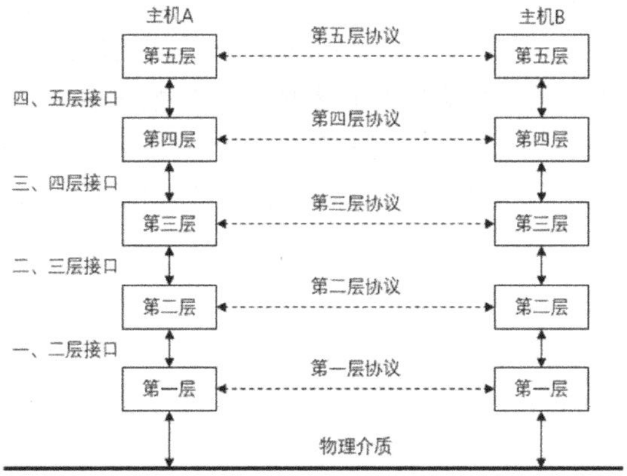

图 3-6　层、协议、接口

通常将位于不同系统上的对应层实体称为对等层（Peer）。从采用分层结构的网络的观点来看，物理上分离的两个系统之间的通信只能在对等层之间进行。对等层之间的通信使用相应层协议，但实际上，一个系统上的第N层并没有将数据直接传到另一个系统上的第N层，而是发送侧系统将数据和控制信息直接传到其下一层，此过程一直进行到信息被送到最底层（第一层），实际的通信发生在连接两个对等的第一层之间的物理媒介上。在接收侧，系统将数据和控制信息逐层向上传递，直至第N层，从而完成对等层之间的通信。图 3-6 中对等层之间的逻辑通信用虚线描述，实际的物理通信用实线描述。接口位于两个相邻层之间，其定义了层间原语操作和下层为上层提供的服务。网络设计者在决定一个网络应分为几层，每一层应执行哪些功能时，影响最终设计的一个非常重要的考虑因素就是为相邻层定义一个简单清晰的接口。要达到这一目标，需要满足以下要求。

（1）为每一层定义的功能应是明确而详细的。

（2）层间的信息交互应最小化。

在通信网中，经常需要用新版的协议替换一个旧版的协议，同时又要向上层提供与旧版一样的服务，简单清晰的接口可以方便地满足这种升级的要求，使通信网可以不断地自我完善，提高性能，以适应不断变化的用户需求。

网络体系结构就是指其分层结构和相应的协议构成的一个集合。体系结构的规范说明应包含足够的信息，以指导设计人员用软、硬件实现符合协议要求的每一层实体。

需要注意的是，具体实现的细节和接口的详细规范并不属于网络体系结构的一部分，因为这些细节和详细规范通常隐藏在一个系统的内部，对外是不可见的。甚至在同一网络中所有系统的接口也不需要都一样。

在一个通信网中，每一层对应一组协议，这一组协议构成一个协议链，形象地称之为协议栈。通信网的分层模型参考了计算机网络的分层模型，详见 4.1.2 节及 4.1.3 节。

3．对等层间的通信

在源端，消息自上而下传递，并逐层打包。如图 3-7 所示，消息 M 由运行在第五层的一个应用进程产生，该应用进程将 M 交给第四层传输，第四层将 H4 字段加到 M 的前面以标识该消息，然后将结果传到第三层，H4 字段包含相应的控制信息，如消息序号。假如底层不能保证消息传递的有序性，目的地主机的第四层利用该字段的内容，仍可按顺序将消息传到上层。在大多数网络中，第三层都实现网络层的功能，在该层协议对一个消息的最大尺寸都有限制，因此第三层必须将输入的消息分割成更小的单元，每个单元称为一个分组，并将第三层的控制信息 H3 加到每个分组上。图 3-7 中消息 M 被分成 M1 和 M2 两个部分，然后第三层根据分组转发表决定通过哪个输出端口将分组传到第二层。

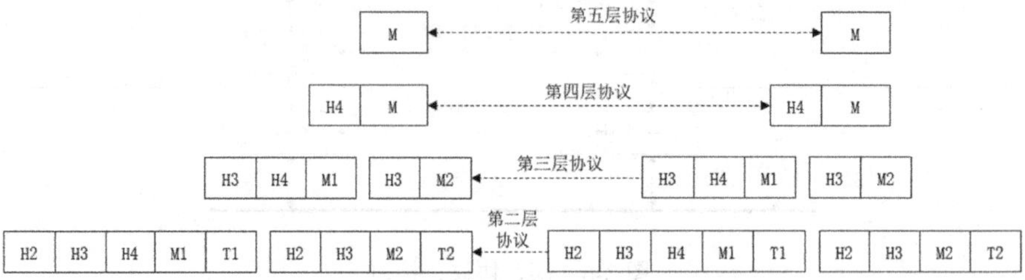

图 3-7　对等层间逻辑通信的信息流

第二层除了为每个分组加上控制信息 H2，还为每个分组加上一个定界标志 T2，T2 表示一个分组的结束，也表示下一个分组的开始，然后将分组交到第一层进行物理传输。在目的端，消息则逐层向上传递，每一层执行相应的协议处理并将消息逐层解包，即第 *N* 层 HN 字段只在目的端的第 *N* 层被理解和处理，然后被删去，HN 字段不会出现在目的端的第（*N*+1）层。

由于数据的传输是有方向性的，因此协议必须规定为从源端到目的端之间的一个连接的工作方式，按其方向性可分为三种：单工通信、半双工通信和全双工通信。

另外，协议也必须确定一个连接由几个逻辑信道组成，以及这些逻辑信道的优先级，目前大多数网络都支持为一个连接分配至少两个逻辑信道：一个用于用户信息的传递，另一个用于控制和管理信息的传递。

4．接口和服务

有了网络分层的基本概念后，层与层之间的关系就显得尤为突出。

1）实体（Entity）与服务访问点（SAP）

在网络的每一层中至少有一个实体，是指能够发送和接收信息的硬件或软件进程。实体可以是一个软件实体，也可以是一个硬件实体，位于不同网络的同一层中的实体叫作对等层实体。

第 *N* 层实体通常由两部分组成：相邻层间的接口和第 *N* 层通信协议。

层间接口则由原语集合和相应的参数集合共同定义，它是第 *N* 层通信功能的执行体。第 *N* 层实体负责实现第（*N*+1）层要使用的服务，在这种模式中，第 *N* 层是服务提供者，而第（*N*+1）层则是服务的用户。服务只在服务访问点处有效，也就是说，第（*N*+1）层必须通过第 *N* 层的服务访问点来使用第 *N* 层提供的服务。第 *N* 层可以有多个服务访问点，每个服务访问点必须有唯一的地址来标识它。

第 *N* 层提供的服务则由用户或其他实体可以使用的一个原语（又称操作）集合详细描述。开放式系统互联（Open System Interconnect，OSI）定义了以下 4 种原语类型：请求原语（Request）、指示原语（Indication）、响应原语（Response）和证实原语（Confirm）。

2）相邻层间的接口关系

相邻层间为了进行信息交换，必须要求相邻层间的接口规则达成一致。如图 3-8 所示，第 *N*+1 层实体通过 SAP 将接口数据单元（Interface Data Unit，IDU）传给第 *N* 层实体。一个 IDU 由服务数据单元（Service Data Unit，SDU）和一些接口控制信息（Interface Control Information，ICI）组成，其中，SDU 是要通过网络传到对等层的业务信息，ICI 主要包含协助下一层进行相应协议处理的控制信息，其本身并不是业务信息的一部分。

为了传输 SDU，第 *N* 层实体可能必须将 SDU 分成更小的段，每段增加一个控制字段 Header，然后作为一个独立的协议数据单元（Protocol Data Unit，PDU）发送，PDU 中的 Header 字段帮助对等层实体执行相应的对等层协议。例如，识别哪个 PDU 包含的是控制信息，哪个包含的是业务信息。

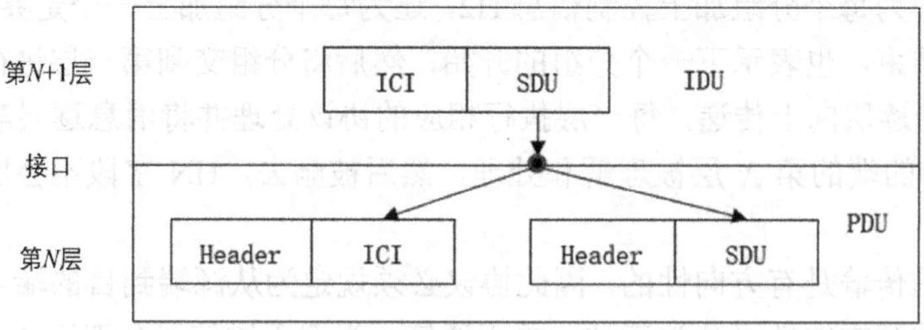

SAP：Service Access Point，服务访问点； IDU：Interface Data Unit，接口数据单元；
SDU：Service Data Unit，服务数据单元； PDU：Protocol Data Unit，协议数据单元；
ICI：Interface Control Information，接口控制信息

图 3-8 相邻层间的接口关系

下层为其上层提供的服务可以分为以下两种类型。

（1）面向连接的服务（Connection-Oriented）：服务者首先建立连接，然后使用该连接传输服务信息，服务使用完毕，释放连接。该类服务要用到全部四类原语。

（2）无连接的服务（Connectionless）：使用服务前，无须先建立连接，但每个分组必须携带全局目的地地址，并且每个分组之间完全独立地在网上进行选路发送。该类服务只使用请求、指示两类原语。

3.3 业务网

3.3.1 电话网

1．公众电话交换网

公众电话交换网（Public Switched Telephone Network，PSTN）是指由运营商建设运营的公众固定电话网。公众电话交换网是我国发展最早的电信业务网，主要为用户提供电话业务。电话网的发展已有一百多年的历史，电话网采用电路交换技术，先后经历了机电式、模拟程控和数字程控 3 个阶段。目前使用的是数字程控交换，它是现代电信交换的基石之一。电话业务不需要复杂的终端设备，所需带宽小于 64kbit/s，采用电路或分组方式承载。

公众电话交换网是早期覆盖范围最广、业务量最大的网络，分为本地电话网和长途电话网。本地电话网是在同一编号区内的网络，由端局、汇接局和传输链路组成；长途电话网是在不同的编号区之间通话的网络，由长途交换局和传输链路组成。

电话交换局是电话网的核心，采用数字程控交换设备，每路电话编码为 64kbit/s 的数字信号，占据一次群中的某一时隙，在信令的控制下进行时隙交换，从而和各个不同的用户相连。

2．公众陆地移动电话网

公众陆地移动电话网（Public Land Mobile Network，PLMN）由移动交换局、基站、

中继传输系统和移动台组成。移动交换局和基站之间通过中继线相连，基站和移动台之间为无线接入方式。移动交换局对用户的信息进行交换，并实现集中控制管理。

3. IP 电话网

IP 电话网通过分组交换网传送电话信号。在 IP 电话网中，主要采用语音压缩技术和分组交换技术。传统电话网一般采用的 A 律 13 折线 PCM 编码方式，一路电话的编码速率为 64kbit/s，或者采用 μ 律 15 折线编码方式，编码速率为 52kbit/s。IP 电话采用共轭结构算术码本激励线性预测编码法，编码速率为 8kbit/s，再加上静音检测，统计复用技术，平均每路电话实际占用的带宽仅为 4kbit/s，节省了带宽资源。

IP 电话网用分组的方式传送语音，在分组交换网中采用了统计复用技术，提高了传输链路和其他网络资源的利用率。

如今随着 4G 移动通信的发展，移动电话网已经逐渐往全 IP 方向发展，VoIP 业务也已商用，移动电话网和 IP 电话网逐渐融合。

3.3.2 数据通信网

1. 数据通信网的组成及其功能

数据通信网由数据终端、传输网络、数据交换和数据处理设备等组成，通过网络协议的支持完成网中各设备之间的数据通信。其功能是对数据进行传输、交换、处理，可以实现网内资源共享。

2. 数据通信网的分类及其特点

数据通信网可分为分组交换网、数字数据网、帧中继网、计算机互联网等，这些网络的共同特点都是为计算机联网及其应用服务的。

1）X.25 分组交换网

X.25 分组交换网是第一个全球统一标准的公用交换分组数据网（Public Switch Packet Data Network，PSPDN），其支持的数据传送速率一般不超过 64kbit/s，最大为 2Mbit/s，属于低速分组交换网络。X.25 分组交换网是采用分组交换技术的可以提供交换链接的数据通信网络。除了为公众提供数据通信业务，电信网络内部的很多信息，如交换网、传输网的网络管理数据都通过 X.25 分组交换网进行传送。

X.25 网络由终端用户、分组交换网和协议组成。其中，终端用户可以是计算机或一般 I/O 设备，它们具有一定的数据处理和发送、接收数据的能力，称为分组终端（Packet Terminal，PT）。分组交换网又称通信子网，由若干分组交换机和连接这些节点的通信链路组成。PT 和分组交换网之间的接口协议就是 X.25，交换机（Switch）之间的协议称为网内协议。为了提高数据传送的可靠性，X.25 协议提供的是虚电路服务，属于面向连接技术。

X.25 分组交换网的缺点是协议处理复杂，信息传送的时间延迟较大，不能提供实时通信，因此其应用范围受到限制。

2）数字数据网（DDN）

与 X.25 网络提供交换式的数据连接不同，DDN 为计算机联网提供固定或半固定的连接数据通道。

DDN 的主要设备包括数字交叉连接设备、数据复用设备、接入设备和光纤传输设备。通过数字交叉连接设备进行电路调度、电路监控、网络保护，为用户提供高质量的数据传输电路。

3）帧中继网

帧中继网是在 X.25 网络的基础上发展起来的数据通信网。帧中继网采用帧中继技术，支持的最高数据传送速率可达 34Mbit/s，属于高速分组数据网，在各国广泛部署使用。它的特点是取消了逐段的差错控制和流量控制，将原来的三层协议处理改为二层协议处理，从而减少了中间节点的处理时间，同时传输链路的传输速率也有所提高，减少了信息通过网络的时间延迟。

帧中继网络由帧中继交换机、帧中继接入设备、传输链路、网络管理系统组成。提供较高速率的交换数据连接，在时间响应性能方面较 X.25 网络有明显的改进，可在局域网互联、文件传送、虚拟专用网等方面发挥作用。

4）计算机互联网

计算机互联网是一类分组交换网，采用无连接的传送方式，网络中的分组在各节点被独立处理，根据分组上的地址传送到它的目的地。互联网主要由路由器服务器、网络接入设备、传输链路等组成。路由器是网络中的核心设备，对各分组起到交换的功能，信息通过逐段传送直接传送到相应的目的地，互联网采用 IP 协议将信息分解成由 IP 协议规定的 IP 数据报，同时对地址进行分配，按照分配的 IP 地址对分组进行路由选择，实现对分组的处理和传送。

计算机互联网是业务量发展最快的数据通信网络，所提供的各类应用，如视频点播、远程教育、网上购物等，给我们的生活带来很多新的变化。

随着计算机互联网及各种专线网络技术的出现，X.25 网络、DDN 和帧中继网技术早已不再使用，仅有少量存量用户。

3.3.3 综合业务数字网（ISDN）

综合业务数字网（ISDN）是由电话综合数字网演变而成的，提供端到端的数字连接，支持一系列广泛的业务（包括语音业务和非语音业务），为用户提供一组标准的多用途用户——网络接口。综合业务数字网分为窄带和宽带两种。

1. 窄带综合业务数字网（N-ISDN）

N-ISDN 用于速率小于 2Mbit/s 的业务，它提供用户之间端对端的数字连接，能同时承担电话和多种非话业务。N-ISDN 为用户提供基本速率（2B+D，144kbit/s）和一次群速率（30B+D，2Mbit/s）两种接口。基本速率接口包括 2 个能独立工作的 B 信道（64kbit/s）和 1 个 D 信道（16kbit/s），其中，B 信道一般用于传输语音、数据和图像，D 信道用于传输信令或分组信息。

1）ISDN（2B+D）业务

ISDN（2B+D）业务具有普通电话无法比拟的优势，利用一条用户线路，就可以在上网的同时拨打电话、收发传真，就像两条电话线一样；通过配置适当的终端设备，可以实现会议电视功能；在数字用户线中，存在多个复用的信道，比现有电话网中的数据传输速率提高了2～8倍。

采用端到端的数字传输，传输质量明显提高，接收端声音失真很小，数据传输的比特误码特性比电话线路至少改善了10倍。使用灵活方便，只需要一个入网接口，使用1个统一的号码，就能得到各种业务，大大提高了网络资源的利用率。

2）ISDN（30B+D）业务

在一个一次群速率（30B+D）接口中，有30个B通路和1个D通路，每个B通路和D通路均为64kbit/s，共1.920Mbit/s。该接口可实现Internet的高速连接，远程教育、视频会议和远程医疗，连锁店的销售管理，终端的远程登录、局域网互联，连接PBX，提供语音通信。

2. 宽带综合业务数字网（B-ISDN）

B-ISDN用于速率大于2Mbit/s的业务，它是在ISDN的基础上发展起来的数字通信网络，其核心技术是ATM（异步转移模式）。它可以支持各种不同类型、不同速率的业务，包括速率不大于64kbit/s的窄带业务（如语音、传真），宽带分配型业务（广播电视、高清晰度电视），宽带交互型通信业务（可视电话、会议电视），宽带突发型业务（高速数据）等。B-ISDN的主要特征是以同步转移模式（STM）和异步转移模式（ATM）兼容的方式，在同一网络中支持范围广泛的声音、图像和数据的应用。

3.3.4 雾联网

雾联网（Fog Networking）也称雾计算（Fog Computing），这个概念由思科首创。它是一种分布式的计算模型，作为云数据中心和物联网（Internet of Things，IoT）设备/传感器之间的中间层，它提供了计算、网络和存储设备，让基于云的服务可以距离物联网设备和传感器更近。通俗地说，雾计算拓展了云计算（Cloud Computing）的概念，相对于云来说，它距离产生数据的地方更近，数据、与数据相关的处理和应用程序都集中于网络边缘的设备中（如我们平时使用的计算机），而不是几乎全部保存在云端。

3.4 传输网

3.4.1 传输网概述

1. 传输网的功能

传输网为各类业务网提供业务信息传送手段，负责将节点连接起来，并提供任意两点之间信息的透明传输，同时完成带宽的调度管理、故障的自动切换保护等管理维护功能。

2. 传输网的组成及分类

传输网由线路设施、传输设施等组成。按照使用范围划分，传输网可分为长途传输网、本地传输网、接入网。

按照传输介质划分，传输网可分为有线传输网和无线传输网。有线传输网是以金属线（包括双绞线、同轴电缆等）、光纤等进行传输的网络。无线传输网是利用无线电短波、超短波、微波、人造地球卫星等进行传输的网络。

3．多路复用技术

按信号在传输介质上的复用方式的不同，传输系统可分为四类：基带传输系统、频分复用（FDM）传输系统、时分复用（TDM）传输系统和波分复用（WDM）传输系统。

1）基带传输系统

基带传输是在短距离内直接通过传输介质传输模拟基带信号的。在传统电话用户线上采用该方式。基带传输的优点是线路设备简单，在局域网中广泛使用；缺点是传输媒介的带宽利用率不高，不适合在长途线路上使用。

2）频分复用传输系统

频分复用是将多路信号经过高频载波信号调制后在同一介质上传输的复用技术。每路信号要调制到不同的载波频段上，且各频段保持一定的间隔，这样各路信号通过占用同一介质不同的频带实现了复用。

频分复用传输系统主要的缺点：该系统传输的是模拟信号，需要模拟的调制解调设备，成本高且体积大；由于难以集成，所以工作的稳定度不高；由于计算机难以直接处理模拟信号，所以在传输链路和节点之间有过多的模数转换，影响传输质量。目前，频分复用技术主要用于微波链路和铜线介质上。

3）时分复用传输系统

时分复用是将模拟信号经过调制后变为数字信号，然后对数字信号进行时分多路复用的技术。时分复用中多路信号以时分的方式共享一条传输介质，每路信号在属于自己的时间片中占用传输介质的全部带宽。

相对于频分复用传输系统，时分复用传输系统可以利用数字技术的全部优点：差错率低，安全性好，数字电路高度集成，以及更高的带宽利用率。

4）波分复用传输系统

波分复用本质上是光域上的频分复用技术。波分复用将光纤的低损耗窗口划分成若干个信道，每一信道占用不同的光波频率或波长；在发送端采用波分复用器（合波器）将不同波长的光载波信号合并起来送入一根光纤进行传输；在接收端，再由波分解复用器（分波器）将这些由不同波长光载波信号组成的光信号分离开来。由于不同波长的光载波信号可以看作是互相独立的（不考虑光纤非线性时），所以在一根光纤中可以实现多路光信号的复用传输。

一个波分复用传输系统可以承载多种格式的“业务”信号，例如，VC、IP、ODU 或者将来有可能出现的信号。波分复用传输系统完成的是透明传输，对于业务层信号来说，波分复用的每个波长与一条物理光纤没有分别，是网络扩容的理想手段。

3.4.2 SDH 传输网

1．SDH 的特点

SDH 传输网是一种以同步时分复用和光纤技术为核心的传输网结构，它由分插复用、交叉连接、信号再生放大等网元设备组成，具有容量大、对承载信号语义透明、全球统一的网络节点接口、具有强大的网络保护、自愈和管理功能等特点。

2. SDH 帧结构

SDH 帧结构是实现 SDH 网络功能的基础。SDH 中的帧结构以同步传输模块（STM）的形式被定义和传输：在各种 STM-*n* 帧结构中，STM-1 是 SDH 中最基本、最重要的结构信号，其速率为 155.520Mbit/s。SDH 的结构便于实现支路信号的同步复用、交叉连接和 SDH 层的交换，同时使支路信号在一帧内的分布是均匀的、有规则的和可控的，以利于其上、下电路。

（1）SDH 帧结构以 125μs 为同步周期，并采用了字节间插、指针、虚容器等关键技术。SDH 系统中的基本传输速率是 STM-1，其他高阶信号速率均由 STM-1 的整数倍构造而成。

（2）每个 STM 帧由段开销、管理单元指针（AU-PTR）和净负荷三部分组成。段开销用于 SDH 传输网的运行、维护、管理和指配，它又分为再生段开销和复用段开销。段开销是保证 STM 净负荷正常灵活地传送必须附加的开销。

（3）净负荷是存放要通过 STM 帧传送的各种业务信息的地方，它也包含少量用于通道性能监视、管理和控制的通道开销。

（4）管理单元指针 AU-PTR 则用于指示 STM 净负荷中的第一个字节在 STM-*n* 帧内的起始位置，以便接收端可以正确分离 STM 净负荷。

3.4.3　光传送网（OTN）

1. OTN 特点

OTN 是一种以密集波分复用（DWDM）与光通道技术为核心的新型传送网结构，它由光分插复用、光交叉连接、光放大等网元设备组成，具有超大容量，对承载信号语义透明，以及可在光层面上实现保护和路由的功能。

（1）DWDM 技术可以不断提高现有光纤的复用度，在最大限度利用现有设施的基础上，满足用户对带宽持续增长的需求。DWDM 技术独立于具体的业务，同一根光纤的不同波长上接口速率和数据格式相互独立，可以在一个 OTN 上支持多种业务。

（2）OTN 可以保持与现有 SDH 网络的兼容性。SDH 系统只能管理一根光纤中的单波长传输，而 OTN 系统既能管理单波长，也能管理每根光纤中的所有波长。随着光纤的容量越来越大，采用基于光层的故障恢复比电层更快、更经济。

2. OTN 的分层结构

OTN 是在传统 SDH 网络中引入光层发展而来的，光层负责传送电层适配到物理媒介层的信息，在 ITU-T G.872 建议中，它被细分成三个子层，由上向下依次为光信道层（OCh）、光复用段层（OMS）、光传输段层（OTS）。相邻层之间遵循 OSI 参考模型定义的上、下层间的服务关系模式。OTN 的分层结构如表 3-1 所示。

表 3-1　OTN 的分层结构

IP/MPLS	PDH	STM-*n*	GaE	ATM
光信道层				
光复用段层				
光传输层				

（1）光信道层负责为来自光复用段层的各种类型的客户信息选择路由、分配波长，为灵活的网络选路安排光信道连接，处理光信道开销，提供光信道层的检测、管理功能，它还支持端到端的光信道（波长基本交换单元）连接，当网络发生故障时，重选路由或进行保护切换。

（2）光复用段层保证相邻的两个 DWDM 设备之间的 DWDM 信号的完整传输，为波长复用信号提供网络功能，包括为支持灵活的多波长网络选路重配置光复用段；为保证 DWDM 光复用段适配信息的完整性进行光复用段开销的处理；光复用段的运行、检测、管理等。

（3）光传输层为光信号在不同类型的光纤介质上（如 G.652、G.655 等）提供传输功能，实现对光放大器和光再生中继器的检测和控制，通常会涉及功率均衡问题、掺铒光纤放大器（EDFA）增益控制、色散的积累和补偿等问题。

3.4.4 自动交换光网络（ASON）

ASON，即自动交换光网络，是一种由用户动态发起业务请求，自动选路，并且由信令控制实现连接的建立、拆除，能自动、动态完成网络连接，融合交换、传送为一体的新一代光网络。ASON 的基本设想是在光传送网中引入控制平面，以实现网络资源的按需分配从而实现光网络的智能化。

1. ASON 的特点

与传统 SDH 相比，ASON 具有以下特点：

（1）支持端到端的业务自动配置。

（2）支持拓扑自动发现。

（3）支持 Mesh 组网保护，增强了网络的可生存性。

（4）支持差异化服务，根据客户层信号的业务等级决定所需的保护等级。

（5）支持流量工程控制，网络可根据客户层的业务需求，实时动态地调整网络的逻辑拓扑，实现了网络资源的最佳配置。

2. ASON 的组成

ASON 主要由以下三个独立的平面组成：

（1）控制平面。控制平面由一组通信实体组成，负责完成呼叫控制和连接控制功能，通过信令完成连接的建立、释放、监测和维护，并在发生故障时自动恢复连接。

（2）传送平面。传送平面就是传统电信传输网络，对于基于 SDH 的 ASON 来说，传送平面即 SDH，它完成光信号传输、复用、配置保护倒换和交叉连接等功能，并确保所传光信号的可靠性。

（3）管理平面。管理平面完成传送平面、控制平面和整个系统的维护功能，能够进行端到端的配置，是控制平面的一个补充，包括性能管理、故障管理、配置管理和安全管理功能。

3. ASON 的接口

ASON 在逻辑上可以有用户-网络接口（UNI）、内部网络-网络接口（I-NNI）和外部网络-网络接口（E-NNI）。

3.4.5 网络功能虚拟化（NFV）

NFV 指利用标准的虚拟化（Virtualization）技术，把网络设备统一到工业化标准的高性能、大容量的服务器、交换机和存储平台上。该平台可以位于数据中心、网络节点及用户驻地网等。NFV 将网络功能软件化，使其能够运行在标准服务器虚拟化软件上，以便能根据需要安装/移动到网络中的任意位置而不需要部署新的硬件设备。NFV 不仅适用于控制面功能，还适用于数据面包交换处理，以及有线和无线网络。关于虚拟化技术的有关知识参见 5.2 节。

3.5 支撑网

3.5.1 信令网

信令网是公共信道信令系统传送信令的专用数据支撑网，一般由信令点（SP）、信令转接点（STP）和信令链路组成。信令网可分为不含 STP 的无级网和含有 STP 的分级网。无级信令网信令点之间都采用直连方式工作，又称直连信令网。分级信令网的信令点之间可采用准直连方式工作，又称非直连信令网。

3.5.2 同步网

同步网为电信网内所有电信设备的时钟（或载波）提供同步控制信号。数字网内任何两个数字交换设备的时钟速率差超过一定数值时，会使接收信号交换机的缓冲存储器读、写时钟有速率差，当这个差值超过某一定值时就会产生滑码，以致接收数字流的误码或失步。同步网的功能就在于使网内全部数字交换设备的时钟频率工作在共同的速率上，以消除或减少滑码。

1．数字网同步和数字同步网

在数字通信网内，使网中各单元使用某个共同的基准时钟频率，实现各网元时钟之间的同步，称为网同步。数字网同步的方式有很多，其中准同步方式是指在一个数字网中各个节点，分别设置高精度的独立时钟，这些时钟产生的定时信号以同一标称速率出现，而速率的变化限制在规定范围内，所以滑动率是可以接受的。通常国际通信时采用准同步方式。目前，我国及世界上多数国家的国内数字网同步都采用主从同步方式。

数字同步网用于实现数字交换局之间、数字交换局和数字传输设备之间的同步，它是由各节点时钟和传递频率基准信号的同步链路构成的。数字同步网的组成包括两个部分，即交换局之间的时钟同步和局内各种时钟之间的同步。

2．数字同步网的等级结构

我国国内数字同步网采用由单个基准时钟控制的分区式主从同步网结构。主从同步方式是将一个时钟作为主（基准）时钟，网中其他时钟（从时钟）同步于主时钟。我国数字同步网的等级分为四级。

第一级是基准时钟（PRC），由铯原子钟组成，它是我国数字网中最高质量的时钟，是其他所有时钟的定时基准。

第二级是长途交换中心时钟，装备 GPS 接收设备和有保持功能的高稳定时钟（受控铷钟和高稳定度晶体时钟），构成高精度区域基准时钟（LPR），该时钟分为 A 类和 B 类。

设置于一级（C1）和二级（C2）长途交换中心的大楼综合定时供给系统（BITS）时钟属于 A 类时钟，它通过同步链路直接与基准时钟同步。

设置于三级（C3）和四级（C4）长途交换中心的大楼综合定时供给系统时钟属于 B 类时钟，它通过同步链路受 A 类时钟控制，间接地与基准时钟同步。

第三级时钟是有保持功能的高稳定度晶体时钟，其频率偏移率可低于二级时钟。通过同步链路与二级时钟或同等级时钟同步设置在汇接局和端局，需要时可设置大楼综合定时供给系统。

第四级时钟是一般晶体时钟，通过同步链路与第三级时钟同步，设置于远端模块、数字终端设备和数字用户交换设备。

3. 大楼综合定时供给系统和定时基准的传输

大楼综合定时供给系统是指在每个通信大楼内设有一个主时钟，它受控于来自上面的同步基准（或 GPS）信号，楼内所有其他时钟与该主时钟同步。主时钟等级应该与楼内交换设备的时钟等级相同或更高。大楼综合定时供给系统由五部分组成：参考信号入点、定时供给发生器、定时信号输出、性能检测和告警。我国在数字同步网的二级、三级节点设大楼综合定时供给系统，并向需要同步基准的各种设备提供定时信号。

定时基准有以下三种传输方式。

第一种是采用 PDH 2Mbit/s 专线，即在上、下级大楼综合定时供给系统之间用 PDH 2Mbit/s 专线传输定时基准信号 2.048Mbit/s。

第二种是采用 PDH 2Mbit/s 带有业务的电路，即在上级的交换机已同步于该楼内的大楼综合定时供给系统时，利用上、下级交换机之间的 2Mbit/s 中继电路传输定时基准信号。

第三种是采用 SDH 线路码传输定时基准信号，即上级 SDH 端机的 G.813 时钟同步于该楼内的 BITS，通过 STM-*n* 线路码传输到下级 SDH 端机，提取出定时信号（2.048Mbit/s）传送给下级 BITS。

3.5.3 电信管理网

电信管理网是为保持电信网正常运行和服务，对其进行有效的管理所建立的软件、硬件系统和组织体系的总称，是现代电信网运行的支撑系统之一，是一个综合的、智能的、标准化的电信管理系统。一方面对某一类网络进行综合管理，包括数据的采集，性能监视、分析、故障报告、定位，以及对网络的控制和保护；另一方面对各类电信网实施综合性的管理，即先对各种类型的网络建立专门的网络管理，然后通过综合管理系统对各专门的网络管理系统进行管理。

1. 电信管理网的组成

电信管理网包括网络管理、维护监控等系统，由操作系统、工作站、数据通信网、网元组成。其中，网元是网络中的设备，可以是交换设备、传输设备、交叉连接设备、信令设备；数据通信网是提供传输数据、管理数据的通道，它往往借助电信网建立。

2. 电信管理网的功能

电信管理网的主要功能是根据各局之间的业务流向、流量统计数据有效地组织网络流量分配；根据网络状态，经过分析判断进行调度电路组织迂回和流量控制等，以避免网络过负荷和阻塞扩散；在出现故障时根据告警信号和异常数据采取封闭、启动、倒换和更换故障部件等，尽可能使通信及相关设备恢复和保持良好运行状态。随着网络不断地扩大和设备更新，维护管理的软、硬件系统将进一步加强、完善和集中，从而使维护管理更加机动、灵活、适时、有效。

3.6 通信网的质量

随着因特网的普及，各种业务都设想通过 IP 网络承载，而每种业务所要求的性能不同，对网络的要求也各不相同。例如，语音、视频等对实时性要求比较高的业务比较关注时延，数据类业务则比较关注可靠性。服务质量（Quality of Service，QoS）是衡量网络提供给用户的服务性能的指标，主要包括时延、时延抖动、丢包率、带宽、可用率等参数。为了使通信网能快速且有效可靠地传递信息，充分发挥其作用，对通信网的质量一般提出三个要求：接通的任意性与快速性、信号传输的透明性与传输质量的一致性、网络的可靠性与经济合理性。

1. 接通的任意性与快速性

接通的任意性与快速性是对电信网的最基本要求。接通的任意性与快速性是指网内的一个用户应能快速地接通网内任一其他用户，也是网络保证合法用户随时能够快速、有效地接入到网络以获得信息服务，并在规定的时延内传递信息的能力。接通的任意性与快速性反映了网络保证有效通信的能力。如果有些用户不能与其他一些用户通信，则这些用户必定不在同一个网内或网内出现了问题；如果不能快速地接通，有时会使要传送的信息失去价值，这种接通将是无效的。

影响接通的任意性与快速性的主要因素有以下三个方面。

（1）通信网的拓扑结构。如果网络的拓扑结构不合理会增加转接次数，使阻塞率上升和时延增大。

（2）通信网的可用网络资源。可用网络资源不足的后果是会增加阻塞概率。

（3）通信网的网络设备可靠性。可靠性降低会造成传输链路或交换设备出现故障，甚至丧失其应有的功能。

实际中常用接通率、接续时延等指标来评定网络接通的任意性与快速性。

2．信号传输的透明性与传输质量的一致性

信号传输的透明性是指在规定业务范围内的信息都可以在网内传输，对用户不加任何限制，保证用户业务信息准确、无差错传送的能力。它反映了网络保证用户信息具有可靠传输质量的能力。传输质量的一致性是指网内任何两个用户通信时，应具有相同或相仿的传输质量，而与用户之间的距离无关。因此，要制定传输质量标准并进行合理分配，使网中的各部分均满足传输质量指标的要求。实际中常用用户满意度和信号的传输质量来评定。

3．网络的可靠性与经济合理性

网络的可靠性是指整个通信网连续、不间断地稳定运行的能力，通常由组成通信网的各系统、设备、部件等的可靠性来确定。网络的可靠性对通信网至关重要，一个可靠性不高的通信网会经常出现故障乃至正常通信中断，这样的网是不能使用的。但实现一个绝对可靠的网络实际上也不可能，网络的可靠性设计不是追求绝对可靠，而是在经济性、合理性的前提下，满足业务服务质量要求即可。可靠性必须与经济合理性结合起来，单纯提高可靠性往往要增加投资，造价太高且不易实现。因此，应根据实际需要在可靠性与经济性之间综合考虑，以取得折中和平衡。

第 4 章　计算机网络知识

4.1　计算机网络的发展过程

计算机网络是计算机技术与通信技术相结合的产物，随着计算机技术和通信技术的不断发展，计算机网络也经历了从简单到复杂、从单机到多机的发展过程。20 世纪 60 年代初，美国国防部领导的远景研究规划局提出要研制一种能够适应现代战争的高生存性网络，以解决传统通信（电路交换）中交换机或链路故障会导致通信瘫痪的问题。

在美国军方这一特殊的军用网络需求的推动下，计算机网络开始出现，并成功演进成了以因特网为代表的全球性网络，计算机网络技术的发展大致可分为 4 个阶段。

第 1 阶段：20 世纪 60 年代末到 20 世纪 70 年代初为计算机网络发展的萌芽阶段，计算机技术与通信技术相结合，形成了初级的计算机网络模型。这个阶段的网络严格说来仍然是多用户系统的变种，网络应用的主要目的是提供网络通信、保障网络连通。

第 2 阶段：20 世纪 70 年代中后期，在计算机通信网络的基础上，出现了具有完整的体系结构与协议的计算机网络。此阶段网络应用的主要目的是提供网络通信、保障网络连通，实现网络数据共享和网络硬件设备共享。这个阶段的里程碑是美国国防部的 ARPANET（采用分组交换技术），实现了由通信网络和资源网络复合构成的计算机网络系统，因此通常认为它就是计算机网络的起源，同时是因特网的起源。

第 3 阶段：20 世纪 80 年代，解决了计算机联网与网络互联①的标准化问题，提出了符合计算机网络国际标准的“开放系统互联参考模型”（Open System Interconnection Reference Model，OSI/RM），从而极大地促进了计算机网络技术的发展，网络应用发展到为企业提供信息共享服务的信息服务时代。

第 4 阶段：20 世纪 90 年代初至现在是计算机网络飞速发展的阶段。计算机网络向互联、高速、智能化和全球化发展，并且迅速得到普及，实现了全球化的广泛应用，计算机的发展已经完全与网络融为一体，体现了“网络就是计算机”的口号。

计算机网络一般可以从网络组织、网络配置、体系结构 3 个方面来描述。网络组织主要是指网络的物理结构和实现两个方面，网络配置主要是指网络的应用方式，而网络体系结构是从功能上来描述计算机网络的结构。一个完整的计算机网络通常由一套复杂的网络协议来实现其功能，而组织、描述这套复杂功能的最好方式就是层次模型，因此计算机网络体系结构（Network Architecture）指的就是计算机网络层次模型和各层协议的集合，体

① 在计算机网络中，“互联”指不仅物理上连接在一起，而且逻辑上也连接在一起，包括数据包封装、协议转换等，互联的网络可以是同构的，也可以是异构的。“互连”仅是指物理上连接在一起，实现网络距离上的延伸，如使用中继器连接扩大网络距离（连接的是同构网）。

系结构的出现使得一个公司生产的各种设备可以很容易地互联成网，但也为不同公司产品之间的互联设下了障碍。

4.1.1 计算机网络的分类和拓扑结构

计算机网络的分类方式有很多，一般可以按网络的覆盖范围、拓扑结构、交换方式、用户情况等进行分类。

1. 按网络的覆盖范围分类

根据网络的覆盖范围进行划分，计算机网络可以分为 4 类。

1）局域网

局域网主要指在局部地区范围内的网络，通常位于一个建筑物或一个单位内，在地理距离上可以从几米至十千米，一般不包括网络层以上层次的应用，也不存在路由问题。这种网络的特点是范围小、用户数少、配置容易、传输速率高。决定局域网特性的主要技术要素包括网络拓扑，传输介质与介质访问控制方法，IEEE 802 标准委员会定义了多种不同的 LAN 标准，如用于以太网（Ethernet）的 IEEE 802.3，用于千兆以太网的 IEEE 802.3z 等，相关协议主要工作在数据链路层。

2）城域网

城域网是在一个城市范围内建立的计算机通信网，通常使用与局域网相似的技术，属于宽带局域网。由于采用了具有有源交换元件的局域网技术（IEEE 802.6），所以网中传输时延较小，它的传输媒介主要采用光缆，传输速率在 100Mbit/s 以上。城域网的一个重要用途是用作骨干网，将位于同一城市内不同地点的主机、数据库，以及局域网等互相连接起来，这与广域网的作用有相似之处，但两者在实现方法与性能上有很大差别。

3）广域网

广域网所覆盖的范围比城域网更广，它一般是连接不同地区局域网或城域网计算机通信的远程网，由一些结点交换机及连接这些交换机的链路组成，其地理范围可从几百千米到几千千米，从协议层次上来看，广域网主要工作在网络层。

4）互联网

互联网是指网络与网络之间以一组通用的协议相连，形成逻辑上的单一网络，这种将计算机网络互相联接在一起的方法可称作“网络互联”。通常 internet 泛指互联网，而 Internet（因特网）则特指全球最大的互联网。虽然互联网与广域网的覆盖范围相近，但互联网的特点在于其“互联”，可以将不同的异构网络采用标准协议相互连接起来进行通信，而广域网连接的网络一般是同构网络，因此广域网并不等同于互联网。

2. 按网络的按拓扑结构分类

计算机网络作为通信网络的一种，其拓扑结构也可分为星型拓扑、环型拓扑、总线型拓扑、树型拓扑、网状型拓扑等，详见 3.2.3 节。

设计网络时，拓扑结构的选择往往与传输媒体及媒体访问控制方法紧密相关，应考虑的主要因素有下列几点。

（1）可靠性。尽可能提高其可靠性，以保证所有数据流能准确接收；还要考虑系统的可维护性，使故障检测和故障隔离较为方便。

（2）费用。建网时需要考虑适合特定应用的信道费用和安装费用。

（3）灵活性。需要考虑系统扩展或改动时，能容易地重新配置网络拓扑结构，方便处理原有站点的删除和新站点的加入。

（4）响应时间和吞吐量。要为用户提供尽可能短的响应时间和最大的吞吐量。

计算机网络的分类除了按上述两种分类方式划分处，还可以按其交换方式划分，如电路交换网络、报文交换网络和分组交换网络；也可以按使用用户划分，如公用网和专用网。

4.1.2 开放系统互联参考模型

3.2.4 节已指出了网络分层的必要性及网络分层的基本原则。在网络中要做到有条不紊地交换数据，就必须遵循一些事先约定好的规则、标准或约定，即网络协议。一个完整的网络协议通常应具有线路管理（建立、释放连接）、差错控制、数据转换等功能，在网络协议的控制下，两个对等实体之间的通信使得本层能够向上一层提供服务。服务是指下层为相邻上层提供的功能调用，对等实体在协议的控制下，使得本层能为上一层提供服务，但要实现本层的协议还需要使用下一层所提供的服务。协议和服务的差别在于以下几点。

（1）协议的实现保证了能够向上一层提供服务。使用本层服务的实体只能看见服务而无法看见协议，即下层协议对上层实体是透明的。

（2）协议是“水平的”，即协议是控制对等实体之间通信的规则；而服务是“垂直的”，即服务是由下层向上层通过层间接口提供的。

（3）只有能够被上一层实体“看得见”的功能才能称为服务，其他功能不属于服务。

世界上第一个网络分层体系结构是由 IBM 公司提出的系统网络体系结构（System Network Architecture，SNA），之后相继出现了一些其他类型的网络分层体系结构，如 DEC 公司的 DNA（Digital Network Architecture），美国国防部的 TCP/IP 等。这些不同的网络分层体系结构对通信过程的层次划分、协议定义均不相同，造成彼此之间的不兼容，称为“封闭系统”。为了促进计算机网络的发展，国际标准化组织 ISO 于 1977 年提出了不针对具体机型、操作系统或网络体系结构的开放系统互联模型 OSI/RM。其目的是为异种计算机互联提供一个共同基础和标准框架，并为保持相关标准的一致性和兼容性提供共同参考，只要遵循 OSI 标准，一个系统就可以和位于世界上任何地方，也遵循同一标准的其他任何系统进行通信。而所谓的开放系统，实质上指的是遵循 OSI 参考模型和相关协议，能够实现互联的具有各种应用目的的计算机网络（或通信网络）。

在 OSI 参考模型中，对等层协议之间交换的信息单元统称为协议数据单元（PDU），层与层之间交换的数据的单位称为服务数据单元（SDU），SDU 可以与 PDU 不同。例如，多个 SDU 合成一个 PDU，一个 SDU 也可以划分为多个 PDU。OSI 参考模型的层次划分（见图 4-1）从低到高分别是物理层、数据链路层、网络层、传输层、会话层、表示层和应用层，各层次的主要功能如表 4-1 所示。

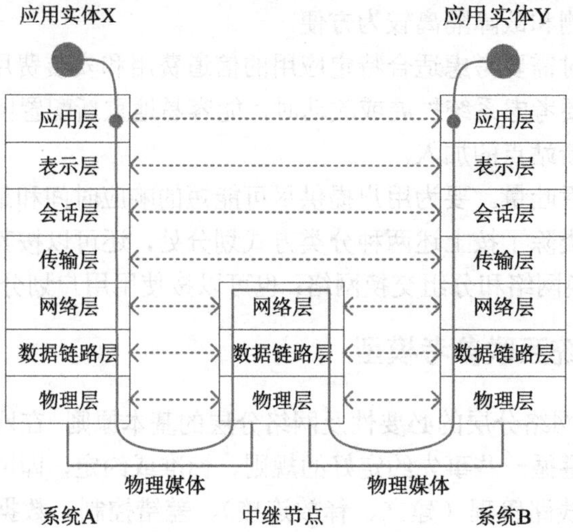

图 4-1　OSI 参考模型的协议分层

表 4-1　OSI 参考模型中各层次的功能

层　次	主 要 功 能
应用层	实现应用进程之间的信息交换
表示层	数据表示形式的控制层，把应用层提供的信息变换为能够共同理解的形式，提供字符代码、数据格式、控制信息格式、加密等内容的统一表示
会话层	会话单位的控制层，根据应用进程之间约定的原则，按照正确的顺序收、发数据，进行各种形态的对话
传输层	端到端的连接管理，顺序、流量和差错控制，以实现端到端的透明数据传输
网络层	中继控制层，利用数据链路层所保证的邻接节点之间的无差错数据传输功能，通过路由选择和中继功能，实现两个端系统之间的数据传输
数据链路层	相邻节点之间的链路管理，数据的封装和拆装、帧同步、差错控制和流量控制
物理层	为在传输介质上建立、维持和终止传输数据比特流的物理连接定义机械、电气、功能、过程 4 个接口特性

OSI 参考模型的设计者缺乏商业驱动力，使得标准制定周期太长，按照 OSI 标准生产的设备无法及时进入市场，而其层次划分也并不十分合理，协议实现起来过于复杂，且运行效率较低，最终导致 OSI 参考模型并未成为真正的互联网标准，但它利用分层思想精确地定义了服务、协议和接口等核心概念，使其成为对网络协议进行理论研究的重要参考。

4.1.3　TCP/IP 体系结构

TCP/IP 协议族是因特网的工业标准，其核心协议起源于 ARPANET，因此，TCP/IP 参考模型是 ARPANET 所使用的网络分层体系结构，其协议层次共分为四层：应用层、传输层、网际层（又称网络层）和网络接口层，图 4-2 给出了 TCP/IP 与 OSI 两种体系结构的对比。

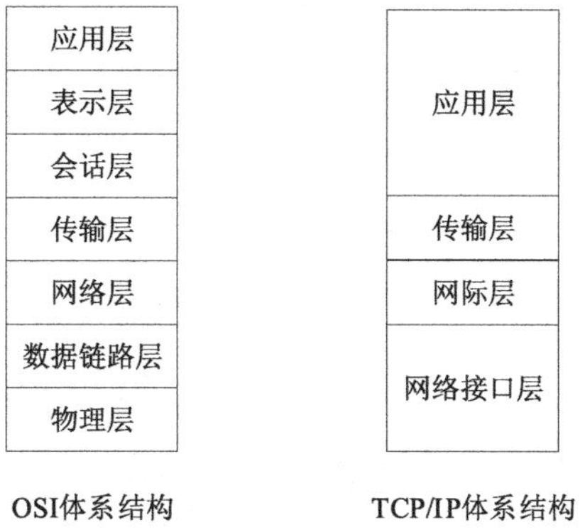

图 4-2 TCP/IP 与 OSI 体系结构的对比

（1）从层次的功能上来看，TCP/IP 的应用层对应 OSI 的上三层，并且把 OSI 的数据链路层和物理层合并为网络接口层，其层次结构更简单。除此之外，TCP/IP 模型与 OSI 参考模型也有许多相似之处，主要表现在以下几点：

① 都采用分层的体系结构，且分层的功能也大体相似。

② 都是基于独立的协议栈的概念。

③ 都可以解决异构网络的互联。

（2）当然，这两个模型除了具有这些基本的相似之处，还有很多差别，具体如下：

① OSI 参考模型精确地定义了 3 个主要概念：服务、协议和接口，这与现代的面向对象程序设计思想非常吻合，而 TCP/IP 模型在这 3 个概念并没有明确区分，不符合软件工程的思想。

② OSI 参考模型产生在协议制定之间，没有偏向于任何特定的协议，通用性良好。TCP/IP 模型正好相反，首先出现的是协议，模型实际上是对已有协议的描述，因此不会出现协议不能匹配模型的情况，实际上 TCP/IP 参考模型是为了方便讨论其体系结构中的功能划分，是对 TCP/IP 协议族中不同协议的归纳总结。

③ TCP/IP 模型在设计之初就考虑到异构网络的互联问题，并将网际协议 IP 作为一个单独的重要层次。OSI 参考模型最初只考虑到用一种标准的公用数据网络将各种不同的系统互联，后来 OSI 参考模型认识到网际协议的重要性，因此在网络层中划分出一个子层来完成类似功能。

④ OSI 参考模型在网络层支持无连接和面向连接的通信，但在传输层仅有面向连接的通信。而 TCP/IP 模型认为可靠性是端到端的问题，因此在网际层只提供无连接的通信模式，而在运输层支持无连接和面向连接两种模式。

TCP/IP 协议族是一个非常庞大的协议家族，图 4-3 按分层结构给出了 TCP/IP 协议族中的典型协议。从整个协议组成的层次来看，其特点是上下两头宽而中间细：应用层和网络接口层均有多种协议，而中间的网际层的核心协议只有一个 IP 协议。这种沙漏计时器形状的 TCP/IP 协议族表明：TCP/IP 可以为各式各样的应用提供服务（Everything over IP），同时可以连接各式各样的网络（IP over Everything），由此可见，IP 协议在互联网协议中具有核心地位。

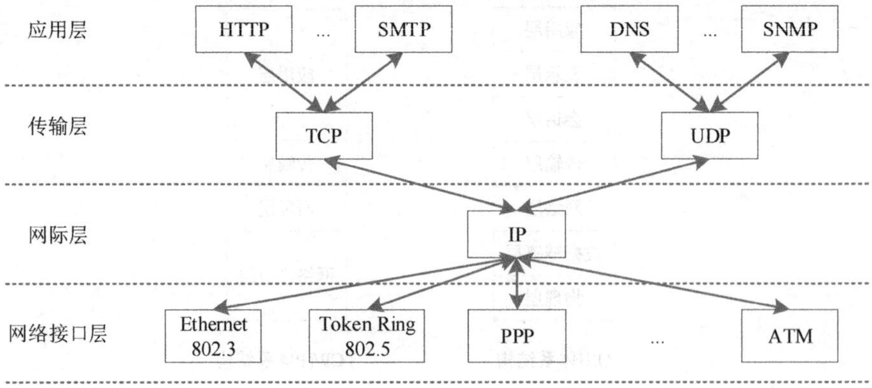

图 4-3　沙漏计时器形状的 TCP/IP 协议族

4.2　局域网与城域网

局域网是指在某一区域内由多台计算机互联而成的计算机组，其网络覆盖范围一般是方圆几千米。以太网是目前主流的计算机局域网组网技术，IEEE 制定的 IEEE 802.3 标准给出了以太网的技术标准。它规定了包括物理层的线缆、电信号和介质访问层协议的内容。

城域网是覆盖城市、郊区及其所辖的县市和地区，以 IP 技术为基础，集数据、语音、视频服务于一体的高带宽、多功能、支持多业务接入的多媒体通信网络。宽带 IP 城域网以光纤为传输媒介，由 IP 城域骨干网（IP Metro Area Backbone Network）和 IP 城域接入网（IP Metro Area Access Network）两部分组成，目前 IP 城域接入网主要采用 FTTx 技术进行组网。

在接入网的数据进入因特网之前，需要城域网进行数据的分类和汇聚，城域网发挥了重要的桥梁作用，特别是随着 IP 宽带路由技术的不断发展，城域网的设备都是采用大容量、高带宽、高处理能力的路由器，构建了物理和逻辑层次清晰的三层路由网络。

4.2.1　以太网技术

以太网技术标准最初由美国 DEC、Intel、Xerox 三家公司联合提出，即 10Mbit/s 以太网规约的第一个版本 DIX v1 标准（DIX 是三家公司名字的缩写），1982 年在 DIX v1 的基础上，将其修改为 DIX Ethernet v2。1983 年，IEEE 802 委员会在 DIX Ethernet v2 的基础上制定了以太网标准 IEEE 802.3，并被 ISO 采纳，形成了以太网的国际标准，但 IEEE 802.3 与 DIX Ethernet v2 的差别并不太大。

以太网的连接介质主要包括粗缆、细缆、双绞线和光纤 4 种类型，其中，双绞线以其良好的性价比和简单易行的连接方式成为大多数以太网的选择。典型的以太网拓扑结构为总线型拓扑，即所有站点均通过线缆连接在共享总线上，因此从通信机制上来看，典型的以太网是一种广播型网络，总线上计算机所发出的数据，可以被其他所有的计算机收到，为了能够在广播链路上实现一对一的通信，以太网采用了硬件地址来标识总线上的每个站点，当站点收到数据帧后，将数据帧的目的地址与自己的硬件地址进行比对，若一致则接收，否则直接丢弃。由于在以太网协议中，硬件地址由媒体访问控制（Medium Access Control，MAC）子层使用，因此又称 MAC 地址，即网络接口卡的物理地址。

为了能够解决多个站点对以太网链路的争用问题，以太网在数据链路层采用了带冲突检测的载波侦听多路访问（Carrier Sense Multiple Access/Collision Detect，CSMA/CD）协议。载波侦听的含义是当站点需要使用链路向其他站点发送数据时，先对链路进行检测，只有当链路空闲时，才能够使用链路发送数据，否则延缓发送数据。但由于信号在传输介质上存在传播时延，检测到链路空闲，并不意味着链路真正空闲，因此为了能在发送数据的过程中及时检测到数据冲突，以太网协议中又使用了冲突检测机制，当发送方检测到冲突后，立即停止数据的发送，避免继续浪费链路资源，在随机等待一段时间后，发送方再重新进行载波侦听，并试探进入数据发送过程。

使用集线器（Hub）或交换机（Switch）连接的以太网，从物理层面来看，属于星型拓扑结构，但从逻辑层面来看，由于需要在共享链路上执行 CSMA/CD 协议解决争用问题，因此又属于总线型拓扑结构。但因为 Hub 和 Switch 内部结构的差异，连接在同一 Hub 的所有站点位于同一根总线上，因此处于同一个冲突域，意味着站点只能以半双工模式通信，但交换机因为采用存储转发的交换机制，可以认为两两端口之间处在同一个冲突域上，站点之间可以采用全双工通信。

一般地，数据传输速率为 10Mbit/s 的以太网被称为传统以太网，高于 100Mbit/s 的以太网被称为快速以太网。为了提高数据传输速率，以太网在数据链路层只提供简单的差错检测机制，接收方收到错误帧直接丢弃，不向发送方发送应答或错误报告信息。由于冲突检测机制的存在，以太网协议规定其最短帧长为 64 字节，小于最短帧长的数据帧都是因链路冲突导致的错误帧。

4.2.2 城域网技术

城域网是城市范围内的通信网络，主要承载数据、图像、多媒体、IP 接入和各种增值业务及智能业务，是运营商建设和管理的网络的一部分，与长途网和骨干网实现互通，因此，城域网不仅是传统长途网和接入网的连接桥梁，更是传统电信网和宽带数据网络的会接点。

城域网的发展起源于企业局域网，在建设初期，其出发点是以最少的成本快速建成一张连通性网络，为用户提供接入业务，因此其网络结构与企业网结构并无本质差别，只是网络规模不同。以太网技术的快速发展，特别是千兆以太网及万兆以太网标准的出现，促使以太网技术延伸至城域网的汇聚层和骨干层，城域网的本质也开始发生变化。最初局域网互连的目标并不是产生盈利，用户之间也以充分的信任作为互连基础，但在宽带城域网中，必须充分考虑计费、业务等经营性问题，并且需要考虑用户接入时的鉴权和认证、用户的二层隔离、受控互访，以及网络安全保障等问题。

因此，宽带城域网从最初的连通性网络到未来可运营的多业务承载网，经历了三个阶段：连通性的城域网、“可运营、可管理”的 IP 城域网、承载电信业务的多业务承载网。

1）连通性的城域网

这个阶段是城域网的初期建设阶段，城域网通过 ADSL（Asymmetric Digital Subscriber Line）或者以太网向用户提供宽带接入业务，用户的业务主要是传统的 Internet 数据业务

（WWW、Email、FTP、即时通信等），一般不对用户进行区分，不识别用户。

在网络组成方面，此阶段的城域网是一个简单的连通性网络，将以太网交换机、ADSL的数字用户线路接入复用器（Digital Subscriber Line Access Multiplexer，DSLAM）、三层交换机、路由器等设备按照企业网的建网方法简单地组成一张大规模的连通性网络，通过提供包月使用端口，向公众用户提供接入业务，对网络的可运营性和可管理性的要求不高。

2）“可运营、可管理”的 IP 城域网

随着宽带用户规模的不断扩大，由于 IP 网络技术固有的无管理、无运营的特点，运营商除了包月收费的运营模式之外，无法像 PSTN（Public Switched Telephone Network）一样为用户提供各类丰富的业务，以不同的资费方式为用户提供区分服务。完全开放的网络对接入用户缺乏充分的控制与管理手段，网络的安全性得不到任何保障。

鉴于运营网络要求对用户“可知”和“可控”，宽带接入服务器（Broadband Remote Access Server，BRAS）开始在城域网中运用，通过 BRAS 完成对宽带 ADSL 和以太网用户的鉴权、认证和计费，以及基本的安全防护。

通过接入控制能够细分客户，此阶段的城域网可以根据带宽、时间、业务等要素随着运营要求的提升而提供针对不同客户群的运营，在此基础上逐步提供多种业务，包括多种用户资费套餐、提供 IP 专线、提供 L2TP（Layer 2 Tunneling Protocol））等 VPN（Virtual Private Network）业务，提供直通车业务、绿色上网业务等，但这一时期的业务还是以 Internet 数据业务为主。

3）承载电信业务的多业务承载网

随着通信业务的宽带化，运营商开始寻求可运营的增值业务，包括 IPTV、NGN（Next Generation Network）等高品质业务，对网络和运营的要求也不断提升，IP 城域网必须能够提供满足高品质电信业务的带宽、转发能力、服务质量保障，运营也针对单个用户进行精细管理。

随着用户数量的急剧增加，宽带网络从传统的 Internet 数据业务和朴素的多业务演进成高品质增值业务承载网，对每一种业务具有识别分类、区分服务的控制能力。

当前，宽带城域网作为骨干网络在本地的延伸，其发展目标是可运营、可管理、可盈利的多业务承载平台，可以满足不同类别客户和多种接入业务在数据、语音和视频等应用方面的需求。

4.3 网络互联

网络互联是指通过中间设备将两个以上的通信网络相互连接起来构成更大的网络系统，以实现不同网络中用户的互相通信，因此，网络互联不仅要将网络相互连接起来，还要让网络结点能够相互通信，进行信息交换。

按照互联设备在 OSI 模型中的工作层次，常见的中继系统包括：物理层转发器（如集线器），数据链路层的交换设备（如交换机），工作在网络层的路由器，以及在网络层以上执行协议转换的网关设备。从工作原理来看，二层以下中继系统的作用仅仅是扩大物理网络的覆盖范围，它们只能连接同构网络，网络中各站点执行相同的链路层协议。而网关主要实现不同网络之间的协议转换，任何两个不同的网络之间都需要一个转换器，导致网关的设计非常复杂，目前使用的也比较少。因此，网络互联主要指用路由器互联起来的网络。为了进行区别，将网络层以上的中继系统（主要是路由器）称作互联设备，而将二层以下的中继系统称作互连设备。互联设备在工作时，需要进行路径选择（通过路由表为分组选择传输路径）和分组转发（通过转发表在接收端口和输出端口之间进行分组交换）两个任务。

4.3.1 IP 地址与网络寻址

网络互联的基本前提是网络中的每一个通信实体必须有一个唯一标识，该标识要起到命名的作用。互联网络使用 IP 地址作为网络层实体的命名方法，但由于互联设备又通过 IP 地址进行分组转发，因此 IP 地址同时又承担着寻址作用。

在 IPv4 中，IP 地址是一个由网络号和主机号组成的 32 位的整数，网络设备通过网络掩码计算 IP 地址的网络号。网络掩码也是一个 32 位的整数，在网络掩码中与 IP 地址的网络号部分对应的比特位为 1，与主机号部分对应的比特位为 0，IP 地址与网络掩码逐比特进行与操作的结果即该地址所处的网络的网络号。路由器在转发 IP 数据报时，根据数据报的目的 IP 地址和路由表中的相关信息，计算出到达目的网络的路径，然后将数据包转发给该路径上的下一跳路由器，直至到达目标网络。

在计算机网络中，按照收、发双方的数量关系，可将通信方式分为单播（Unicast）、广播（Broadcast）和多播（Multicast）3 种。

（1）单播，是指单一站点之间的一对一通信。

（2）广播，是指一对全体通信，接收方是网络里的所有站点。

（3）多播，是指一对多通信，接收方包括一组站点。

由于因特网的站点数量非常庞大，为了能够节约链路资源避免形成广播风暴，因特网协议规定广播报文不能通过路由器，因此广播通信只允许出现在局域网内，相应地为了标识这三类通信的接收方，将 IP 地址划分为单播地址和多播地址，对于一个网络地址来说，主机号部分全 1 的地址用作该网络的广播地址。

在数据链路层，链路层协议通过 MAC 地址来标识站点，为了能够实现单播 IP 地址与 MAC 地址的相互映射，TCP/IP 协议提供了 ARP（Address Resolve Protocol）和 RARP（Reverse Address Resolve Protocol）协议。对于多播和广播地址，则采取直接计算的方式，通过 IP 地址计算出其对应的多播或广播 MAC 地址。

4.3.2 网络互联协议

IP 协议是 TCP/IP 协议族中网络层的核心协议，为上层提供不可靠尽最大努力交付的数据报传输服务，因此 TCP/IP 在网络层不提供差错控制，差错报文的重传和流量控制由上层协议负责，网络层仅对 IP 数据报的报文头部进行差错校验，这种简单的处理方式使网络层能尽可能快地完成数据的转发。

为了简化 IP 协议的功能，TCP/IP 协议使用因特网控制报文协议（Internet Control Message Protocol，ICMP）在主机与路由器之间传递控制信息，包括报告错误、交换受限控制和状态信息。RFC 792 明确指出，ICMP 是 IP 协议不可缺少的部分，IP 层软件必须实现 ICMP 协议。可见，ICMP 实际上承担了部分 IP 协议的功能，与 IP 协议一起实现网络层的不可靠传输服务。由于 ICMP 工作在网络层，其报文也采用 IP 数据报封装，因此在传输过程中可能会丢失、出错、乱序，但并不影响其功能实现。ICMP 所提供的功能可分为两大类：差错报文和查询报文，前者主要由目的主机或路由器向源主机报告网络差错，后者主要由源主机用于查询目标主机或网络的状态。

对于单播通信来说，路由器主要承担 IP 数据报在不同网络中的转发任务。但对于多播通信，接收方可能处于多个不同的目的网络中，路由器需要知道在哪些网络中存在接收站点，以便将数据报复制到目标网络中，因特网组管理协议（Internet Group Management Protocol，IGMP）是网络层用于管理多播组成员的一种通信协议，IP 主机和相邻的路由器利用 IGMP 来创建多播组的组成员。参与多播通信的主机通过 ICMP 协议向路由器报告自己所参加的多播组，或根据需要退出多播组，路由器根据多播组的成员信息来决定如何转发多播报文。

目前使用的 IP 协议版本是 IPv4，其使用的 IP 地址为 32bit，缺乏足够的安全机制。为了解决这些问题，在 IPv6 中，IP 协议将地址扩展为 128bit，同时简化了 IP 首部的格式定义，并提供了更灵活的头部扩展方法，以支持 IPSec（IP Security）的认证首部（Authentication Header，AH）和封装安全载荷首部（Encapsulating Security Payload Header，ESP），在网络层提供数据加密、认证及完整性校验等安全服务。

在 IPv6 网络中，ICMP 协议的版本是 ICMPv6，对于多播组的管理则不再采用 IGMP 协议，而是使用多播侦听者发现（Multicast Listener Discover，MLD）协议。

4.4 面向连接服务和无连接服务

面向连接的通信和无连接通信的主要差别在可靠性方面，无连接的通信不保证数据的可靠交付，也不保证数据的到达顺序，通信双方能够快速地完成数据传输。为了能够在底层不可靠的分组交换的基础上建立可靠的通信服务，面向连接的通信需要在双方发送数据之前建立虚拟的逻辑连接，并对双方要通信的数据进行序号协商，通过对报文数据的编号和应答确认机制确保发送方数据能够准确无误地按序到达接收方。

OSI 参考模型在网络层支持无连接和面向连接的通信，但在传输层仅有面向连接的通信。而 TCP/IP 模型认为可靠性是端到端的问题，因此在网际层只提供无连接的通信模式（IP 协议的尽最大努力交付），而在运输层支持无连接和面向连接两种模式，分别由用户数据报协议（User Datagram Protocol，UDP）和传输控制协议（Transmission Control Protocol，TCP）实现。

为了能够唯一标识通信的一个端点，TCP/IP 在传输层使用了端口的概念，每个参与通信的进程都使用一个与众不同的端口，上层用户通过不同的端口与运输层实体进行交互，端口实质上在运输层起到了命名和寻址的作用。在同一台主机内，TCP 和 UDP 所使用的端口号空间是重叠的，因此五元组<源 IP，源端口，目的 IP，目的端口，运输层协议>能够唯一地标识通信两端的上层用户，也就是互联网上的两个通信进程。

4.4.1 TCP

TCP是一种面向连接的、可靠的、基于字节流的传输层通信协议，由IETF的RFC 793定义。TCP协议负责用户之间逻辑连接的建立、维持和拆除，具备完善的差错控制机制，但不支持多播和广播。另外，TCP连接是基于字节流的，上层数据逐字节发送至接收端。

应用层向TCP层发送用于网间传输的、用8bit字节表示的数据流，然后TCP把数据流分区成适当长度的报文段，并将封装后的TCP报文传给IP层，由IP协议将数据包传送给接收端实体的TCP层。TCP为了保证不发生丢包，就给每个包一个序号，同时序号也保证了传送到接收端实体的包的按序接收。接收端实体对已成功收到的包发回一个相应的确认（ACK）；如果发送端实体在合理的往返时延（Round Trip Time，RTT）内未收到确认，那么对应的数据包被假设为已丢失将会进行重传。TCP用一个校验和函数来检验数据是否有错误；在发送和接收时都要计算校验和。

收发双方在使用TCP通信之前，需要通过"三次握手"建立逻辑连接，对双方数据的起始序号、用于拥塞控制的滑动窗口的大小等通信参数进行协商，通信结束后，双方关闭通信连接并释放各自的通信资源。

滑动窗口机制是TCP实现流量控制和拥塞控制的基础，为了提高传输效率，TCP采用大小可变的滑动窗口进行流量控制，窗口的大小以字节为单位。TCP报文首部中的窗口字段就是为对方设置的发送窗口上限值，因此这是一种由接收方控制发送端发送速度的方法。发送端在确定发送速度时，既要根据接收方的接受能力尽可能提高传输效率，又要全局考虑不要发生网络拥塞。

4.4.2 UDP

UDP提供的服务与IP协议类似，是不可靠的、无连接的服务。在可靠性方面，UDP协议只提供报文校验检查（为了弥补IP协议没有数据区校验的问题），其他工作全部由使用UDP的应用程序承担，包括接收确认、报文排序、超时重传及流量控制等。

在TCP/IP协议层次模型中，UDP是传输层协议，位于IP层之上，为两个端用户服务，负责端到端的通信，它不关心下层协议如何传输、经过了哪些中间节点。应用程序访问UDP层，然后使用IP层传送数据报。IP数据报的数据部分即UDP数据报。IP层的报头指明了源主机和目的主机地址，而UDP层的报头指明了主机上的源端口和目的端口。UDP报文由8个字节的报文首部和有效载荷字段构成，其中，UDP报头由4个域组成，每个域各占用2个字节，具体包括源端口号、目标端口号、数据报长度、校验值。

UDP和TCP协议的主要区别是两者在如何实现信息的可靠传递方面不同。TCP协议中包含了专门的传递保证机制，当数据接收方收到发送方传来的信息时，会自动向发送方发出确认消息；发送方只有在接收到该确认消息之后才继续传送其他信息，否则将一直等待直到收到确认信息为止。与TCP不同，UDP协议并不提供数据传送的保证机制。如果在从发送方到接收方的传递过程中出现数据报的丢失，那么协议本身并不能做出任何检测或提示。

相对于TCP协议，UDP协议的另外一个不同之处在于如何接收突发性的多个数据报，UDP并不能确保数据的发送和接收顺序。事实上，UDP协议的乱序性基本上很少出现，通常只会在网络非常拥挤的情况下才有可能发生。

在选择使用传输层协议的时候，选择 UDP 必须要谨慎。在网络质量较差的环境下，UDP 协议数据包丢失会比较严重。但是由于 UDP 属于无连接协议，因而具有资源消耗小、处理速度快的优点，所以通常音频、视频和普通数据在传送时使用 UDP 较多，因为它们即使偶尔丢失一两个数据包，也不会对接收结果产生太大影响。除此之外，无连接通信的另一个优势在于可以实现一对多或多对多通信，互联网中的多播和广播通信（被限制在物理网络内）均采用 UDP 协议，这就是 UDP 和 TCP 两种协议的权衡之处。根据不同的环境和特点，两种传输协议都将在今后的网络世界中发挥更加重要的作用。

第 5 章　新技术及其发展趋势

5.1　物联网技术

在互联网技术飞速发展的大背景下，传感网技术及 RFID（Radio Frequency Identification）技术的发展和应用，促使“泛在网（Ubiquitous）”的概念被诸多国家重视，泛在网即广泛存在的网络，它以无所不在、无所不包、无所不能为基本特征，以实现在任何时间、任何地点、任何人、任何物都能顺畅地通信为目标。在传感网、泛在网概念的基础上，加上 RFID、M2M（Machine To Machine）技术的发展，人们重新思考人与物、物与物之间的信息交互和工作组织。

物联网（IoT）作为一个新兴的领域，人们对它仍处于探索和发展的阶段。对物联网的定义，不同的专业、不同的技术、不同的部门有着不同的描述和定义。目前，普遍认可的物联网定义是通过射频识别技术、红外感应器、全球定位系统、激光扫描器等信息传感设备，按规定的协议，将任何物品通过有线或无线方式与互联网连接，进行通信和信息交换，以实现智能化识别、定位、跟踪、监控和管理的一种网络。2009 年，CERP-IoT（Cluster of European Research Projects on the Internet of Things）在其发布的《物联网战略研究路线图》报告中认为，物联网是未来 Internet 的一个组成部分，可定义为基于标准的和可互操作的通信协议且具有自配置能力的动态的全球网络基础架构。

5.1.1　物联网概述

物联网在现有网络概念的基础上，将其用户端延伸和扩展到任何物品与物品之间，进行信息交换和通信，主要有以下 4 个特点。

（1）连通性。连通性主要表现在 3 个维度：任意时间的连通性（Anytime Connection），任意地点的连通性（Any Place Connection），任意物体的连通性（Anything Connection）。

（2）技术性。物联网的发展依赖众多技术的支持，如射频识别技术、传感技术、纳米技术、智能嵌入技术等，它代表了未来计算与通信技术的发展趋势。

（3）智能性。物联网很大程度地将人类所处的物质世界数字化、网络化，使物体能以传感方式、智能化方式关联起来，同时网络服务也得以智能化。

（4）嵌入性。物联网提供的网络服务将被无缝地嵌入人们的日常工作和生活中。

从技术架构上来看，物联网可以分为 3 层（见图 5-1）：感知层、网络层和应用层，各组成部分有机结合，分工协作，实现物与物之间的相互沟通。

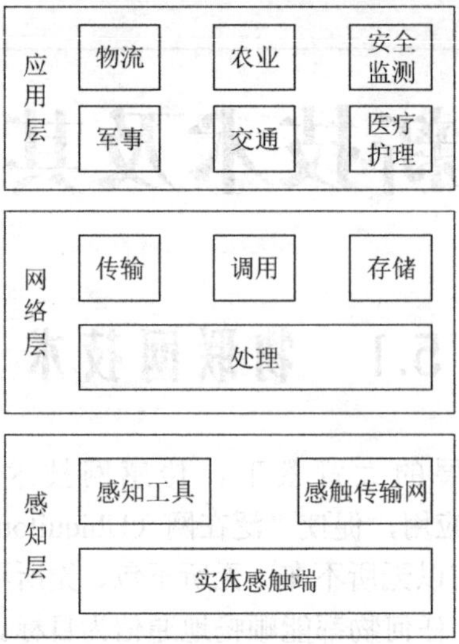

图 5-1　物联网的分层结构

1．感知层

物联网的作用对象是由物理实体的集合构成的物质实体。物联网的感知层通过对物质实体的感知布局，实现对物质实体属性的感知、采集，使之成为可识读和传输的载体。

感知层由实体感触端、感触传输网与感知工具构成。实体感触端是物联网对物质实体属性信息进行直接接触的载体。它与物质世界紧密相连，是物联网网络的末梢节点。感触传输网是对物质实体的属性信息进行传输的网络。感知工具是将物质实体的属性信息转化为可在网络层进行传输的信息的工具。

目前，应用于物联网感知层的技术和设备有二维码、RFID 标签和读写器、标签和识读器、GPS、传感器、M2M 终端、传感器网络等。在物联网的发展过程中，感知层所追求的是更安全、更敏感的感知能力，降低功耗、成本和小型化。

2．网络层

物联网的网络层通过相关工具和媒介对感知层所获得信息进行汇集、处理、储存、调用、传输。其中，汇集工具将感知层采集终端的信息进行集中，并接入物联网的传输体系；处理工具负责对传输信息进行选择、纠正，以及转化等处理工作；存储工具主要负责对信息进行存储；调用工具以某种方式实现对感知信息的准确调用；传输工具通过可传递感知信息的传输介质构建传输网络，使感知信息传递到物联网的任何工作节点上。

物联网的网络层各功能要素的实现水平，决定了整个物联网体系的工作效率和服务质量。目前，网络层在传输容量、海量信息处理、传输速率、传输安全等方面寻求进一步的发展。

3．应用层

应用层将物联网技术与各类行业应用相结合，实现无所不在的智能化应用，如物流、安全监测、农业、灾害监控、危机管理、军事、医疗护理等领域。物联网通过应用层实现信息技术与各行业专业应用的深度融合。它是实现物联网社会价值的部分，是物联网拓宽产业需求、带来经济效益的关键，还是推动物联网产业发展的原动力。拓宽产业领域、增加应用模式、创新商业运营模式、推进社会化的信息共享是物联网应用层未来的发展方向。

5.1.2 物联网的关键技术

物联网的核心技术包括射频识别 RFID 装置、无线传感器网络（Wireless Sensor Network，WSN)、红外感应器、全球定位系统、Internet 与移动网络、网络服务、行业应用软件。在这些技术当中，又以底层嵌入式设备芯片开发最为关键，引领整个行业的上游发展。

1. RFID 技术

RFID 作为物联网中最为重要核心技术，对物联网的发展起着至关重要的作用。RFID 技术利用感应、无线电波进行非接触双向通信，达到自动识别和数据交换的目的。RFID 系统是由电子标签、读写器、计算机网络和应用程序及数据库组成的自动识别和数据采集系统。电子标签是 RFID 系统的数据载体，由耦合元件和芯片组成。在 RFID 系统中，每个电子标签都有全球唯一的电子编码。天线是电子标签和读写器传递射频信号的装置。读写器是读取或写入电子标签信息的设备，通常与计算机连接进行信息的进一步处理。

RFID 系统的工作原理：读写器通过天线在一个区域内发送射频信号，电子标签进入其信号范围会被触发，产生感应电流，获得能量，将存储在电子标签芯片内的信息发送到 RFID 读写器。RFID 读写器接收到信息后，传送到 RFID 数据管理系统，再将数据传送至数据库服务中心。

RFID 技术凭借其信息容量、抗干扰能力、保密性、使用寿命和智能化等方面的突出优势，现已在不同的领域中得到了广泛的运用。RFID 最重要的优点是非接触识别，它能穿透雪、雾、冰、涂料、尘垢和条形码无法使用的恶劣环境阅读标签，并且阅读速度极快，大多数情况下不到 100ms 即可阅读完毕。有源式射频识别系统的速写能力也是重要的优点，可用于流程跟踪和维修跟踪等交互式业务。在交通领域，高速公路的不停车收费系统、铁路车号自动识别系统以及公交枢纽管理中心，在物流领域，物流过程中货物的跟踪、信息的自动采集、仓储管理等，都广泛运用到 RFID 技术。

2. WSN 技术

WSN 由部署在监测区域内大量的廉价微型传感器节点组成，通过无线通信方式形成的一个多跳的自组织的网络系统，其目的是协作地感知、采集和处理网络覆盖区域中被感知对象的信息，并发送给观察者。

WSN 网络通常分为物理层、MAC 层、网络层、传输层、应用层。物理层定义 WSN 中的接收器汇聚节点（Sink Node）之间的通信物理参数，如使用的电磁频段、信号调制解调方式等。MAC 层定义各节点的初始化和自组织网络的构建方式，同时协调无线信道的分配，避免多个收发节点之间的通信冲突。在网络层，完成逻辑路由信息交换，使数据包能够按照不同策略使用最优路径到达目标节点。传输层提供数据包传输的可靠性，为应用层提供入口。应用层最终将收集后的节点信息进行整合处理，以满足不同应用程序计算的需要。

3. EPC编码技术

EPC（Electronic Product Code）编码体系是目前应用最广泛的编码标准，用于对物品的编码进行信息的采集。2003年9月，美国统一代码协会和国际物品编码协会合作成立了EPCglobal，负责EPC网络的全球化标准，以便更加快速、自动、准确地识别供应链中的商品，通过发展和管理EPC网络标准提高供应链上贸易单元信息的透明度和可视性，以此提高全球供应链的运作效率。

EPC作为唯一标识物品的电子代码，主要有64位、96位和256位三种编码结构，即EPC-64、EPC-96、EPC-256三个标准。目前，使用最多的是EPC-64，新一代的EPC（RFID）标签将采用EPC-96的标准。

EPC编码结构主要包括版本号、域名管理者、对象分类、序列号四部分。

（1）版本号。版本号用于标识EPC编码结构的版本，决定了EPC代码的总长、识别类型和具体的编码结构。

（2）域名管理者。域名管理者用于唯一标识一个组织实体，通常用于描述与EPC相关的生产厂商的信息。

（3）对象分类。对象分类用于识别某一物品类型。

（4）序列号。序列号用于唯一标识某一具体的物品。域名管理者负责为每个对象分类代码分配唯一的、不重复的序列号。

4. 资源寻址技术

当物联网存在跨域通信的情况时，需要网络资源寻址技术，从而实现资源名称到相关资源地址的寻址解析。物联网资源寻址技术的核心是完成由物品编码到相关资源地址的寻址过程，它是实现全球物品信息定位和跨域信息交流的关键技术。

物联网编码结构与互联网地址结构存在差异，它不仅要支持物品名称与其对应的特定信息资源地址的寻址解析，还要支持物品名称到与其相关的诸多信息资源地址的寻址与定位。因此，物联网资源寻址的输出信息不仅局限于地址本身，还应扩展为生成物联网资源地址所需的信息，该信息可以本身就是物联网资源地址，也可以是将其他物联网资源名称转换为间接资源地址所需的地址生成信息。物联网中完成转换所用到的信息需要通过物联网资源寻址技术获取。

5. 物联网名称解析服务技术

物联网名称解析服务（IoT Name Service，IoT-NS）是负责将标签ID解析成其对应的网络资源地址的服务。例如，客户端有一个请求，需要标签号为“123456”的一个产品的详细信息，IoT-NS服务器接到请求后将标签号转换成资源地址。然后从资源服务器上查到此产品的详细信息，如生产日期、成本、型号等。

目前，比较成熟的名称解析服务解决方案是EPC系统中的对象名解析服务（Object Name Service，ONS），它是联系物联网中间件和信息服务的网络枢纽，指明了存储产品相关信息的服务器，将产品电子代码匹配到相应商品信息中。ONS的作用是通过电子产品代码，获取EPC数据访问通道信息。

读写器将RFID标签信息发送到本地服务器，本地服务器将这一信息转化为抽象的统一资源标识（Universal Resource Identifier，URI），并将这个 URI 数据提交到本地 ONS 服务器上，ONS 采用域名解析服务（Domain Name Server，DNS）的基本原理，处理电子产品码与相应的 EPCIS 信息服务器 PML（Physical Markup Language）地址的映射管理和查询。

5.1.3　物联网的典型应用场景

1．智能家居

随着物联网技术的不断发展与应用，如今数字化已开始步入家家户户，数字化家庭是体现一个城市信息化的重要标识。如今在互联网科技的快速发展下，家庭网络化体现出更多的系统化的需求。家庭网络化包含各类消费电子的产品、通信的产品、信息家电化、智能煤水电，以及智能家居等设备的应用，这些应用都需要通过连接不同的互联网方式去进行通信及数据转换，从而实现互联互通的模式。

互联网技术与物联网技术的结合可以满足家庭网络的系统化建设需求，使家庭网络中各子系统的互联互通、信息共享成为可能。家庭网络系统化主要通过一个特制网关，将采用不同通信协议的各子系统统一到 TCP/IP 体系结构中，实现家庭网络与外部网络的互联，网络内部可以提供集成的语音通信、数据传输、多媒体播放、传感器控制及规范化网络管理等功能。

2．数字化物流

物联网技术的发展为全球范围内的物品流通提供了全新的识别和跟踪监测手段，从根本上提高了人们对物品的生产、配送、仓储、销售等各环节的监控效率，为用户提供了跨供应链的实时控制，以及更高的自动化和数据分析能力。

传统的条码编码技术无法对单个商品进行编码识别，对产品包装、物流管理造成了诸多不便。然而对于物联网的 EPC 产品电子代码技术，可以对单一商品而不是对一类物品进行一系列的相关编码，这样可以通过唯一的标识并借助计算机网络识别系统实现对单个物品的访问，打破了原始条码不能完成对单个物品的跟踪和访问动态信息的局面。EPC 技术继承了原有的按不同类别容器进行编码的特点，将物流企业流通中的不同类别的商品、仓库、托盘和集装箱进行了一系列分层级式的编码，同时可以充分解决多种形式的标签编码识别的相关问题。

3．智慧交通

为了解决交通拥堵的问题，传统的方式是增加车的容量和数量。但是在目前的交通发展环境中，这两种传统方式并不能适应时代的发展，需要其他办法去解决问题。为了获取各路况的动态信息，可以在道路旁增加路边的传感器设备感应人流、车流的信息，并且可以实时进行动态信息的记录与分析。

在新的交通系统应用中，用户可以通过智能化的手机获取最新的交通动态信息，这里的集成服务和动态信息对未来的公共交通发展尤为重要。在不久的将来，交通系统就可以更精确地定位到乘客等车的具体位置，并为乘客提供智慧的交通工具，达到均衡供求的目的。

一方面，智慧的交通系统能够帮助用户合理规划出行时间，提高办事效率；另一方面，也是解决交通拥堵的良好方案，通过各个道路路边安置多个传感器来获取路况的实时动态信息，帮助监控和控制交通的动态流量，实现车辆与网络之间的动态连接，指引车辆更改路线或优化行程。

5.1.4 物联网的发展趋势

随着物联网技术逐渐成熟，物联网未来的发展领域会不断地扩大，其发展的重点是教育、科研、旅游、医疗、交通、安全导航、网上购物、娱乐、气象灾难的预测、消防、工业监测等方面。

但物联网目前还不成熟，只是充满前景的技术展望，其绝大部分的业务仍然只是数据采集应用的扩展，难以实现更加“智能”“物与物对话”的“真正物联网”。具体而言，影响物联网发展的主要因素包括以下几点。

（1）个人隐私与数据安全。安全因素的考虑会影响物联网的设计，物联网的发展会改变人们对隐私的理解，物联网如何确保用户数据的隐私安全是其要解决的首要问题，也是其能否取得公众信任的关键。

（2）标准化。标准化无疑是影响物联网普及的重要因素。目前，RFID、WSN 等技术领域还缺乏完整的国际标准，各厂家的设备往往不能实现互操作。标准化将合理使用现在标准，或者在必要时创建新的统一标准。

（3）技术成熟度。物联网的相关技术仍处于不成熟阶段，需要各国政府投入大量资金支持科研，实现技术转化。

（4）系统开放问题。物联网的发展离不开合理的商业模型运作和各种利益投资。对物联网技术系统的开放，将会促进应用层面的开发和各种系统之间的互操作。

5.2 虚拟化概述

虚拟化技术最早出现在 20 世纪 60 年代的 IBM 大型机系统中，这些机器能够通过一种虚拟机监控器（Virtual Machine Monitor，VMM）的程序，在物理硬件上创建出许多可以运行独立操作系统的虚拟机（Virtual Machine）实例。随着近年来多核系统、集群、网格甚至云计算的广泛部署，虚拟化技术在商业应用上的优势日益体现，不仅降低了 IT 成本，还增强了系统的安全性和可靠性，虚拟化的概念也逐渐深入到人们日常的工作与生活中。

在计算机科学领域，虚拟化代表着对计算资源的抽象，而不仅仅局限于虚拟机的概念。例如，对物理内存的抽象，产生了虚拟内存技术，使得应用程序认为其自身拥有连续可用的地址空间（Address Space）；而实际上，应用程序的代码和数据可能被分割成多个内存分页或段，只有少量页面被存储在物理内存中，其他部分则被交换到磁盘、闪存等外部存储器上，因此即使物理内存不足，应用程序也能顺利执行。

5.2.1　虚拟化技术的分类

现代计算机系统是一个庞大而又复杂的整体，整个系统自下而上被分成多个层次，每一个层次都向上层呈现一个抽象，并且每一层只需要知道下层抽象的接口，不必关心其内部工作机制。这样以层次方式抽象资源的好处是每一层只需要考虑本层设计，以及与相邻层之间的交互接口，从而大大降低了系统设计的复杂性，提高了软件的可移植性。

从本质上来看，虚拟化就是由位于下层的软件模块，通过向上层软件模块提供一个虚拟的软件或硬件接口，使得上层软件可以直接在虚拟的环境中运行。虚拟化可以发生在现代计算机系统的各层次上，不同层次的虚拟化会带来不同的虚拟化概念，其实现原理不尽相同，并且每一种技术都相当复杂。

在虚拟化中，物理资源的拥有者称为宿主（Host），而虚拟出来的资源的使用者通常称为客户（Guest）。在计算机系统中，从底层至高层依次可分为硬件抽象层、操作系统层、库函数层、应用程序层，在对某层实施虚拟化时，该层和上层之间的接口不发生变化，只变化该层的实现方式。从使用虚拟资源的 Guest 的角度来看，虚拟化可以发生在上述 4 层中的任一层，下面分别进行介绍。

1. 硬件抽象层上的虚拟化

硬件抽象层上的虚拟化是指通过虚拟硬件抽象层来实现虚拟机，为客户机操作系统呈现和物理硬件相同或相近的硬件抽象层，又称指令集级虚拟化。实现在此层的虚拟化技术可以对整个计算机系统进行虚拟，即可将一台物理计算机系统虚拟化为一台或多台虚拟计算机系统，故又可称作系统级虚拟化。

实现在硬件抽象层的虚拟化粒度是最小的，每个虚拟计算机系统（简称虚拟机）都拥有自己的虚拟硬件（如 CPU、内存和设备等），来构成一个独立的虚拟机执行环境。每个虚拟机中的操作系统可以完全不同，并且它们的执行环境是完全独立的。由于客户机操作系统能看到的是硬件抽象层，因此，客户机操作系统的行为和在物理平台上没有什么区别。

2. 操作系统层上的虚拟化

操作系统层上的虚拟化是指操作系统的内核可以提供多个互相隔离的用户态实例。这些用户态实例（经常被称为容器）对于它的用户来说就像是一台真实的计算机，有自己独立的文件系统、网络、系统设置和库函数等。

这种虚拟化是操作系统内核主动提供的虚拟化，因此操作系统层上的虚拟化通常非常高效，虚拟化的性能开销非常小，也不需要硬件的特殊支持。但它的灵活性相对较小，Host 操作系统无法为每个容器（Guest）提供不同的底层资源，每个容器中的操作系统通常必须是同一种操作系统。另外，操作系统层上的虚拟化虽然为用户态实例间提供了比较强的隔离性，但是其粒度是比较粗的。

3. 库函数层上的虚拟化

操作系统通常会通过应用级的库函数向应用程序提供一组服务，如文件操作服务、时间操作服务等。这些库函数可以隐藏操作系统内部的一些细节，使得应用程序编程更为简单。不同的操作系统库函数有着不同的服务接口，库函数层上的虚拟化就是通过虚拟化操作系统的应用级库函数的服务接口，使应用程序不需要修改，就可以在不同的操作系统中无缝运行，从而提高系统间的互操作性。

例如，Wine（Wine is Not an Emulator）是一个能够在多种 POSIX 兼容操作系统（如 Linux、Mac OSX 或 BSD 等）上运行 Windows 应用的兼容层，它通过运用 API 转换技术使 Windows 应用程序能够在 Linux 上正常运行。

4．应用程序层上的虚拟化

应用程序层的虚拟化是将一个应用程序虚拟化为一个虚拟机，主流的方法是采用高级语言虚拟机，如 JVM（Java Virtual Machine）和微软（Microsoft）的 CLR（Common Language Runtime）。这一类虚拟机运行的是进程级的任务，不同的是这些程序针对的不是硬件层面的体系结构，而是一个虚拟体系结构。这些程序的代码先被编译为针对其虚拟体系结构的中间代码，在程序运行时，中间代码由虚拟机翻译为与硬件相关的机器语言放在 CPU 上执行。

5.2.2 系统级虚拟化的实现

系统级虚拟化是最早被提出和研究的一种虚拟化技术，当前存在多种此种技术的具体实现方案。在系统级虚拟化中，虚拟计算机系统和物理计算机系统可以是两个完全不同指令集架构（Instruction Set Architecture，ISA）的系统。每台虚拟机都有属于它的虚拟硬件，通过虚拟化层的模拟，虚拟机中的操作系统认为自己独占一个物理系统，这个虚拟化层即虚拟机监控器（VMM）。VMM 对物理资源的虚拟可以归结为三个主要任务：处理器虚拟化、内存虚拟化和 I/O 虚拟化。其中，处理器虚拟化是 VMM 中最核心的部分，因为访问内存或进行 I/O 本身就是通过处理器指令来实现的。

显然，相同体系结构的系统虚拟化通常会有比较好的性能，并且 VMM 实现起来也会比较简单。这种情况下虚拟机的大部分指令可以在处理器上直接运行，只有那些与硬件资源关系密切的敏感指令才会由 VMM 进行处理。此时面前的一个问题是，要将这些敏感指令很好地筛选出来。但事实上，某些处理器在设计之初并没有充分考虑虚拟化的需求，导致没有办法识别出所有的敏感指令，因此不具备一个完备的可虚拟化结构。

在大多数的现代计算机体系结构中，CPU 都有两个或两个以上的特权级，用于分隔系统软件和应用软件的运行。系统中用于管理关键系统资源的指令被定为特权指令，这些指令只有在最高特权级上才能够正确执行。如果在非最高特权级上运行，特权指令会触发异常，使处理器陷入最高特权级，再交由系统软件处理。在 x86 架构中，所有的特权指令都是敏感指令，然而并不是所有的敏感指令都是特权指令。

为了使 VMM 可以完全控制系统资源，它不允许虚拟机上的操作系统直接执行敏感指令。如果一个系统上的所有敏感指令都是特权指令，则能够用一个很简单的方法来实现一个虚拟环境：将 VMM 运行在系统的最高特权级上，将客户机操作系统运行在非最高特权级上，当客户机操作系统因执行敏感指令而陷入 VMM 时，VMM 模拟执行引起异常的敏感指令，这种方法称为“陷入再模拟”。

总而言之，判断一个架构是否可虚拟化，其核心就在于该结构对敏感指令的支持上。如果一个架构中所有敏感指令都是特权指令，则称为可虚拟化架构，否则称为不可虚拟化架构。实现系统级虚拟化的核心技术可以从具体实现方法和实现结构进行分类，下面分别进行介绍。

1. 按照实现方法分类

按照实现方法的不同，系统级虚拟化有许多不同的具体实现方案，可划分为以下几个类别。

1）仿真（Emulation）

通过“陷入再模拟”执行敏感指令的方法实现的虚拟机存在其前提条件：所有的敏感指令必须都是特权指令。如果一个体系结构存在不属于特权指令的敏感指令，那么它就存在虚拟化漏洞，填补或避免这些漏洞的最简单直接的方法是，所有指令都采用模拟来实现，即对于任意一条指令，都模拟出这条指令执行的效果，这种方法称为仿真。

仿真是最复杂的虚拟化实现技术，使用仿真方法可以在一个 x86 处理器上运行 PowerPC 设计的操作系统，甚至在多个虚拟机中，每个虚拟机仿真一个不同的处理器，这在其他的虚拟化方案中是无法实现的。此外，这种方法不需要对宿主操作系统的特殊支持，虚拟机可以完全作为应用层程序运行。

使用仿真方法时，每条指令都必须在底层硬件上进行仿真，因此指令的执行速度会非常慢。如果要实现高度保真的仿真，包括周期精度、CPU 的缓存行为等，则实际速度差距甚至可能会达到 1000 倍之多。使用这种方式的典型实现是 Bochs。

2）完全虚拟化（Full Virtualization）

从客户操作系统看来，完全虚拟化的虚拟平台和现实平台是一样的，客户机操作系统察觉不到是运行在一个虚拟平台上，这样的虚拟平台可以运行现有的操作系统，无须对操作系统进行任何修改，因此这种方式称为完全虚拟化。

进一步说，客户机的行为是通过执行反映出来的，因此 VMM 需要能够正确处理所有可能的指令。在实现方式上，以 x86 架构为例，完全虚拟化技术经历了两个发展阶段：软件辅助的完全虚拟化和硬件辅助的完全虚拟化。

（1）软件实现的完全虚拟化。在 x86 虚拟化技术的早期，没有在硬件层次上对虚拟化提供支持，因此完全虚拟化只能通过软件实现，其典型的方法是二进制代码翻译（Binary Translation）。二进制代码翻译的思想是，通过扫描并修改客户机的二进制代码，将难以虚拟化的指令转化为支持虚拟化的指令。VMM 通常会对操作系统的二进制代码进行扫描，一旦发现需要处理的指令，就将其翻译成支持虚拟化的指令块。这些指令块可以与 VMM 合作访问受限的虚拟资源，或者显式地触发异常让 VMM 进一步处理。这种技术虽然能够实现完全虚拟化，但很难在架构上保证其完整性。

（2）硬件辅助的完全虚拟化。如果硬件本身加入足够的虚拟化功能，可以截获操作系统对敏感指令的执行或者对敏感资源的访问，从而通过异常的方式报告给 VMM，这样就解决了虚拟化的问题。硬件虚拟化是一种完备的虚拟化方法，因此内存和外设的访问本身也是由指令来承载的，对处理器指令级别的截获就意味着 VMM 可以模拟一个与真实主机完全一样的环境。Intel 的 VT-x 和 AMD 的 AMD-V 是这一方向的代表。以 VT-x 为例，其在处理器上引入了一个新的执行模式用于运行虚拟机，当虚拟机执行在这个特殊模式中时，它仍然面对的是一套完整的处理器寄存器集合和执行环境，只是任何敏感操作都会被处理器截获并报告给 VMM。在当前的系统级虚拟化解决方案中，全虚拟化应用得非常普遍，典型的知名产品有 VirtualBox、KVM、VMware Workstation 和 VMware ESX（即 VMware vSphere）。

3）准虚拟化（Para-Virtualization）

这样的虚拟平台需要对所运行的客户机操作系统进行或多或少的修改使之适应虚拟环境，因此客户机操作系统知道其运行在虚拟平台上，并且会去主动适应。这种方式称为准虚拟化或半虚拟化。另外，值得指出的是，一个 VMM 可以既提供完全虚拟化的虚拟平台，又提供准虚拟化的虚拟平台。

准虚拟化通过在源代码级别修改指令以回避虚拟化漏洞的方式使 VMM 能够对物理资源实现虚拟化。例如，对于 x86 存在的一些难以虚拟化的指令，完全虚拟化通过 Binary Translation 在二进制代码级别上避免虚拟化漏洞。准虚拟化采取的是另一种思路，即修改操作系统内核的代码，使得操作系统内核完全避免这些难以虚拟化的指令。

既然内核代码已经需要修改，准虚拟化可以进一步被用于优化 I/O。也就是说，准虚拟化不是去模拟真实设备，因为太多的寄存器模拟会降低性能。相反，准虚拟化可以自定义出高度优化的 I/O 协议，这种 I/O 协议完全基于事务，可以达到近似物理机的速度。这种虚拟技术以 Xen 为代表，Microsoft 的 Hyper-V 所采用的技术和 Xen 类似，也可以将 Hyper-V 归属半虚拟化。

2. 按照实现结构分类

从虚拟化的实现方式来看，虚拟化架构主要有两种形式：宿主架构和裸金属架构。在宿主架构中的虚拟机作为主机操作系统的一个进程来调度和管理，裸金属架构下则不存在主机操作系统，它是以 Hypervisor 直接运行在物理硬件之上。宿主架构通常用于个人计算机上的虚拟化，如 Windows Virtual PC，VMware Workstation，Virtual Box，Qemu 等，而裸金属架构通常用于服务器的虚拟化，如前文中提及的 3 种虚拟化技术。

在系统级虚拟化的实现中，VMM 是一个关键角色，前面已经介绍过 VMM 的组成部分。从 Host 实现 VMM 的角度出发，还可以将当前主流的虚拟化技术按照实现结构分为 3 类。

1）Hypervisor 模型

Hypervisor 这个术语是在 20 世纪 70 年代出现的，在早期的计算机领域，操作系统被称为 Supervisor，因此能够在其他操作系统上运行的操作系统被称为 Hypervisor。

在 Hypervisor 模型中，VMM 首先可以被看作是一个完备的操作系统，但与传统操作系统不同的是，VMM 是为虚拟化设计的，因此还具备虚拟化功能。从架构上来看，首先，所有的物理资源如处理器、内存和 I/O 设备等都归 VMM 所有，因此，VMM 承担着管理物理资源的责任；其次，VMM 需要向上提供虚拟机用于运行客户机操作系统，因此，VMM 还负责虚拟环境的创建和管理。

由于 VMM 同时具备物理资源的管理功能和虚拟化功能，因此，物理资源虚拟化的效率会更高一些。在安全方面，虚拟机的安全只依赖于 VMM 的安全。Hypervisor 模型在拥有虚拟化高效率的同时有其缺点。由于 VMM 完全拥有物理资源，因此，VMM 需要进行物理资源的管理，包括设备的驱动。由于设备驱动开发的工作量通常很大，因此在实际的产品中，基于 Hypervisor 模型的 VMM 通常会根据产品定位，选择性地支持部分 I/O 设备，而不是支持所有的 I/O 设备。采用这种模型的典型是面向企业级应用的 VMware vSphere。

2）宿主模型

与 Hypervisor 模型不同。在宿主模型中，物理资源由宿主机操作系统管理。宿主机操作系统是传统操作系统，如 Windows、Linux 等，这些传统操作系统并不是为虚拟化设计的，因此本身并不具备虚拟化功能，实际的虚拟化功能由 VMM 提供。VMM 通常是宿主机操作系统独立的内核模块，有些实现中还包括用户态进程，如负责 I/O 虚拟化的用户态设备模型。VMM 通过调用宿主机操作系统的服务来获得资源，实现处理器、内存和 I/O 设备虚拟化。VMM 创建出虚拟机之后，通常将虚拟机作为宿主机操作系统的一个进程参与调度。

宿主模型的优缺点和 Hypervisor 模型恰好相反，其最大的优点是可以充分利用现有操作系统的设备驱动程序，VMM 无须为各类 I/O 设备重新实现驱动程序，可以专注于物理资源的虚拟化。考虑到 I/O 设备的种类繁多，设备驱动程序开发的工作量非常大，因此，这个优点意义重大。此外，宿主模型也可以利用宿主机操作系统的其他功能，如调度和电源管理等，这些都不需要 VMM 重新实现就可以直接使用。

宿主模型的缺点在于其物理资源由宿主机操作系统控制，VMM 需要调用宿主机操作系统的服务来获取资源进行虚拟化，而那些系统服务在设计开发之初并没有考虑虚拟化的支持，因此，VMM 虚拟化的效率和功能会受到一定影响。此外，在安全方面，由于 VMM 是宿主机操作系统内核的一部分，虚拟机的安全不仅依赖于 VMM 的安全，还依赖于宿主机操作系统的安全。采用这种模型的典型是 KVM、Virtual Box 和 VMware Workstation。

3）混合模型

混合模型是上述两种模式的汇合体。VMM 依然位于最低层，拥有所有的物理资源。与 Hypervisor 模式不同的是，VMM 会主动让出大部分 I/O 设备的控制权，将它们交由一个运行在特权虚拟机中的特权操作系统控制。相应地，VMM 虚拟化的职责也被分担。处理器和内存的虚拟化依然由 VMM 来完成，而 I/O 虚拟化由 VMM 和特权操作系统共同合作来完成。

I/O 设备虚拟化由 VMM 和特权操作系统共同完成，因此，设备模型模块位于特权操作系统中，并且通过相应的通信机制与 VMM 合作。

混合模型集中了上述两种模型的优点，VMM 可以利用现有操作系统的 I/O 设备驱动程序，不需要另外开发。VMM 直接控制处理器、内存等物理资源，虚拟化的效率也比较高。

在安全方面，如果对特权操作系统的权限控制得当，虚拟机的安全性只依赖于 VMM。混合模型的缺点在于，由于特权操作系统运行在虚拟机上，当需要特权操作系统提供服务时，VMM 需要切换到特权操作系统。当切换比较频繁时，上下文切换的开销会造成性能的明显下降。出于性能方面的考虑，很多功能还是必须在 VMM 中实现的，如调度程序和电源管理等。采用这种模型的典型是 Xen。

5.2.3 操作系统级虚拟化的实现

在操作系统虚拟化技术中，每个节点上只有唯一的系统内核，不虚拟任何硬件设备。

通过使用操作系统提供的功能，多个虚拟环境之间可以相互隔离。通常所说的容器（Container）技术，如目前为止最流行的容器系统 Docker，属于操作系统级虚拟化。此外，在不同的场景中，隔离出的虚拟环境也称作虚拟环境（Virtual Environment，VE）或虚拟专用服务器（Virtual Private Server，VPS）。容器技术一方面解决了传统操作系统忽视和缺乏的应用程序之间的独立性问题，另一方面，它避免了相对笨重的系统级虚拟化，是一种轻量级的虚拟化解决方案。

操作系统领域一直以来面临的一个主要挑战来自应用程序之间存在的相互独立性和资源互操作性之间的矛盾，即每个应用程序都希望能运行在一个相对独立的系统环境下，不受其他程序的干扰，同时又能以方便快捷的方式与其他程序交换和共享系统资源。当前通用操作系统更强调程序之间的互操作性，而缺乏对程序之间相对独立性的有效支持，然而对于许多分布式系统，如 Web 服务、数据库、游戏平台等应用领域，提供高效的资源互操作与保持程序之间的相对独立性具有同等重要的意义。

主流虚拟化产品 VMware 和 Xen 等均采用 Hypervisor 模型（Xen 采用的混合模型与 Hypervisor 模型的差别不大，可统称为 Hypervisor 模型）。该模型通过将应用程序运行在多个不同虚拟机内，实现对上层应用程序的隔离。但由于 Hypervisor 模型倾向于每个虚拟机都拥有一份相对独立的系统资源，以提供更为完全的独立性，这种策略造成处于不同虚拟机内的应用程序之间实现互操作非常困难。例如，即使是运行在同一台物理机器上，如果处于不同虚拟机内，那么应用程序之间仍然只能通过网络进行数据交换，而非共享内存或者文件。而如果使用容器技术，由于各容器共享同一个宿主操作系统，能够在满足基本的独立性需求的同时提供高效的系统资源共享支持。

容器技术还可以更高效地使用系统资源，由于容器不需要进行硬件虚拟，以及运行完整操作系统等额外开销，相比于虚拟机技术，一个相同配置的主机，往往可以运行更多数量的应用。此外，容器还具有更短的启动时间，传统的虚拟机技术启动应用服务往往需要数分钟，而由于容器直接运行于宿主内核，无须启动完整的操作系统，因此可以做到秒级、甚至毫秒级的启动时间，大大节约了应用开发、测试、部署的时间。

5.2.4 主流的虚拟化平台

当前在虚拟化领域主要有三个厂商，也是主要的服务器虚拟化厂商，即 VMware、Microsoft 和 Citrix。

1. VMware

VMware 是 x86 虚拟化软件的主流厂商之一，其产品的应用领域从服务器到桌面系统，主要包括 VMware ESX、VMware Server 和 VMware Workstation。

VMware ESX Server 是 VMware 的旗舰产品，后续版本改称 VMware vSphere。VMware ESX Server 基于 Hypervisor 模型，在性能和安全性方面都得到了优化，是一款面向企业级应用的产品。VMware ESX Server 支持完全虚拟化，可以运行 Windows、Linux、Solaris 和 Novell Netware 等客户机操作系统。VMware ESX Server 也支持类虚拟化，可以运行 Linux 2.6.21 以上的客户机操作系统。VMware ESX Server 的早期版本采用软件虚拟化的方式，基于 Binary Translation 技术。自 VMware ESX Server 3 开始采用硬件虚拟化的技术，支持

Intel VT 技术和 AMD-V 技术。

VMware Server 之前称为 VMware GSX Server，是 VMware 面向服务器端的入门级产品。VMware Server 采用了宿主模型，宿主机操作系统可以是 Windows 或者 Linux。VMware Server 的功能与 ESX Server 类似，但是在性能和安全性上与 ESX Server 有所差距。VMware Server 也有自己的优点，由于采用了宿主模型，因此 VMware Server 支持的硬件种类要比 ESX Server 多。

VMware Workstation 是 VMware 面向桌面的主打产品。与 VMware Server 类似，VMware Workstation 也基于宿主模型，宿主机操作系统可以是 Windows 或者 Linux。VMware Workstation 也支持完全虚拟化，可以运行 Windows、Linux、Solaris、Novell Netware 和 FreeBSD 等客户机操作系统。与 VMware Server 不同，VMware Workstation 专门针对桌面应用进行了优化，如为虚拟机分配 USB 设备，为虚拟机显卡进行 3D 加速等。

2. Microsoft

Microsoft 在虚拟化产品方面比 VMware 起步晚，但在认识到虚拟化的重要性之后，Microsoft 通过外部收购和内部开发，推出了一系列虚拟化产品，目前已经形成了比较完整的虚拟化产品线。Microsoft 的虚拟化产品涵盖了服务器虚拟化（Hyper-V）和桌面虚拟化（Virtual PC）。

Virtual PC 是面向桌面的虚拟化产品，最早由 Connectix 公司开发，后来该产品被 Microsoft 公司收购。Virtual PC 是基于宿主模型的虚拟机产品，宿主机操作系统是 Windows。早期版本也采用软件虚拟化方式，基于 Binary Translation 技术，目前已经支持硬件虚拟化技术。

Windows Server 2008 是 Microsoft 推出的服务器操作系统，其中一项重要的新功能是虚拟化功能。其虚拟化架构采用的是混合模型，重要组件之一 Hyper-V 作为 Hypervisor 运行在最底层，Server 2008 本身作为特权操作系统运行在 Hyper-V 之上。Server 2008 采用硬件虚拟化技术，必须运行在支持 Intel VT 技术或者 AMD-V 技术的处理器上。

3. Xen

Xen 是一款基于 GPL 授权方式的开源虚拟机软件，起源于英国剑桥大学 Ian Pratt 领导的一个研究项目。Xen 社区吸引了许多公司和科研院所的开发者加入，发展非常迅速。之后，Ian 成立了 XenSource 公司进行 Xen 的商业化应用，并且推出了基于 Xen 的产品 Xen Server。2007 年，Citrix 公司收购了 XenSource 公司，继续推广 Xen 的商业化应用，Xen 开源项目本身则被独立到 www.xen.org。

从技术角度来看，Xen 基于混合模型，特权操作系统（在 Xen 中称作 Domain 0）可以是 Linux、Solaris 和 NetBSD。理论上，其他操作系统也可以移植作为 Xen 的特权操作系统。Xen 最初的虚拟化思路是准虚拟化，通过修改 Linux 内核，实现处理器和内存的虚拟化，通过引入 I/O 的前端驱动/后端驱动架构实现设备的准虚拟化，目前也支持完全虚拟化和硬件虚拟化技术。

4. KVM

KVM（Kernel-based Virtual Machine）也是一款基于 GPL 授权方式的开源虚拟机软件。KVM 最早由 Qumranet 公司开发，2007 年被集成到了 Linux 2.6.20 内核中，成为内核的一部分。KVM 支持硬件虚拟化方法，并结合 QEMU 提供设备虚拟化。KVM 的特点在于和 Linux 内核结合得非常好，并且和 Xen 一样，作为开源软件，KVM 的移植性也很好。

5.3 云计算

近年来，社交网络、电子商务、数字城市、在线视频等新一代大规模互联网应用发展迅猛。这些新兴的应用具有数据存储量大、业务增长速度快等特点。与此同时，传统企业的软、硬件维护成本高昂，在企业的 IT 投入中，仅有 20%的投入用于软、硬件更新与商业价值的提升，而 80%则用于系统维护，特别是新的应用系统的部署周期非常长。为了解决上述问题，2006 年，Google、Amazon 等公司提出了“云计算（Cloud Computing）”的构想。

云计算是一种利用互联网实现随时随地、按需、便捷地访问共享资源池（如计算设施、存储设备、应用程序等）的计算模式。计算机资源服务化是云计算的重要表现形式，它为用户屏蔽了数据中心管理、大规模数据处理、应用程序部署等问题。通过云计算，用户可以根据其业务负载快速申请或释放资源，并以按需支付的方式对所使用的资源付费，在提高服务质量的同时降低运维成本。

5.3.1 云计算的基本概念

早在 1961 年，计算机先驱 John McCarthy 曾预言：“未来的计算资源能像公共设施（如水、电）一样被使用。”在之后的几十年里，计算机技术领域陆续出现了集群计算、效用计算、网格计算、服务计算等技术，而云计算正是由这些技术发展而来。

在上述传统计算技术中，集群计算（Cluster Computing）将大量独立的计算机通过高速局域网相连，从而提供高性能计算能力。效用计算（Utility Computing）为用户提供按需租用计算机资源的途径。网格计算（Grid Computing）整合大量异构计算机的闲置资源（如计算资源和磁盘存储等），组成虚拟组织，以解决大规模计算问题。服务计算（Service Computing）作为连接信息技术和商业服务的桥梁，研究如何用信息技术对商业服务进行建模、操作和管理。

云计算系统是以付费使用的形式向用户提供各种服务的分布式计算系统，系统内部结构对用户是透明的，其本质是对虚拟化的计算和存储资源池进行动态部署、动态分配/重分配、实时监控的系统，从而向用户提供满足 QoS 要求的计算服务、数据存储服务及平台服务。云计算的资源是由互联网提供的，终端用户不需要专业的知识，只需关注需要的资源，并通过互联网得到相应服务的方式。

云计算借鉴了传统分布式计算的思想，通常情况下，云计算采用计算机集群构成数据中心，并以服务的形式交付给用户，使用户可以像使用水、电一样按需购买云计算资源。可见，云计算与网格计算的目标非常相似，但它们也存在较明显的区别：首先，云计算能够根据工作负载的大小动态分配资源，部署于云计算平台上的应用需要适应资源的变化并做出响应，即云计算具有显著的弹性特征；其次，相对于强调异构资源共享的网格计算，云计算更强调大规模资源池的共享，通过提高资源利用率降低运行成本；最后，云计算需要综合考虑建设、维护成本、可用性和可靠性等因素。

基于上述比较并结合云计算的应用背景，云计算的特点总结如下：

（1）资源共享。供应商的计算资源被集中，以便以多用户租用模式服务所有客户，同时不同的物理和虚拟资源（包括存储、处理器、内存、网络带宽和虚拟机器等），可根据客户需求动态分配和重新分配，客户一般无法控制或知道资源的确切位置。

（2）快速伸缩性。云计算可以快速有弹性地提供计算能力。对客户来说，可以租用的资源似乎是无限的，并且可以在任何时间购买任何数量的资源。

（3）可靠性和安全性。云计算为广大用户提供了安全可靠的数据存储，用户不必担心数据会遭到破坏或窃取。

（4）服务质量保证。云计算能够根据用户的需求对系统做出调整，向用户提供满足QoS要求的服务，如用户需要的硬件配置、网络带宽、存储容量等。

（5）自治性。云计算是一个自治系统，系统的管理对用户来讲是透明的，系统的硬件、软件、存储能够自动进行配置，从而实现按需提供。

5.3.2 云计算的体系结构

云计算能够按需为用户提供弹性资源，其表现形式是一系列服务的集合。当前，云计算应用与研究的普遍观点认为，其体系架构（见图5-2）可分为核心服务、服务管理和用户访问接口3个层次。核心服务层将硬件基础设施、软件运行环境、应用程序抽象成具有可靠性强、可用性高、规模可伸缩等特点的服务，满足多样化的用户应用需求。服务管理层为核心服务提供支持，进一步确保核心服务的可靠性、可用性与安全性。用户访问接口层则实现用户端到云资源的访问。

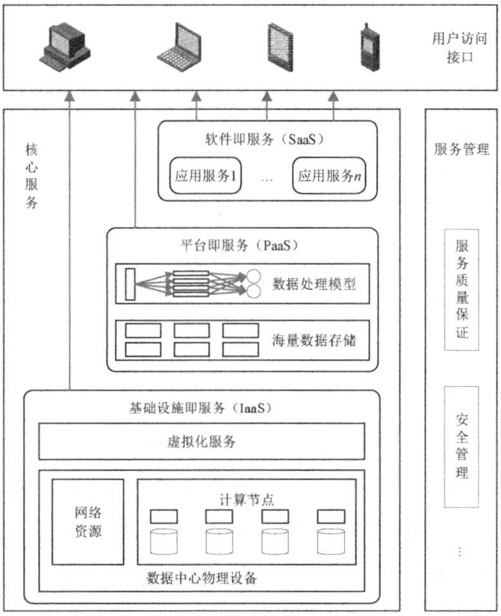

图5-2 云计算的体系架构

1. 核心服务层

云计算的核心服务通常可以划分为 3 个子层：基础设施即服务（Infrastructure as a Service，IaaS）层、平台即服务（Platform as a Service，PaaS）层和软件即服务（Software as a Service，SaaS）层。

IaaS 提供硬件基础设施部署服务，为用户按需提供实体或虚拟的计算、存储和网络等资源。在使用 IaaS 层服务的过程中，用户需要向 IaaS 层服务提供商提供基础设施的配置信息，运行于基础设施的程序代码，以及相关的用户数据。为了优化硬件资源的分配，IaaS 层引入了虚拟化技术，借助 Xen、KVM、VMware 等虚拟化工具，可以提供可靠性高、可定制性强、规模可扩展的 IaaS 层服务。

PaaS 是云计算应用程序的运行环境，提供应用程序部署与管理服务。通过 PaaS 层的软件工具和开发语言，应用程序开发者只需要上传程序代码和数据即可使用服务，不必关注底层网络、存储、操作系统的管理问题。由于目前互联网应用平台（如 Facebook、Google、淘宝等）的数据量日趋庞大，PaaS 层应当充分考虑对海量数据的存储与处理能力，并利用有效的资源管理与调度策略提高处理效率。

SaaS 是基于云计算基础平台开发的应用程序，企业可以通过租用 SaaS 解决企业信息化问题，如企业通过 SaaS 云平台建立属于该企业的电子邮件服务。该服务托管于云平台的数据中心，企业不必考虑服务器的管理、维护问题。对于普通用户来讲，SaaS 层将桌面应用程序迁移到互联网，可实现应用程序的泛在访问。

2. 服务管理层

服务管理层为核心服务层的可用性、可靠性和安全性提供保障。服务管理包括服务质量保证和安全管理等。云计算需要提供高可靠、高可用、低成本的个性化服务，但云计算平台规模庞大且结构复杂，很难完全满足用户的服务质量需求。为此，云计算服务提供商需要和用户进行协商，并制定服务水平协议（Service Level Agreement，SLA），使得双方对服务质量的需求达成一致。

此外，数据的安全性也是用户较为关心的问题。云计算数据中心采用的资源集中式管理方式使云计算平台存在单点失效问题，保存在数据中心的关键数据会因为突发事件（如地震、断电）、网络攻击等而丢失或泄露。除了服务质量保证、安全管理外，服务管理层还包括计费管理、资源监控等管理内容，这些管理措施对云计算的稳定运行同样起到重要作用。

3. 用户访问接口层

用户访问接口实现对云计算服务的泛在访问，通常包括命令行、Web 服务、Web 门户等形式。命令行和 Web 服务的访问模式既可为终端设备提供应用程序开发接口，又便于多种服务的组合。Web 门户是访问接口的另一种模式。通过 Web 门户，云计算将用户的桌面应用迁移到互联网，从而使用户随时随地通过浏览器就可以访问数据和程序，提高工作效率。

虽然用户通过访问接口使用便利的云计算服务，但是不同云计算服务商提供接口的标准不同，导致用户数据不能在不同服务商之间迁移。目前市场上已经有了亚马逊的 EC2、

EBS等标准，分布式管理任务组DMTF、存储工业协会SNIA、开放网格论坛OGF、云计算互操作论坛CCIF、云安全联盟CSA、开放云联盟OCC、TMForum、TheOpenGroup、美国国家实验室NIST、欧洲电信标准研究所ETSI、云标准客户委员会CSCC、开放数据中心联盟ODCA等组织也都在积极参与标准制定，它们都致力于开发统一的云计算接口，以实现“全球环境下，不同企业之间可利用云计算服务无缝协同工作”的目标。

5.3.3 云计算的关键技术

云计算的目标是以低成本的方式提供高可靠、高可用、规模可伸缩的个性化服务。为了实现这一目标，需要数据中心管理、虚拟化、海量数据处理、资源管理与调度、服务质量保证、安全与隐私保护等若干关键技术的支持。这些技术主要应用在云计算的核心服务层与服务管理层，下面分别进行简要介绍。

1. IaaS

IaaS子层是云计算的基础，它通过建立大规模数据中心，为上层云计算服务提供海量硬件资源。同时，在虚拟化技术的支持下，IaaS层可以实现硬件资源的按需配置，并提供个性化的基础设施服务。可见，IaaS层的主要建设目标是，构建低成本、高效能的数据中心，并拓展虚拟化技术，为上层提供弹性、可靠的基础设施服务。

数据中心是云计算的核心，为云计算提供了大规模资源，其资源规模与可靠性对上层的云计算服务有着重要影响。与传统的企业数据中心相比，云计算数据中心具有以下特点。

（1）自治性。传统的数据中心需要人工维护，云计算数据中心的大规模性则要求系统在发生异常时能自动重新配置，并从异常中恢复，不影响服务的正常使用。

（2）规模经济。通过对大规模集群的统一化标准化管理，使单位设备的管理成本大幅降低。

（3）规模可扩展。考虑到建设成本及设备更新换代，云计算数据中心往往采用大规模、高性价比的设备组成硬件资源，并提供扩展规模的空间。

为了实现基础设施服务的按需分配，IaaS需要采用虚拟化技术。虚拟化技术所具有的资源分享、资源定制和细粒度资源管理等特点，使其成为实现云计算资源池化和按需服务的基础。为了进一步满足云计算弹性服务和数据中心自治性的需求，虚拟化技术还需要具备虚拟机快速部署和在线迁移等能力。

传统的虚拟机部署包括创建虚拟机、安装操作系统与应用程序、配置主机属性（如网络、主机名等）及启动虚拟机等4个阶段，部署时间较长，达不到云计算弹性服务的要求。为了简化虚拟机的部署过程，虚拟机模板技术被应用于大多数云计算平台。虚拟机模板预装了操作系统与应用软件，并对虚拟设备进行了预配置，可以有效减少虚拟机的部署时间。但虚拟机模板技术无法快速形成服务能力，一方面，将模板转换成虚拟机需要引入复制模板文件的时间开销；另一方面，通过虚拟机模板转换的虚拟机需要在启动或加载内存镜像后，方可提供服务。

虚拟机在线迁移是指虚拟机在运行状态下从一台物理机移动到另一台物理机，此迁移过程对用户是透明的，云计算平台可以在不影响服务质量的情况下优化和管理数据中心。在线迁移技术通过迭代的预复制策略同步迁移前后的虚拟机的状态。利用虚拟机在线迁移技术，虚拟机在线备份的方法能够在原始虚拟机发生错误时，系统立即切换到备份虚拟机，不会影响到关键任务的执行，提高了系统的可靠性。

目前，典型的IaaS层平台主要包括Amazon EC2和Eucalyptus。

Amazon弹性计算云（Elastic Computing Cloud，EC2）为公众提供基于Xen虚拟机的基础设施服务，其虚拟机分为标准型、高内存型、高性能型等多种类型，每一种类型的价格各不相同。用户可以根据自身应用的特点与虚拟机价格，定制虚拟机的硬件配置和操作系统。Amazon EC2的计费系统根据用户的使用情况（一般为使用时间）对用户收费。在弹性服务方面，Amazon EC2可以根据用户自定义的弹性规则，扩张或收缩虚拟机集群规模。

Eucalyptus是加州大学开发的开源IaaS平台，其设计目标是成为研究和发展云计算的基础平台。为了实现这个目标，Eucalyptus的设计强调开源化、模块化，以便研究者对各功能模块进行升级、改造和更换。目前，Eucalyptus已实现了和Amazon EC2兼容的API，并广泛部署于全球各地的研究机构。

2. PaaS

PaaS子层作为3层核心服务的中间层，既为上层应用提供简单、可靠的分布式编程框架，又要基于底层的资源信息进行作业调度和数据管理，为上层屏蔽其底层系统的复杂性。随着数据规模的日益庞大，PaaS层需要具备存储与处理海量数据的能力，既要考虑存储系统的I/O性能，又要保证文件系统的可靠性与可用性。

GFS（Google File System）是Google为存储海量搜索数据设计的专用文件系统，其组成结构如图5-3所示。在GFS中，一个大文件被划分成若干固定大小（如64MB）的数据块，并分布在计算节点的本地硬盘，为了保证数据的可靠性，每一个数据块都保存有多个副本，所有文件和数据块副本的元数据由元数据管理节点管理。

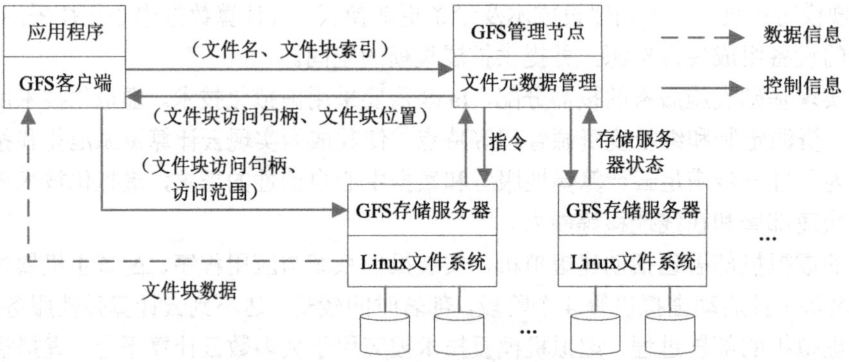

图5-3　GFS的组成结构

PaaS平台不仅要实现海量数据的存储，还要提供面向海量数据的分析处理功能。由于PaaS平台部署于大规模硬件资源上，所以海量数据的分析处理需要抽象处理过程，要求其编程模型能够支持规模扩展、简单有效并屏蔽底层细节。MapReduce是Google提出的并行程序编程模型，并已成功运用在GFS的实现中。

以GFS文件访问为例（见图5-4），一个MapReduce作业由大量映射（Map）和规约（Reduce）任务组成，根据两类任务的特点，可以将数据处理过程划分成Map和Reduce两个阶段。

（1）在 Map 阶段，Map 任务读取输入文件块，并行分析处理，处理后的中间结果保存在 Map 任务执行节点。

（2）在 Reduce 阶段，Reduce 任务读取并合并多个 Map 任务的中间结果。

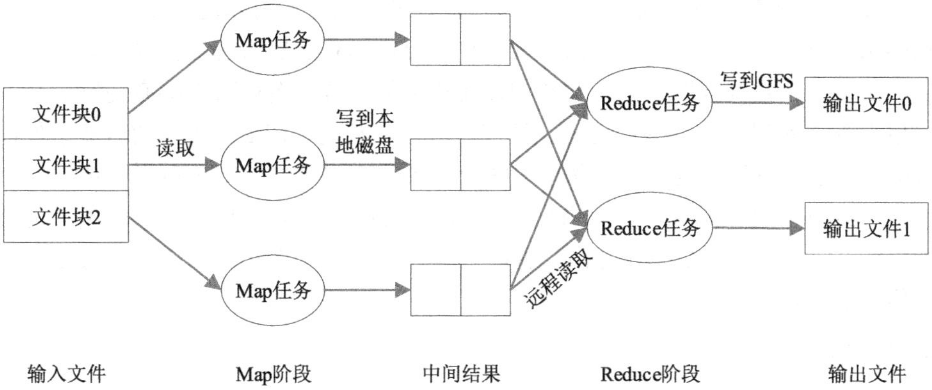

图 5-4　MapReduce 的执行过程

MapReduce 可以简化大规模数据处理的难度：首先，MapReduce 中的数据同步发生在 Reduce 读取 Map 中间结果的阶段，该过程由编程框架自动控制，从而简化数据同步问题；其次，由于 MapReduce 能够监测任务的执行状态，重新执行异常状态任务，所以程序员不需要考虑任务失败的问题；再次，Map 任务和 Reduce 任务可以并发执行，通过增加计算节点的数量便可加快处理速度；最后，在处理大规模数据时，Map 或 Reduce 任务的数目远多于计算节点的数目，有助于计算节点负载均衡。

目前，典型的 PaaS 平台主要有 Google AppEngine、Hadoop 和 Microsoft Azure。这些平台都基于海量数据处理技术搭建，并且各具代表性。

Google App Engine 是基于 Google 数据中心的开发、托管 Web 应用程序的平台。通过该平台，程序开发者可以构建规模可扩展的 Web 应用程序，而不用考虑底硬件基础设施的管理。Google App Engine 由 GFS 管理数据、MapReduce 处理数据，并用 Sawzall 为编程语言提供接口。

Hadoop 是开源的分布式处理平台，其 HDFS、Hadoop MapReduce 和 Pig 模块实现了 GFS、MapReduce 和 Sawzall 等数据处理技术。与 Google 的分布式处理平台相似，Hadoop 在可扩展性、可靠性、可用性方面进行了优化，使其适用于大规模的云环境。目前，Hadoop 由 Apache 基金会维护，Yahoo、Facebook、阿里等公司利用 Hadoop 构建数据处理平台，以满足海量数据分析处理的需求。

Microsoft Azure 以 Dryad 为数据处理引擎，允许用户在 Microsoft 的数据中心上构建、管理、扩展应用程序。目前，Azure 支持按需付费，并免费提供 750h 的计算时长和 1GB 数据库空间，其服务范围已经遍布 41 个国家和地区。

3. SaaS

SaaS 子层面向的是云计算终端用户，提供基于互联网的软件应用服务。随着 Web 服务、HTML5、Ajax、Mashup 等技术的成熟与标准化，SaaS 应用近年来发展迅速，典型应用包括 Google Apps、Salesforce CRM 等。

Google Apps 包括 Google Docs、Gmail 等一系列 SaaS 应用。Google 将传统的桌面应用程序（如文字处理软件、电子邮件服务等）迁移到互联网，并托管这些应用程序。用户通过 Web 浏览器可以随时随地访问 Google Apps，不需要下载、安装或维护任何硬件或软件。Google Apps 为每个应用提供了编程接口，使各应用之间可以随意组合。

Salesforce CRM 部署于 Force.com 云计算平台，为企业提供客户关系管理服务，包括销售云、服务云、数据云等部分。通过租用 CRM 的服务，企业可以拥有完整的企业管理系统，用于管理内部员工、生产销售、客户业务等。利用 CRM 预定义的服务组件，企业可以根据自身业务的特点定制工作流程。基于数据隔离模型，CRM 可以隔离不同企业的数据，分别为每个企业提供一份应用程序的副本，CRM 可以根据企业的业务量为企业弹性分配资源。除此之外，CRM 为移动智能终端开发了应用程序，支持各种类型的客户端设备访问该服务，实现泛在接入。

4．服务管理层

为了使云计算核心服务高效、安全地运行，需要服务管理技术加以支持。服务管理技术包括服务质量保证、安全与隐私保护技术、资源监控技术、服务计费模型等。其中，服务质量保证机制和安全与隐私保护技术是保证云计算可靠性、可用性、安全性的基础。

云计算不仅要为用户提供满足应用功能需求的资源和服务，同时还需要提供优质的服务质量（如可用性、可靠性、可扩展性等），以保证应用顺利高效地执行，这是云计算能否被广泛应用的基础。在云计算中，用户首先从自身应用的业务逻辑层面提出相应的服务质量需求；为了能够在使用相应服务的过程中始终满足用户的需求，云计算服务提供商需要对服务质量水平进行匹配并且与用户协商制定服务水平协议；最后，根据 SLA 内容进行资源分配以达到服务质量保证的目的。

虽然通过服务质量保证机制可以提高云计算的可靠性和可用性，但是目前实现高安全性的云计算环境仍面临诸多挑战。一方面，云平台上的应用程序（或服务）同底层硬件环境之间是松耦合的，缺少固定不变的安全边界，大大增加了数据安全与隐私保护的难度；另一方面，云计算环境中的数据量十分巨大，通常都是太字节（TeraByte，TB）甚至拍字节（PetaByte，PB）级，传统安全机制在可扩展性及性能方面难以有效满足需求。

云计算面临的核心安全问题是用户不再对数据和环境拥有完全的控制权。为了解决该问题，云计算的部署模式分为公有云、私有云和混合云。

（1）公有云。云资源是提供给外部团体和组织使用的，公众用户一般通过网络就可以动态地、灵活地、自助地获取公有云中的资源。对于普通公众来说，使用公有云资源，不需要购买任何的硬件和软件，不需要考虑数据的安全问题，从而把精力集中在自己的个人业务上，具有较高的性价比。

（2）私有云。由企业自己构建，被限制在单个组织或团体内，外部组织无法获取这些资源，云资源只供企业内部协作共享。私有云的主要建设目的不是盈利，而是为了让本地用户能够在他们的管理范围内，使用到私有而灵活的基础设施，从而控制和运行部署在基础设施上的应用程序。此外，企业也可以将私有云托管给云提供商进行构建，使企业对云资源具有较高的控制能力，而安装、配置和运营基础设施等任务则交由云计算提供商来实施。提供这种托管式专用私有云服务的提供商有 Sun 和 IBM 等。

（3）混合云。集成了私有云和公有云的服务，多个团体或组织通过可靠的网络在公有云和私有云之间共享资源。使用虚拟化技术的企业可以在数据中心内部构建自己的私有云，企业同时可以有选择地使用公有云，两者相结合，形成了混合云。混合云是在企业需求的推动中形成和产生的，通过使用混合云，使企业在应用和成本之间做出平衡，有利于减少企业在向云迁移时产生的一些问题，更有利于企业的长期发展。

此外，工业界对云计算的安全问题非常重视，并为云计算服务和平台开发了若干安全机制，其中，Sun 公司发布开源的云计算安全工具可为 Amazon EC2 提供安全保护。Microsoft 公司发布了基于云计算平台 Azure 的安全方案，以解决虚拟化及底层硬件环境中的安全性问题。另外，Yahoo 为 Hadoop 集成了 Kerberos 验证，Kerberos 验证有助于数据隔离，使对敏感数据的访问与操作更为安全。

5.3.4 云计算的机遇与挑战

云计算的研究领域广泛，并且与实际生产应用紧密结合。云计算技术未来的发展方向可以从以下两个方面进行把握，一是拓展云计算的外沿，将云计算与相关应用领域相结合，研究新的云计算应用模式及尚需解决的问题；二是挖掘云计算的内涵，研究云计算模型的局限性。

1. 云计算和移动互联网的结合

云计算和移动互联网的联系紧密，移动互联网的发展丰富了云计算的外沿。由于移动设备的在硬件配置和接入方式上具有特殊性，访问基于 Web 门户的云计算服务往往需要在浏览器端解释执行脚本程序（如 JavaScript、Ajax 等），因此会消耗移动设备的计算资源和能源。虽然为移动设备定制客户端可以减少移动设备的资源消耗，但是移动设备运行平台种类多、更新快，导致定制客户端的成本相对较高。因此，需要为云计算设计交互性强、计算量小、普适性强的访问接口。其次是网络接入问题。对于许多 SaaS 层服务来说，用户对响应时间敏感。但是，移动网络的时延比固定网络高，且容易丢失连接，导致 SaaS 层的可用性降低。因此，需要针对移动终端的网络特性对 SaaS 层进行优化。

2. 云计算与科学计算的结合

科学计算领域希望以经济的方式求解科学问题，云计算可以为科学计算提供低成本的计算能力和存储能力。目前，虽然一些服务提供商推出了面向科学计算的 IaaS 层服务，但是其性能和传统的高性能计算机相比仍有差距。研究面向科学计算的云计算平台，首先要从 IaaS 层入手，解决影响执行时间的 IaaS 层的 I/O 性能问题，对于复杂的科学工作流，还要研究如何根据执行状态与任务需求动态申请和释放云计算资源，优化执行成本。

3. 端到云的海量数据传输

云计算将海量数据在数据中心进行集中存放，对数据密集型计算应用提供强有力的支持。目前，许多数据密集型计算应用需要在端到云之间进行大数据量的传输，端到云的海量数据传输将耗费大量的时间和经济开销。

由于网络性价比的增长速度远远落后于云计算技术的发展速度，目前传输主要通过邮寄方式将存储数据的磁盘直接放入云数据中心，这种方法仍然需要相当的经济开销，并且运输过程容易导致磁盘损坏。为了支持更加高效快捷的端到云的海量数据传输，需要从基础设施层入手研究下一代网络体系结构，改变网络的组织方式和运行模式，提高网络吞吐量。

4. 大规模应用的部署与调试

云计算采用虚拟化技术在物理设备和具体应用之间加入了一层抽象，这要求原有基于底层物理系统的应用必须根据虚拟化进行相应的调整才能部署到云计算环境中，从而降低系统的透明性和应用对底层系统的可控性。另外，云计算利用虚拟技术能够根据应用需求的变化弹性地调整系统规模，降低运行成本。因此，对于分布式应用，开发者必须考虑如何根据负载情况动态分配和回收资源。但该过程很容易产生错误，如资源泄漏、死锁等。上述情况给大规模应用在云计算环境中的部署带来了巨大挑战。为了解决这个问题，需要研究适应云计算环境的调试与诊断开发工具，以及新的应用开发模型。

5.4 大数据分析

半个世纪以来，随着计算机技术全面融入社会生活，信息爆炸已经积累到了一个开始引发技术变革的程度。它不仅使世界充斥着比以往更多的信息，而且其增长速度也在加快。根据国际数据公司 IDC 的监测，人类产生的数据量正在呈指数级增长，大约每两年翻一番，这个速度在 2020 年之前会继续保持下去，这意味着人类在最近每两年内产生的数据量相当于之前产生的全部数据量。

互联网（社交、搜索、电商）、移动互联网（微博）、物联网（传感器，智慧地球）、车联网、GPS、医学影像、安全监控、金融（银行、股市、保险）、电信（通话、短信）等大量新数据源的出现导致了非结构化、半结构化数据爆发式的增长，如何将大量的数据存储起来，并加以分析利用，是大数据（Big Data）技术要解决的问题。

5.4.1 大数据的内涵与特征

一般认为，大数据是指无法在可承受的时间范围内用常规软件工具进行捕捉、管理和处理的数据集合，其意义不在于掌握庞大的数据信息，而在于对这些含有意义的数据进行专业化的处理。

大数据是一个抽象的概念，除了数据量庞大之外，大数据还有一些其他的特征，这些特征决定了大数据与“海量数据”和“非常大的数据”这些概念之间的不同。2010 年，Apache Hadoop 组织将大数据定义为“普通的计算机软件无法在可接受的时间范围内捕捉、管理、处理的规模庞大的数据集”。在此定义的基础上，2011 年 5 月，全球著名咨询机构麦肯锡公司在其名为“大数据：下一个创新、竞争和生产力的前沿”的报告中，对大数据的定义进行了扩充：大数据是指其大小超出了典型数据库软件的采集、存储、管理和分析等能力的数据集。该定义有两个方面的内涵。

（1）符合大数据标准的数据集大小是变化的，会随着时间推移、技术进步而增长。

（2）不同部门符合大数据标准的数据集大小会存在差别。

从麦肯锡的定义可以看出，数据集的大小并不是大数据的唯一标准，数据规模不断增长，以及无法依靠传统的数据库技术进行管理，也是大数据的两个重要特征。

大数据价值链可分为4个阶段：数据生成、数据采集、数据储存及数据分析。数据分析是大数据价值链的最终也是最重要的阶段，是大数据价值的实现和大数据应用的基础，其目的在于提取有用的数据信息，提供论断建议或支持决策，通过对不同领域数据集的分析可能会产生不同级别的潜在价值。

在日新月异的 IT 领域，企业界和学术界对大数据有着自己不同的解读，但基本都认为大数据具有5个主要特征，即5“V”特征：Volume（容量大）、Variety（种类多）、Velocity（速度快）、Value（价值密度低）及 Veracity（难辨识）。

（1）Volume（容量大）是指大数据巨大的数据体量，大数据的起始计量单位至少是拍字节级。

（2）Variety（种类多）意味着要在海量、种类繁多的数据之间发现其内在关联，多类型的数据对数据的处理能力提出了更高的要求。大数据中包含的各种数据类型很多，既可包含各种结构化数据类型，又可包含各种非结构化数据类型，乃至其他数据类型。

（3）Velocity（速度快）可以理解为更快地满足实时性需求。大数据的结构和内容等都可动态变化，并且变化频率高、速度快、范围广，数据形态具有极大的动态性，处理需要极快的实时性，这也是大数据区分于传统数据挖掘最显著的特征。

（4）Value（价值密度低）是指大数据的价值密度低，在大数据中，有用数据和大量无用数据混在一起，因此大数据处理的一项必要工作就是“数据清洗、除去噪声”。

（5）Veracity（难辨识）可以体现在数据的内容、结构、处理，以及所含子数据之间的关联等多方面。大数据中可以包含众多具有不同概率分布的随机数和众多具有不同定义域的模糊数。数据之间的关联模糊不清，并且可能随时随机变化。

大数据除了上述主要特征外，还具有维度高、多源性、不确定性、社会性等特征，其中“容量大、种类多、速度快、价值密度低”是大数据的显著特征，或者说，只有具备这些特点的数据，才是大数据。

5.4.2 大数据的处理流程

大数据的处理流程可以定义为在合适工具的辅助下，对广泛异构的数据源进行抽取和集成，结果按照一定的标准统一存储。利用合适的数据分析技术对存储的数据进行分析，从中提取有益的知识并利用恰当的方式将结果展现给终端用户。

处理流程可分为三个主要环节：数据抽取与集成、数据分析以及数据解释。

（1）数据抽取与集成。该环节主要是完成对已经采集到的数据进行适当的处理、清洗去噪，以及进一步的集成存储。首先，将这些结构复杂的数据转换为单一的或是便于处理的结构。还需要对这些数据进行“去噪”和清洗，以保证数据的质量和可靠性。现有的数据抽取与集成方式可以大致分为以下4种类型：基于物化或 ETL（Extract-Transform-Load）方法的引擎，基于联邦数据库（Federated DataBase System，FDBS）或中间件方法的引擎，基于数据流方法的引擎，基于关键字检索方法的引擎。

（2）数据分析。这是整个大数据处理流程的核心，在数据分析的过程中，发现数据的价值所在。经过上一步骤数据的处理与集成后，所得的数据便成为数据分析的原始数据，根据所需数据的应用需求对数据进行进一步的处理和分析。传统的数据处理分析方法有挖掘建模分析（数据挖掘方法）、智能建模分析（机器学习方法）、统计分析等。

（3）数据解释。对于数据信息用户来说，最关心的不是数据的分析处理过程，而是对大数据分析结果的解释与展示。数据解释常采用的方法有可视化方式、人机交互方式、分析图表方式等，其中，常见的可视化技术有基于集合的可视化技术、基于图标的技术、基于图像的技术等。

5.4.3 大数据的分析工具

在大数据技术作为概念和业务战略出现的近十年中，该领域涌现了执行各种任务和流程的数千种工具。特别是许多大数据工具只具有单一用途，而企业需要使用大数据完成许多不同的任务，如何选择合适的工具进行大数据分析对大多数用户来说颇具挑战性。

一般来说，大数据分析包括以下 5 个基本方面的功能。

（1）可视化分析。大数据分析的使用者对于大数据分析最基本的要求就是可视化分析，以便能够直观地呈现大数据的特点。

（2）数据挖掘算法。大数据分析的理论核心是数据挖掘算法，各种数据挖掘算法只有基于不同的数据类型和格式才能更加科学地呈现出数据本身具备的特点，挖掘出公认的价值。

（3）预测性分析能力。大数据分析最终的应用领域之一就是预测性分析，从大数据中挖掘出数据特点，通过科学的建立模型，从而预测未来的数据。

（4）语义引擎。大数据分析广泛应用于网络数据挖掘，可从用户的搜索关键词、标签关键词或其他输入语义，分析判断用户需求，从而实现更好的用户体验和广告匹配。

（5）数据质量和数据管理。大数据分析离不开数据质量和数据管理，高质量的数据和有效的数据管理，无论是在学术研究还是在商业应用领域，都能够保证分析结果的真实和有价值。

总之，大数据分析是在研究大量的数据的过程中，寻找模式、相关性和其他有用的信息，帮助企业更好地适应变化，并做出更明智的决策。下面介绍几种典型的大数据分析工具。

1．Hadoop

Hadoop 是一个由 Apache 基金会开发的分布式系统基础架构，用户可以在不了解分布式环境底层细节的情况下，开发分布式程序，充分利用集群能力进行高速运算和存储。Hadoop 实现了一个分布式文件系统（Hadoop Distributed File System，HDFS），HDFS 具有高容错性的特点，并且设计用于部署在低廉的硬件上，能够以高吞吐量访问数据，适合具有超大数据集的应用系统。

Hadoop 的设计思想来自 Google 开发的 MapReduce 和 GFS，其实现框架的核心是 HDFS 和 MapReduce。HDFS 为海量的数据提供了存储，而 MapReduce 则为海量的数据提供了计算。Hadoop 主要有以下几个优点。

（1）Hadoop 具有按位存储和处理数据能力的高可靠性。

（2）Hadoop 通过可用的计算机集群分配数据，完成存储和计算任务，这些集群可以方便地扩展到数以千计的节点中，具有高扩展性。

（3）Hadoop 能够在节点之间进行动态地移动数据，并保证各节点的动态平衡，处理速度非常快，具有高效性。

（4）Hadoop 能够自动保存数据的多个副本，并且能够自动将失败的任务重新分配，具有高容错性。

Hadoop 在大数据处理中的广泛应用得益于其自身在数据提取、变形和加载（ETL）方面的天然优势。Hadoop 的分布式架构，将大数据处理引擎尽可能地靠近存储，对像 ETL 这样的批处理操作尤其合适，因为类似操作的批处理结果可以直接走向存储。Hadoop 的 MapReduce 功能通过任务分割，并将碎片任务（Map）发送到多个节点上并行执行，之后再以单个数据集的形式加载（Reduce）到数据仓库里。

2. Storm

Storm 是 Twitter 开源的分布式实时大数据处理框架，最早开源于 GitHub，从 0.9.1 版本之后，归于 Apache 社区，被业界称为实时版 Hadoop。随着越来越多的场景对 Hadoop 的 MapReduce 高延迟无法容忍，如网站统计、推荐系统、预警系统、金融系统（高频交易、股票）等，大数据实时处理解决方案（流计算）的应用日益广泛，目前已是分布式技术领域最新爆发点，而 Storm 更是流计算技术中的佼佼者和主流。

Apache Storm 是一个容错、快速、无“单点故障”（Single Point Of Failure，SPOF）的分布式应用程序，用户可以根据需要在多个系统中安装 Apache Storm，以增加应用程序的容量。在 Apache Storm 中存在两种类型的节点：Nimbus 和 Supervisor。Nimbus 是 Apache Storm 的核心组件，其主要任务是运行 Storm 拓扑，通过分析拓扑并收集要执行的任务，然后将任务分配给可用的 Supervisor。

Supervisor 节点上存在一个或多个工作进程，Supervisor 将任务委派给工作进程，由工作进程根据需要产生尽可能多的执行器并运行任务。Apache Storm 使用内部分布式消息传递系统进行 Nimbus 和管理程序之间的通信。表 5-1 所示为 Apache Storm 中各组件的功能描述。

表 5-1 Apache Storm 中各组件的功能描述

组件		功能描述
Nimbus	主节点	Nimbus 是 Storm 集群的主节点。集群中的所有其他节点称为工作节点。主节点负责在所有工作节点之间分发数据，向工作节点分配任务和监视故障
Supervisor	工作节点	遵循指令的节点被称为 Supervisors。Supervisor 有多个工作进程，它管理工作进程以完成由 Nimbus 分配的任务
Worker Process	工作进程	工作进程将执行与特定拓扑相关的任务。工作进程并不直接运行任务，而是创建执行器并要求它们执行特定的任务
Executor	执行器	执行器只是工作进程产生的单个线程。执行器运行一个或多个任务，但仅用于特定的 Spout 或 Bolt
Task	任务	任务是一个 Spout 或 Bolt，用于执行实际的数据处理
ZooKeeper Framework	ZooKeeper 框架	ZooKeeper 是维护集群（节点组）同步、对共享数据进行协调的服务，Nimbus 自身是无状态的，需要依赖于 ZooKeeper 监视工作节点的状态。ZooKeeper 负责维持 Nimbus 和 Supervisor 的状态，帮助 Supervisor 与 Nimbus 进行交互

3. RapidMiner

RapidMiner 是世界领先的数据挖掘解决方案，在一个非常大的程度上有着先进技术。特点是图形用户界面的互动原型，能简化数据挖掘过程的设计和评价。RapidMiner 解决方案覆盖了各领域，包括汽车、银行、保险、生命科学、制造业、石油和天然气、零售业及快消行业、通讯业，以及公用事业等各行业。

（1）RapidMiner 具有丰富数据挖掘分析和算法功能，常用于解决各种商业关键问题，如营销响应率、客户细分、客户忠诚度及终身价值、资产维护、资源规划、预测性维修、质量管理、社交媒体监测和情感分析等典型商业案例，其产品特点如下：

① 支持可视化、拖拽式的数据建模方法，自带 1500 多个函数，无须编程，简单易用。同时支持各常见语言代码编写，以符合程序员个人习惯和实现更多功能。

② RapidMiner Studio 社区版和基础版免费开源，能连接开源数据库，商业版能连接几乎所有数据源，功能更强大。

③ 丰富的扩展程序，如文本处理、网络挖掘、Weka 扩展、R 语言等。

④ 数据提取、转换和加载（ETL）功能。

⑤ 生成和导出数据、报告和可视化。

⑥ 为技术性和非技术性用户设计的交互式界面。

⑦ 通过 Web Service 应用将分析流程整合到现有工作流程中。

（2）RapidMiner Studio 是 RapidMiner 的客户端，其核心功能由 Operator（操作子）、Process（挖掘任务）、Repository（存储库）组成。

① Operator 包括数据导入导出、数据转换、数据建模、模型评估等功能。

② Process 由 Operator 组成。

③ Repository 是存储库，分为本地和远程 2 种，用于存放 Process 的配置信息等。

（3）RapidMiner Server 除了存放挖掘任务的配置信息，主要负责任务的调度运行，可以运行在局域网服务器或外网服务器上，与 RapidMiner Studio 无缝集成，具有以下功能。

① 分享工作流和数据。

② 作为常规配置的中央存储点可以被多个用户（分析师）使用。

③ 进行大型运算，减少用户（分析师）本地硬件资源和时间的占用。

④ 提供交互式仪表盘和报表展示功能，使非技术人员更容易理解。

第 6 章　通信设备工程

6.1　通信工程项目管理

6.1.1　建设项目管理概述

1. 建设项目的基本概念

建设项目是指按照一个总体设计进行建设，经济上实行统一核算，行政上有独立的组织形式，实行统一管理，由一个或若干个具有内在联系的工程组成的总体。建设项目按照合理确定工程造价和建设管理工作的需要，可划分为单项工程、单位工程、分部工程和分项工程。

单项工程是建设项目的组成部分，是指具有单独的设计文件，建成后能够独立发挥生产能力或效益的工程。

单位工程是单项工程的组成部分，是指具有独立的设计文件，能单独施工，但建成后不能独立发挥生产能力或使用效益的工程。

分部工程是单位工程的组成部分。分部工程一般按工种来划分，也可按单位工程的构成部分来划分。一般建设工程概算、预算定额的分部工程划分综合了上述两种方法。

分项工程是分部工程的组成部分。一般按照分部工程划分的方法划分分部工程，再将分部工程划分为若干个分项工程，分项工程划分的粗细程度视具体概算、预算的不同要求确定。分项工程是建设工程的基本构造要素。通常，人们将这一基本构造要素称为“假定建设产品”.“假定建设产品”虽然没有独立存在的意义，但这一概念在预算编制原理、计划统计、建筑施工、工程概预算、工程成本核算等方面都是必不可少的重要概念。

2. 建设项目的分类

为了加强建设项目管理，正确反映建设项目的内容及规模，建设项目可按不同标准、原则或方法进行分类。

1）按投资用途分类

按投资用途不同，建设项目可以划分为生产性建设和非生产性建设两大类。

2）按投资性质分类

按投资性质不同，建设项目可以划分为基本建设项目和技术改造项目两大类。

3）按建设阶段分类

按建设阶段不同，建设项目可划分为筹建项目、本年正式施工项目、本年收尾项目、竣工项目、停缓建项目五大类。

4）按建设规模分类

按建设规模不同，建设项目可划分为大中型项目和小型项目两类。建设项目的大中型和小型是按项目的建设总规模或总投资确定的。

上述分类方法如图 6-1 所示。

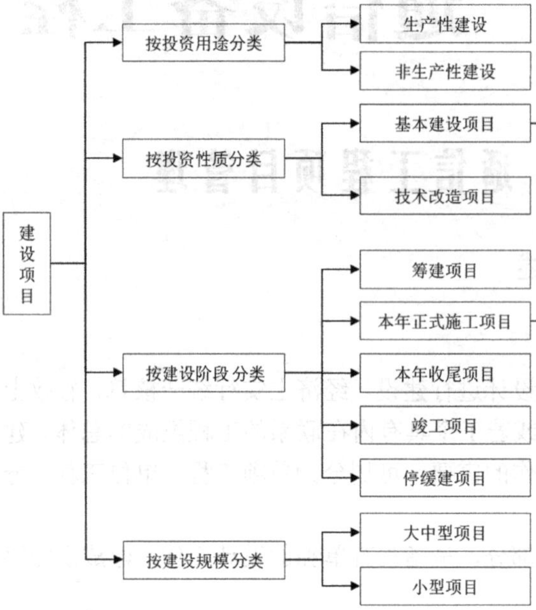

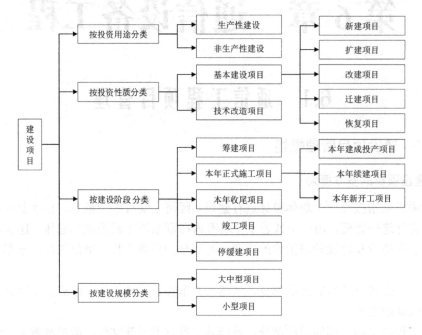

图 6-1　建设项目分类示意图

6.1.2　建设程序

建设程序是指建设项目从项目立项阶段（包括项目建议书、可行性研究、决策等）、项目实施阶段（包括招投标、多阶段设计、施工等）到验收投产阶段和项目后评估的整个建设过程中，各项工作必须遵循的先后顺序的法则。各阶段之间的先后次序和相互关系，不是任意决定的，应当有严格的先后顺序，不能任意颠倒。违反了这个规律就会使建设工作出现严重失误，甚至造成国有建设资金的重大损失。

在我国，一般的大中型和限额以上的建设项目从建设前期工作到建设、投产要经过项目建议书、可行性研究、初步设计、年度计划、设备采购或招标、施工准备、施工图设计、施工招投标、开工报告、施工、初步验收、试运转、竣工验收、交付使用、项目后评估等环节。具体到通信行业基本建设项目和技术改造建设项目，尽管其投资管理、建设规模等有所不同，但建设过程中的主要程序基本相同。通信基本建设程序图如图 6-2 所示。

1．立项阶段

1）项目建议书

各部门、各地区、各企业根据国民经济和社会发展的长远规划、行业规划、地区规划等要求，经过调查、预测、分析，提出项目建议书。

项目建议书的审批，视建设规模按国家相关规定执行。

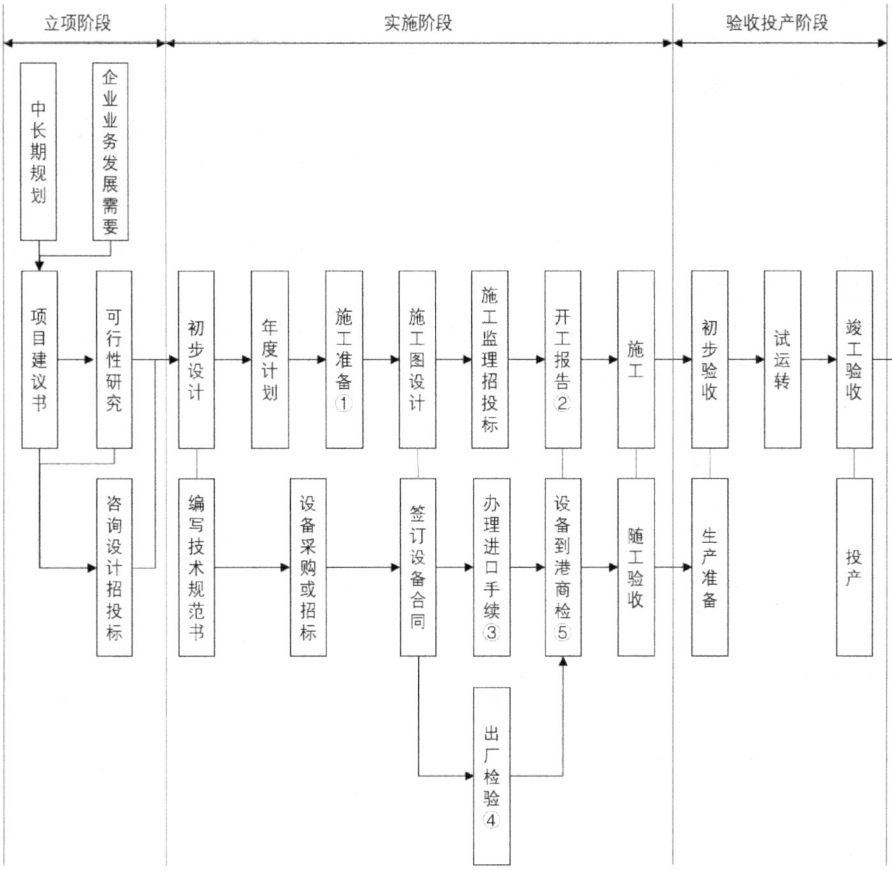

① 施工准备：包括征地、拆迁、三通一平、地质勘探等；

② 开工报告：属于引进项目或设备安装项目（没有新建机房）设备发运后，即可写出开工报告；

③ 办理进口手续：引进项目按国家有关规定办理报批及进口手续；

④ 出厂检验：对复杂设备（无论购置国内、国外的）都要进行出厂检验工作；

⑤ 设备到港商检：非引进项目为设备到货检查。

图 6-2 通信基本建设程序图

2）可行性研究

建设项目可行性研究是指根据国民经济长期发展规划、地区发展规划和行业发展规划的要求，对拟建工程项目在技术、经济上是否合理，进行全面分析、系统论证、多方案比较和综合评价，以确定某一项目是否需要建设、是否可能建设、是否值得建设，并为编制和审批设计任务书提供可靠依据的工作。根据主管部门的相关规定，凡是达到国家规定的大中型建设规模的项目，以及利用外资的项目、技术引进项目、主要设备引进项目、国际出口局新建项目、重大技术改造项目等，都要进行可行性研究。小型通信建设项目，进行可行性研究时，也要求参照其相关规定进行技术经济论证。可行性研究报告的内容根据行业的不同而各有侧重，通信建设工程的可行性研究报告一般应包括以下几项主要内容。

（1）总论。总论包括项目提出的背景，建设的必要性和投资效益，可行性研究的依据及简要结论等。

（2）需求预测与拟建规模。该内容包括通信设施现状，业务流量、流向预测，国家安全、网络安全等通信特殊需求，拟建项目的构成范围及工程拟建规模容量等。

（3）建设与技术方案论证。该内容包括组网方案，传输线路建设方案，局站建设方案，通路组织方案，设备选型方案，原有设施利用、挖潜和技术改造方案，以及主要建设标准的考虑等。

（4）建设可行性条件。该内容包括资金来源，设备供应，建设与安装条件，外部协作条件，以及环境保护与节能等。

（5）配套及协调建设项目的建议。该内容包括进出局管道，机房土建，市电引入，交直流电源系统、走线架、空调，以及配套工程项目的提出等。

（6）建设进度安排的建议。

（7）维护组织、劳动定员与人员培训。

（8）主要工程量与投资估算。该内容包括主要工程量，投资估算，配套工程投资估算，单位造价指标分析等。

（9）经济评价。该内容包括财务评价和国民经济评价。财务评价是从通信企业或通信行业的角度考察项目的财务可行性，计算的财务评价指标主要有财务内部收益率和静态投资回收期等；国民经济评价是从国家角度考察项目对整个国民经济的净效益，论证建设项目的经济合理性，计算的主要指标是经济内部收益率等。当财务评价和国民经济评价的结论发生矛盾时，项目的取舍取决于国民经济评价。

（10）需要说明的有关问题。例如，楼间缆需求、业务割接等。

2．实施阶段

1）初步设计

初步设计是根据批准的可行性研究报告，以及有关的设计标准、规范，并通过现场勘察工作取得可靠的设计基础资料后进行编制的。初步设计的主要任务是确定项目的建设方案、进行设备选型、配套材料采购需求确认、编制工程项目的总概算。

2）年度计划

年度计划包括基本建设拨款计划、设备和主材（采购）储备贷款计划、工期组织配合计划等，是编制保证工程项目总进度要求的重要文件。

建设项目必须具有经过批准的初步设计和总概算，资金、物资、设计施工能力等综合平衡后，才能列入年度建设计划。经批准的年度建设计划是进行基本建设拨款或贷款的主要依据，应包括整个工程项目和年度的投资及进度计划。

3）施工准备

施工准备是基本建设程序中的重要环节，是衔接基本建设和生产的桥梁。建设单位应根据建设项目或单项工程的技术特点，适时组成机构，做好以下几项工作。

（1）制定建设工程管理制度，落实管理人员。

（2）汇总拟采购设备、主材的技术资料。

（3）落实施工和生产物资的供货来源。

（4）落实施工环境的准备工作，如征地、拆迁、三通一平（水、电、路通和平整土地）等。

4）施工图设计

施工图设计文件应根据批准的初步设计文件和主要设备订货合同进行编制，并绘制施工详图，标明房屋、建筑物、设备的结构尺寸，安装设备的配置关系和布线施工工艺，提供设备、材料明细表，并编制施工图预算。

施工图设计文件一般由文字说明、预算、附表和图纸四部分组成。

通信工程建设中，对一些规模不大、技术成熟或可以套用标准设计的项目，经主管部门同意，不分阶段一次完成的设计，称为一阶段设计。

5）施工监理招投标

施工监理招投标是建设单位将建设工程发包，鼓励施工和监理企业投标竞争，从中评定出技术和管理水平高、信誉可靠且报价合理的中标企业。推行施工监理招投标对于择优选择施工企业、确保工程质量和工期具有重要意义。

3. 验收投产阶段

1）初步验收

初步验收通常是指单项工程完工后，检验单项工程各项技术指标是否达到设计要求。初步验收一般由施工企业完成施工承包合同工程量后，依据合同条款向建设单位申请项目完工验收，提出交工报告，由建设单位或由其委托监理公司组织相关设计、施工、维护、档案及质量管理等部门参加。

2）试运转

试运转由建设单位负责组织，供货厂商、设计、施工和维护部门参加，对设备系统的性能、功能和各项技术指标，以及设计和施工质量等进行全面考核。经过试运转，如果发现有质量问题，则由相关责任单位负责免费返修。在试运转期（3 个月）内，网路和电路运行正常即可组织竣工验收的准备工作。

3）竣工验收

竣工验收指建设工程项目竣工后，由投资主管部门会同建设、设计、施工、设备供应单位及工程质量监督等部门，对该项目是否符合规划设计要求，以及建筑施工和设备安装质量进行全面检验后，取得竣工合格资料、数据和凭证的过程。竣工验收是全面考核建设工作，检查是否符合设计要求和工程质量的重要环节，对促进建设项目（工程）及时投产，发挥投资效果，总结建设经验有重要作用。

竣工项目验收前，建设单位应向主管部门提出竣工验收报告，编制项目工程总决算（小型项目工程在竣工验收后的 1 个月内将决算报上级主管部门；大中型项目工程在竣工验收后的 3 个月内将决算报上级主管部门），并系统整理出相关技术资料（包括竣工图纸、测试资料、重大障碍和事故处理记录），清理所有财产和物资等，报上级主管部门审查。竣工项目经验收交接后，应迅速办理固定资产交付使用的转账手续（竣工验收后的 3 个月内应办理固定资产交付使用的转账手续），技术档案移交维护单位统一保管。

4）竣工验收备案

根据相关文件规定，工程竣工验收后应向质量监督机构进行质量监督备案。

5）项目后评估

项目后评估是工程项目实施阶段管理的延伸。工程建设项目的建设和运营是否达到前期投资决策时所定的目标，只有在经过一段时间的生产经营后才能进行判断，并对建设项目进行总结和评估。项目后评估的目的是综合反映工程项目建设和工程项目管理各环节工作的成效和存在的问题，并为以后改进工程项目管理、提高工程项目管理水平、制定科学的工程项目建设计划提供依据。

6.1.3　通信建设工程造价

工程造价通常是指工程项目在建设期预计支出或实际支出的建设费用。角度不同，工程造价有两层不同的含义。含义一：从业主（通信建设工程中一般是指运营商）角度出发，工程造价是指建设一项工程预期开支或实际开支的全部固定资产投资费用。投资者为了获得预期的效益，就要通过项目评估进行决策，然后进行设计招标、工程招标，直至竣工验收等一系列建设管理活动，试投资转化为固定资产和无形资产。在上述活动中所花费的全部费用，构成工程造价。含义二：从市场交易角度出发，工程造价是指工程在发承包交易活动中形成的所有建设费用的总和，也可以是某个费用的组成部分，如建筑安装工程费。

1．通信建设工程造价的作用

通信建设工程是保障国计民生的重点工程，是建设社会主义现代化、新基建的基础设施工程。因此，通信建设工程造价涉及国民经济各部门、各行业社会再生产中的各环节，也直接关系到人民群众的相关利益，所以它的作用范围和影响程度都很大。其作用主要体现在以下几个方面。

（1）通信建设工程造价是项目决策的依据。

通信建设工程投资大、生产和使用周期长等特点决定了项目决策的重要性。视建设专业和规模的不同，通信建设工程投资从数十万到数十亿不等，设备项目的使用周期长达 10 年，线路项目的使用周期更是长达 20 年，工程造价决定着项目的一次性投资费用。投资者是否有能力并认为值得支付这项费用，是项目决策中要考虑的主要问题。

（2）通信建设工程造价是制定投资计划和控制投资的有效工具。

投资计划是按照建设工期、进度和建设工程建造价格等，逐年、分月加以制定的。正确的投资计划有助于合理并有效地使用建设资金。

工程造价在控制投资方面的作用非常显著。工程造价是通过多次性预估，最终通过竣工决算确定下来的。每一次预估的过程就是对造价的控制过程，这种控制是在投资者财务能力的限度内，为取得既定的投资效益所必须做的。通信建设工程造价对投资的控制也表现在利用各类定额、标准和参数，对建设工程造价进行控制。在市场经济利益风险机制的作用下，造价对投资控制作用成为投资的内部约束机制。

（3）通信建设工程造价是筹集建设资金的依据。

国内运营商的通信建设工程资金基本均为自筹资金。但海外通信建设项目，以及其他企业通信建设项目的投资者必须有很强的筹资能力，以保证工程建设有充足的资金供应。工程造价基本决定了建设资金的需求量，从而为筹集资金提供了比较准确的依据。同时，金融机构也需要依据工程造价来确定给予投资者的贷款数额。

（4）通信建设工程造价是合理利益分配和调节产业结构的手段。

通信建设工程造价的高低，涉及国民经济各部门、企业间和专业间的利益分配。在市场经济中，通信建设工程造价也无一例外地受供求状况的影响，并在围绕价值的波动中实现对建设规模、产业结构和利益分配的调节。

（5）通信建设工程造价是评价投资效果的重要指标。

通信建设工程造价是一个包含着多层次工程造价的体系。就一个通信建设工程项目来说，它既是项目的总造价，又包含单项工程的造价和单位工程的造价，同时包含单位生产能力的造价，所有这些使通信建设工程造价自身形成了一个指标体系能够为评价投资效果提供多种评价指标，并且能够形成新的价格信息，为今后类似建设工程项目的投资提供可靠的参考。

2. 通信建设工程造价的计价特征

通信建设工程造价的特点，决定了通信建设工程造价的计价特征。

1）单件性计价特征

通信专业和项目的差别性决定每项工程都必须依据其差别单独计算造价。这是因为每个通信建设项目所处的地理位置、所涉及的通信专业、机房环境，线路工程所涉及的地形地貌、地质结构、水文、气候等，以及运输、材料供应等都有它独特的形式和结构，需要一套单独的设计图纸，并采取不同的施工方法和施工组织，不能像对一般工业产品那样按品种、规格、质量等成批地定价。

2）多次性计价特征

通信建设工程周期长、规模大、造价高，因此要按建设程序分阶段实施，在不同的阶段影响工程造价的各种因素被逐步确定，适时地调整工程造价，以保证其控制的科学性。多次性计价就是一个逐步深入、逐步细化和逐步接近实际造价的过程。工程多次性计价过程示意图如图 6-3 所示。

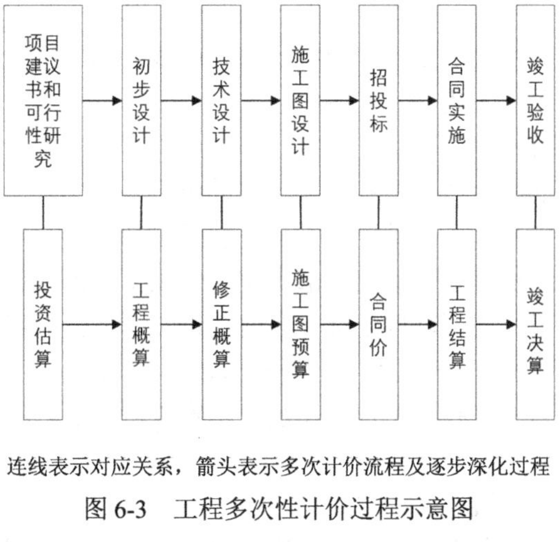

图 6-3 工程多次性计价过程示意图

（1）投资估算。

投资估算指在滚动规划、项目建议书或可行性研究阶段，对拟建项目通过编制估算文件确定的项目总投资额。投资估算是决策、筹资和控制建设工程造价的主要依据。

（2）工程概算。

工程概算指在初步设计阶段，按照概算定额、概算指标或预算定额编制的工程造价。概算造价分为建设项目总概算、单项工程概算和单位工程概算等。

（3）修正概算。

修正概算指在技术设计阶段按照概算定额、概算指标或预算定额编制的工程造价。它对初步设计概算进行修正调整，比概算更接近项目的实际价格。

（4）施工图预算。

施工图预算指在施工图设计阶段按照预算定额编制的工程造价。建筑安装工程造价是预算造价的重要组成部分。采用一阶段设计时，应编制施工图预算，并列预备费、投资贷款利息等费用。

（5）合同价。

合同价指在工程招投标阶段通过签订总承包合同、建筑安装承包合同、设备采购合同，以及技术和咨询服务合同等确定的价格。合同价属于市场价格的性质，它是由承发包双方根据市场行情共同议定和认可的成交价格。按计价方法不同，通信建设工程合同分为固定合同价、可调合同价和工程成本加酬金确定合同价等三种类型。不同类型合同价的内涵也有所不同。

（6）工程结算。

工程结算是指在工程结算时，根据不同合同方式进行的调价范围和调价方法，对实际发生的工程量增减、设备和材料价差等进行调整后计算和确定的价格。工程结算价是该结算工程的实际价格。

（7）竣工决算。

竣工决算指工程竣工决算阶段，以实物数量和货币指标为计量单位，综合反映竣工项目从筹建到项目竣工交付使用为止的全部建设费用。竣工决算一般由建设单位编制，上报相关主管部门审核。

以上内容说明，多次性计价是一个由粗到细、由浅入深、由概略到精确的过程，也是一个复杂而重要的管理系统工程。

3）计价的组合性特征

通信建设工程造价的组合性特征和建设项目的组合性有关。一个通信建设项目可以分解为许多有内在联系的独立和不能独立的工程，包括单项工程、单位工程、分部工程和分项工程等。单位工程的造价可以分解出分部工程、分项工程的造价。从计价和工程管理的角度，分部工程、分项工程还可以再分解。通信建设工程造价的组合过程是分部工程、分项工程造价—单位工程造价—单项工程造价—建设项目总造价。

分部工程、分项工程是编制施工预算和统计实物工程量的依据，也是计算施工产值和投资完成额的基础。

4）计价方法的多样性特征

由于通信建设工程造价具有单件性、多次性等特点，所以不同的通信建设工程造价在不同的工程阶段有不同的精度要求，这就造成了造价计价方法的多样性特征。投资估算方法有设备系数法、生产能力指数法等；概预算方法有单价法和实物法。不同的方法各有利弊，适应条件也不同，所以计价时要根据通信建设工程的实际情况加以选择。

5）影响通信建设工程造价的因素

影响通信建设工程造价的因素主要可分为以下 7 类。

（1）计算设备和工程量依据。其包括项目建设书、可行性研究报告、设计图纸等。

（2）计算人工、材料、仪器仪表、机械等实物消耗量依据。其包括投资估算指标、概算定额、预算定额等。

（3）计算工程单价的价格依据。其包括人工单价、材料价格、机械和仪表台班价格等。

（4）计算设备单价依据。其包括设备原价、设备运杂费、进口设备关税等。

（5）计算措施费、间接费和工程建设其他费用依据，主要是相关的费用定额和指标。

（6）政府规定的税、费。

（7）物价指数和工程造价指数。

依据的复杂性不仅使计算过程复杂，还要求计价人员熟悉各类依据，并正确加以利用。

3. 通信建设工程造价的有效控制

通信建设工程造价的有效控制是通信建设工程建设管理的重要组成部分。所谓建设工程造价控制，就是在立项阶段（投资决策）、实施阶段（设计、招投标、施工等），把建设工程造价的发生控制在批准的造价限额以内，随时纠偏以保证项目造价目标的实现，以求在各建设项目中能合理使用人力、物力、财力，取得较好的经济效益和社会效益。

1）设置通信建设工程造价控制目标

通信建设工程项目的建设过程是一个周期长、技术更新迭代快速的复杂过程，而建设者的经验知识是有限的，所以不可能在项目伊始就能设置一个科学合理的、一步到位的造价控制目标，只能设置一个大致的造价控制目标，这就是投资估算。投资估算应是设计方案选择和进行初步设计的建设工程造价控制目标。随着通信建设工程的逐步推进和招投标结果的揭晓、工作量清单的确定等步骤，投资控制目标逐步清晰、准确，这就是设计概算、设计预算、承包合同价和工程结算价等。设计概算应是进行技术设计和施工图设计的工程造价控制目标；施工图预算或建筑安装工程承包合同价则应是施工阶段控制建筑安装工程造价的目标等。也就是说，通信建设工程造价控制目标的设置应是随着工程项目建设的推进不断更新的。各造价控制阶段的目标相互制约、相互补充，共同组成工程造价控制的目标系统。

2）设计阶段是全过程造价控制的重中之重

通信建设工程造价控制贯穿于项目建设的全过程。长期以来，我国普遍忽视通信建设工程建设项目前期工作阶段（包括立项和设计阶段）的造价控制，而往往把控制工程造价的主要精力放在实施阶段的后半部分（主设备和主要材料招投标和施工阶段）。这样做尽管也有效果，但往往会造成偷工减料的情况。要有效地控制通信建设工程造价，就要坚决将控制重点转到建设前期阶段上来，尤其是抓住设计这个关键阶段。

3）主动控制才能取得预期效果

尽管项目的决策者有意愿选择自己认为最优的方案来进行项目建设，但人无完人，最优的决策方案几乎是不可能的，这就要求在建设项目的推进过程中持续进行主动控制，才能取得预期的效果。

4）技术与经济相结合是控制工程造价最有效的手段

要有效地控制工程造价，应从项目组织、工程技术、经济、合同管理与信息管理等多方面采取措施。从项目组织上采取措施，包括明确项目组织结构，明确各环节的负责人和责任制；从工程技术上采取措施，包括设计阶段的多方案比选，严格按照技术规范书的要求进行主设备采购，严格审查监督初步设计、技术设计、施工图设计、施工组织设计，深入技术领域研究节约投资的可能；从经济上采取措施，包括动态地比较造价的计划值和实际值，严格审核各项费用的支出，采取对节约投资的有力奖励措施等。

6.2 通信建设工程定额

6.2.1 通信建设工程定额概述

在生产过程中，为了完成某一合格产品，如敷设一条管道光缆，就要消耗一定的人工、材料、机械设备和资金。由于这些消耗受施工地点、技术水平、组织管理水平及其他客观条件的影响，所以其消耗水平是不相同的。因此，为了统一考核其消耗水平，便于经营管理和经济核算，就需要有一个统一的平均消耗标准。所谓定额，就是在一定的生产技术和劳动组织条件下，完成单位合格产品在人力、物力、财力的利用和消耗方面应当遵守的标准。它反映了行业在一定时期内的生产技术和管理水平，是企业搞好经营管理的前提，是企业组织生产、引入竞争机制的手段，也是进行经济核算和贯彻“按劳分配”原则的依据；它是管理科学中的一门重要学科，属于技术经济范畴，是实行科学管理的基础工作之一。

从 19 世纪末至 20 世纪初，劳动定额成为企业管理的一部分。我国从 20 世纪 50 年代开始实行建设工程定额制度，但是直到 20 世纪 80 年代才制定了与通信建设工程相关的定额。2016 年底，工业和信息化部发布了《工业和信息化部关于印发信息通信建设工程预算定额、工程费用定额及工程概预算编制规程的通知》（工信部通信【2016】451 号）。工业和信息化部还发布了修编的《信息通信建设工程预算定额》《信息通信建设工程费用定额》及《信息通信建设工程概预算编制规程》，自 2017 年 5 月 1 日起施行，取代了 2008 年 5 月发布的工信部规【2008】75 号文。

1. 建设工程定额的分类

建设工程定额是一个综合概念，是工程建设中各类定额的总称。为了对建设工程定额有一个全面的了解，可以按照不同的原则和方法对它进行科学的分类。

1）按物质消耗内容分类

按物质消耗内容不同，可以将建设工程定额分为劳动消耗定额、机械（仪表）消耗定额和材料消耗定额 3 种。

（1）劳动消耗定额。

劳动消耗定额简称劳动定额。在施工定额、预算定额、概算定额、投资估算指标等多种定额中，劳动消耗定额都是其中重要的组成部分。劳动消耗定额是在正常的生产技术和生产组织条件下，完成一定的合格产品（工程实体或劳务）规定的劳动消耗的数量标准。劳动定额有两种表现形式：时间定额和产量定额。

（2）材料消耗定额。

材料消耗定额简称材料定额，是指在正常的生产技术和生产组织条件下，在节约和合理使用材料的情况下，完成一定合格产品需要消耗的一定品种规格的材料、半成品、配件、水、电、燃料等的数量标准，包括材料的使用量和必要的工艺性损耗及废料数量。材料消耗量的多少、消耗是否合理，不仅关系到资源的有效利用，影响市场供求情况，还对建设工程的项目投资、建筑产品的成本控制起着决定性的作用。

（3）机械（仪表）消耗定额。

机械（仪表）消耗定额简称机械（仪表）定额，是指在正常的生产技术和生产组织条件下，为了完成一定合格产品（工程实体或劳务）规定的施工机械（仪表）消耗的数量标准。机械（仪表）消耗定额的主要表现形式是时间定额，但同时可以产量定额表现。在我国，机械（仪表）消耗定额主要以一台机械（仪表）工作一个工作班（8 小时）为计量单位，所以又称机械（仪表）台班定额。

2）按照定额的编制程序和用途分类

按照定额的编制程序和用途不同，可以将建设工程定额分为施工定额、预算定额、概算定额和投资估算指标 4 种。

（1）施工定额。

施工定额是施工企业进行施工组织、成本管理、经济核算和投标报价的重要依据。施工定额直接应用于施工项目的管理，用于编制施工作业计划、签发施工任务单、签发限额领料单，以及结算计件工资或计量奖励工资等。施工定额和施工生产紧密结合，施工定额的定额水平反映施工企业生产与组织的技术水平和管理水平。

施工定额是以同一性质的施工过程——工序作为研究对象，表示生产产品数量与劳动消耗量、机械（仪表）工作时间（生产单位合格产品所需的机械、仪表工作时间，单位用台班表示）和材料消耗量关系的定额。

施工定额的编制原则包括平均先进性原则、简明实用性原则、实事求是动态管理原则等。

（2）预算定额。

预算定额是编制预算时使用的定额，是确定一定计量单位的分部工程、分项工程或结构构件的人工（工日）、机械（台班）、仪表（台班）和材料的消耗数量标准。预算定额是以施工定额为基础综合扩大编制的，同时是编制概算定额的基础。

与施工定额不同，预算定额是社会性的，而施工定额则是企业性的。全国统一预算定额里的预算价值是以某地区的人工、材料和机械台班预算单价为标准计算的，称为预算基价，基价可供设计、预算比较参考。编制预算时，不能直接套用基价，应根据各地的预算单价和定额的工料消耗标准，编制地区估价表。

（3）概算定额。

概算定额是编制概算时使用的定额，是确定一定计量单位扩大分部工程、分项工程的工、料、机械台班和仪表台班消耗量的标准，是设计单位在初步设计阶段确定建设项目概略价值、编制概算、进行设计方案经济比较的依据。概算定额一般是在预算定额的基础上综合扩大而成的，每一综合分项概算定额都包含了数项预算定额。

（4）投资估算指标。

投资估算指标是在项目建议书或可行性研究阶段编制投资估算时使用的一种定额，是以独立的单项工程或完整的工程项目为计算对象编制确定的生产要素消耗的数量标准或项目费用标准，是根据已建工程或现有工程的价格数据和资料，经分析、归纳和整理编制而成的。投资估算指标虽然往往根据历史的预算、决算资料和价格变动等资料编制，但其编制基础仍然离不开预算定额和概算定额。

3）按主编单位和适用范围分类

建设工程定额可分为行业定额、地区性定额、企业定额和补充定额 4 种。

（1）行业定额。

行业定额是各行业主管部门根据其行业工程技术特点及施工生产和管理水平编制的，在本行业范围内使用的定额，如通信建设工程定额。

（2）地区性定额（包括省、自治区、直辖市定额）。

地区性定额是各地区主管部门考虑本地区特点编制的，在本地区范围内使用的定额。

（3）企业定额。

企业定额是由施工企业考虑本企业的具体情况，参照行业定额或地区性定额的水平编制的定额。企业定额只在本企业内部使用，是企业素质的一个标志。

（4）补充定额。

补充定额是随着设计、施工技术的发展，在现行各种定额不能满足需要的情况下，为了补充缺项由建设单位组织相关单位编制的定额。设计中编制的临时定额需要向有关定额管理部门报备，作为修改、补充定额的基础资料。

4）现行通信建设工程定额的构成

目前，通信建设工程有预算定额、费用定额。由于现在还没有概算定额，在编制概算时，暂时用预算定额代替。各种定额执行的文本说明如下。

（1）通信建设工程预算定额。

《工业和信息化部关于印发信息通信建设工程预算定额、工程费用定额及工程概预算编制规程的通知》（工信部通信【2016】451 号）。

（2）通信建设工程费用定额。

《工业和信息化部关于印发信息通信建设工程预算定额、工程费用定额及工程概预算编制规程的通知》（工信部通信【2016】451 号）。

（3）通信建设工程施工机械、仪表台班费用定额。

《工业和信息化部关于印发信息通信建设工程预算定额、工程费用定额及工程概预算编制规程的通知》（工信部通信【2016】451 号）。

（4）工程勘察设计收费标准。

国家计委、建设部关于发布《工程勘察设计收费管理规定》的通知（计价格【2002】10 号）。

2．建设工程定额管理的内容

建设工程定额管理的内容主要是科学制定和及时修订各种定额；组织和检查定额的执行情况；分析定额执行情况和存在问题，及时反馈信息。

建设工程定额种类繁多，管理内容受专业特点影响很大。即使是通信建设工程定额，也包括了电源、有线传输、无线传输、线路和管道等多个专业。有线传输又包括电信传输、数据、有线接入等多个子专业。通信建设工程随着科技进步不断发展，未来还将会延伸出各种专业和子专业、更多相关的施工工艺和方法，以及新的施工机械和仪器仪表。所以，定额管理的信息反馈和及时更新非常重要。

从各类建设工程定额管理内容的共性来看，建设工程定额管理内容有三个方面，即编制修订定额、贯彻执行定额和信息反馈。从管理的全过程看，三者的关系如图 6-4 所示。

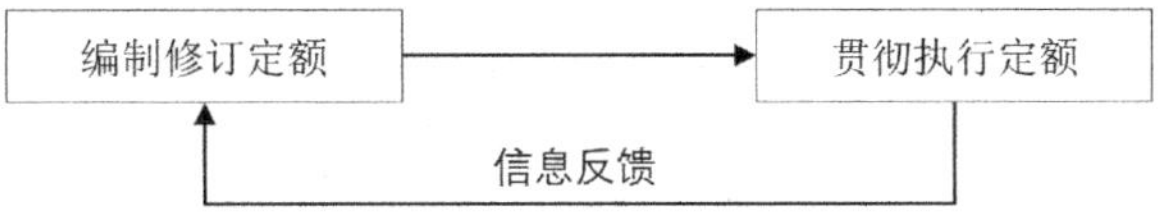

图 6-4　定额管理示意图

从市场的信息流程来看，定额管理的内容主要是信息的采集加工、传递和反馈的过程，如图 6-5 所示。

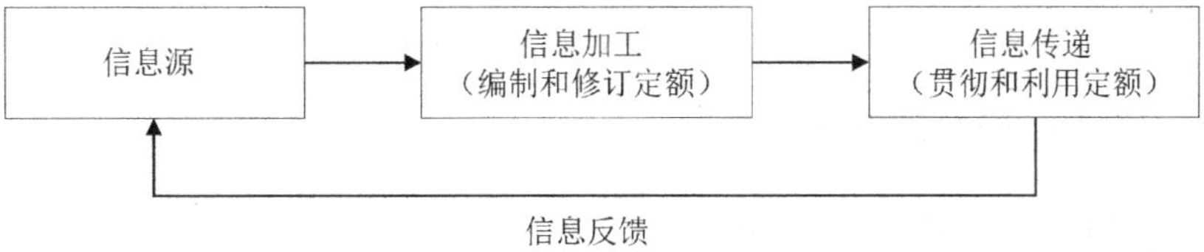

图 6-5　信息流程图

定额管理具体包括以下主要工作内容和程序。

（1）制定定额的编制计划和编制方案。

（2）积累、收集和分析、整理基础资料。

（3）编制修订定额。

（4）审批和发行。

（5）组织新编定额的征询意见。

（6）整理和分析意见、建议，诊断新编定额中存在的问题。

（7）对新编定额进行必要的调整和修改。

（8）组织新定额交底和一定范围内的宣传、解释和答疑。

（9）从各方面为新定额的贯彻执行创造条件，积极推行新定额。

（10）监督和检查定额的执行，主持定额纠纷的仲裁。

（11）收集、储存定额的执行情况，反馈信息。

上述管理内容之间，既相互联系又相互制约，它们的顺序也大体反映了管理工作的程序，如图 6-6 所示。

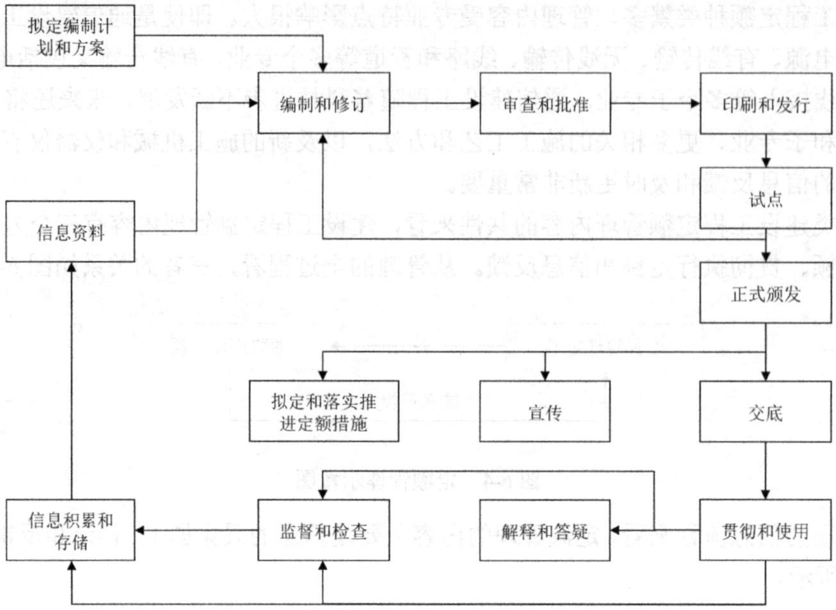

图 6-6　定额管理工作程序图

6.2.2　通信建设工程预算定额

1．通信建设工程预算定额的作用

通信建设工程预算定额的作用主要有以下几个方面。

（1）预算定额是编制施工图预算、确定和控制通信建设工程造价的计价基础。

（2）预算定额是落实和调整年度建设计划，对滚动规划和设计方案进行技术经济比较、分析的依据。

（3）预算定额是通信相关施工企业进行经济活动分析的依据。

（4）预算定额是通信施工招投标编制标底、投标报价的基础。

（5）预算定额是编制通信建设工程概算定额和概算指标的基础。

2．预算定额的编制程序

预算定额的编制，大致可分为以下 5 个阶段。

1）准备工作阶段

（1）拟定编制方案。

（2）划分编制小组。

2）收集资料阶段

（1）收集现行规定、规范和政策法规资料。

（2）收集定额管理部门积累的资料。

（3）普遍收集资料。

（4）专题座谈。

（5）专项查定及试验。

3）编制阶段

（1）确定编制细则。

① 统一编制表格及编制方法。

② 统一计算口径、计量单位和小数点位数。

③ 统一名称、专业用语、符号代码。

（2）确定项目划分和计算规则。

确定定额的项目划分和工程量计算规则。

（3）对相关定额数据计算、复核和测算，对定额人工材料、机械台班和仪表台班耗用量进行计算、复核和测算。

4）审核阶段

（1）审核定稿。

定额初稿的审核工作是定额编制过程中必要的程序，是保证定额编制质量的措施之一。审稿工作的人选应为经验丰富、责任心强、多年从事定额工作的专业技术人员。

（2）预算定额水平测算。

在新定额编制成稿向上级机关报告以前，必须与原定额进行对比测算，分析水平升降的原因。

5）定稿报批阶段

（1）征求意见。

（2）报批。

（3）立档、成卷。

3. 现行通信建设工程预算定额的编制原则

现行通信建设工程预算定额的编制主要遵照以下几个原则。

1）贯彻相关政策精神

贯彻国家和行业主管部门关于修订通信建设工程预算定额相关政策精神，结合通信行业的特点进行认真调查研究、细算粗编，坚持实事求是，做到科学、合理、便于操作和维护。

2）贯彻执行“控制量”“量价分离”“技普分开”的原则

（1）控制量指预算定额中的人工、主材、机械和仪表台班消耗量是法定的，任何单位和个人不得随意调整。

（2）量价分离指预算定额中只反映人工、主材、机械和仪表台班的消耗量，而不反映其单价。单价由主管部门或造价管理归口单位另行发布。

（3）技普分开。为了适应社会主义市场经济和通信建设工程的实际需要取消综合工。凡是由技工操作的工序内容均按技工计取工日，凡是由非技工操作的工序内容均按普工计取工日。通信设备安装工程均按技工计取工日（普工为零）。

通信线路和通信管道工程分别计取技工工日、普工工日。

3）预算定额子目编号规则

定额子目编号由三部分组成：第一部分为册名代号，表示通信建设工程的各专业，由汉语拼音（首字母）缩写组成；第二部分为定额子目所在的章号，由一位阿拉伯数字表示；

第三部分为定额子目所在章内的序号，由三位阿拉伯数字表示，具体表示方法如图 6-7 所示。

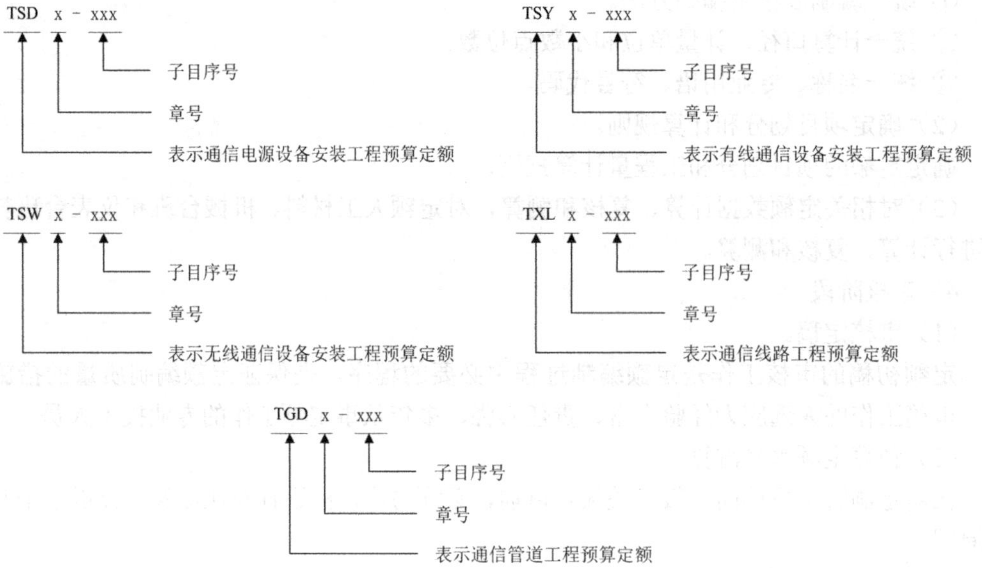

图 6-7 子目编号说明图

4）关于预算定额子目的人工工日及消耗量的确定

预算定额中人工消耗量是指完成定额规定计量单位所需的全部工序用工量，一般应包括基本用工、辅助用工和其他用工。

5）关于预算定额子目中的主要材料及消耗量的确定

预算定额中只反映主要材料，其辅助材料可按费用定额的规定另行处理。

主要材料指在建筑安装工程中或产品构成中形成产品实体的各种材料，通常根据编制预算定额时选定的有关图纸、测定的综合工程量数据、主要材料消耗定额、有关理论计算公式等逐项综合计算。

通信工程预算定额的主要材料损耗率的确定是按合格的原材料，在正常施工条件下，以合理的施工方法，结合现行定额水平综合取定的。该定额不仅包括材料的使用量，还包括必要的工艺性损耗及废料数量。

6）关于预算定额子目中施工机械、仪表消耗量的确定

通信工程施工中凡是单位价值在 2000 元以上，构成固定资产的机械、仪表的，定额子目中均给定了台班消耗量。

预算定额中施工机械、仪表台班消耗量标准，以一台施工机械或仪表一天（8 小时）所完成合格产品的数量作为台班产量定额，以一定的机械幅度差来确定单位产品所需的机械台班量。

4．现行通信建设工程预算定额的构成

1）预算定额的册构成

现行通信建设预算定额按专业不同可分为《通信电源设备安装工程》《有线通信设备

安装工程》《无线通信设备安装工程》《通信线路工程》和《通信管道工程》共五册，每册包含的工程内容如表6-1～表6-5所示。

表6-1 第一册《通信电源设备安装工程》预算定额构成表

序 号	项目名称	内容构成
1	安装与调试高、低压配电设备	安装与调试高压配电设备
		安装与调试变压器
		安装与调试低压配电设备
		安装与调试直流操作电源屏
		安装与调试控制设备
		安装端子箱、端子板
2	安装与调试发电机设备	安装发电机组
		安装发电机组体外排气系统
		安装发电机组体外燃油箱（罐）、机油箱
		安装发电机组体外冷却系统
		发电机输油管道敷设与连接
		安装油、气管管路保护套管
		发电机组机房降噪
		发电机系统调试
		安装与调试风力发电机
3	安装交直流电源设备、不间断电源系统	安装电池组及附属设备
		安装太阳能电池
		安装与调试交流不间断电源
		安装开关电源设备
		安装配电换流设备
		无人值守供电系统联测
4	机房空调及动力环境监控	安装与调试机房空调
		安装与调试动力环境监控系统
5	敷设电源母线、电力和控制缆线	制作安装铜电源母线
		安装低压封闭式插接母线槽
		布放电力电缆
		制作、安装电力电缆端头
		布放控制电缆
6	接地装置	制作安装接地极、板
		敷设接地母线及测试接地网电阻
7	安装附属设施及其他	安装电缆桥架
		安装电源支撑架、吊挂
		制作、安装穿墙板
		制作、安装铁构件与箱盒
		铺地漆布、橡胶垫、加固措施

表 6-2　第二册《有线通信设备安装工程》预算定额构成表

序　号	项 目 名 称	内 容 构 成
1	安装机架、缆线及辅助设备	安装机架（柜）、机箱
		安装配线架
		安装保安配线箱
		安装列架照明、机台照明、机房信号灯盘
		布放设备缆线、软光纤
		安装防护、加固设施
2	安装、调测光纤数字传输设备	安装测试传输设备
		安装测试波分复用设备、光传送网设备
		安装、调测再生中继及远供电源设备
		安装、调测网络管理系统设备
		调测系统通道
		安装、调测同步网设备
		安装、调测无源光网络设备
3	安装、调测数据通信设备	安装、调测数据通信设备
		安装、调试数据存储设备
		安装、调试网络安全设备
4	安装、调测交换设备	安装、调测交换设备
		安装、调测操作维护中心设备
		调测智能网设备
		安装、调测信令网设备
5	安装、调测视频监控设备	安装支撑物
		布放线缆
		安装调测摄像设备
		安装调测光端设备
		安装辅助设备
		安装调测视频控制设备
		安装编解码设备
		安装音频、视频、脉冲分配器
		安装报警设备
		安装显示设备
		系统调测

表 6-3　第三册《无线通信设备安装工程》预算定额构成表

序　号	项 目 名 称	内 容 构 成
1	安装机架、缆线及辅助设备	安装室内外缆线走道
		安装机架（柜）、配线架（箱）、防雷接地、附属设备
		布放设备缆线
		安装防护及加固设施

续表

序　号	项 目 名 称	内 容 构 成
2	安装移动通信设备	安装、调测移动通信天线、馈线
		安装、调测基站设备
		安装、调测基站控制、管理设备
		联网调测
		安装、调测无线局域网设备（WLAN）
3	安装微波通信设备	安装、调测微波天馈线
		安装、调测数字微波设备
		微波系统调测
		安装、调测一点多址数字微波通信设备
		安装、调测视频传输设备
4	安装卫星地球站设备	安装、调测卫星地球站天、馈线系统
		安装、调测地球站设备
		地球站设备系统调测
		安装、调测 VSAT 卫星地球站设备
5	铁塔安装工程	安装铁塔组立
		基础处理工程

表 6-4　第四册《通信线路工程》预算定额构成表

序　号	项 目 名 称	内 容 构 成
1	施工测量、单盘检验与开挖路面	施工测量与单盘检验
		开挖路面
2	敷设埋式光（电）缆	挖、填光（电）缆沟及接头坑
		敷设埋式光（电）缆
		埋式光（电）缆保护与防护
		敷设水底光缆
3	敷设架空光（电）缆	立杆
		安装拉线
		架设吊线
		架设光（电）缆
4	敷设管道、引上及墙壁光（电）缆	敷设管道光（电）缆
		敷设引上光（电）缆
		敷设墙壁光（电）缆
5	敷设其他光（电）缆	气流法敷设光缆
		敷设室内通道光缆
		槽道（地槽）、顶棚内布放光（电）缆
		敷设建筑物内光（电）缆
6	光（电）缆接续与测试	光缆接续与测试
		电缆接续与测试

续表

序　号	项目名称	内容构成
7	安装线路设备	安装光（电）缆进线室设备
		安装室内线路设备
		安装室外线路设备
		安装分线设备
		安装充气设备

表6-5　第五册《通信管道工程》预算定额构成表

序　号	项目名称	内容构成
1	施工测量与挖、填管道沟及人孔坑	施工测量与开挖路面
		开挖与回填管道沟及人（手）孔坑、碎石地基
		挡土板及抽水
2	铺设通信管道	混凝土管道基础
		塑料管道基础
		铺设水泥管道
		敷设塑料管道
		敷设镀锌钢管管道
		地下定向钻敷设
		管道填充水泥砂浆、混凝土包封及安装引上管
		砌筑通信光（电）缆通道
3	砖砌人（手）孔	砖砌人（手）孔（现场浇筑上覆）
		砖砌人（手）孔（现场吊装上覆）
		砌筑混凝土砌块人孔（现场吊装上覆）
		砖砌配线手孔
4	管道防护工程及其他	防水
		拆除及其他

2）每册预算定额的构成

每册通信建设工程预算定额由总说明、册说明、章说明、定额项目表和附录构成。

（1）总说明。

总说明阐述了定额的编制原则、指导思想、编制依据和适用范围，同时还说明编制定额时已经考虑和没有考虑的各种因素及有关规定和使用方法等。在使用定额时应先了解和掌握这部分内容，以便正确使用定额。

（2）册说明。

册说明阐述该册的内容，编制基础和使用该册应注意的问题及有关规定等。

（3）章说明。

章说明主要说明分部工程、分项工程的工作内容，工程量计算方法和本章有关规定、计量单位、起讫范围、应扣除和应增加的部分等。这部分是工程量计算的基本规则，必须全面掌握。

（4）定额项目表。

定额项目表是预算定额的主要内容，项目表不仅给出了详细的工作内容，还列出了在此工作内容下的分部工程、分项工程所需的人工主要材料、机械台班、仪表台班的消耗量。

（5）附录。

预算定额的最后列有附录，供使用预算定额时参考。各册附录的情况如下：

① 第一册、第二册、第三册没有附录。

② 第四册有五个附录，名称分别为《附录一 土壤及岩石分类表》《附录二 主要材料损耗率及参考容重表》《附录三 光（电）缆工程成品预制件材料用量表》《附录四 光缆交接箱体积计算表》《附录五 不同孔径最大可敷设的管孔数参考表》。

③ 第五册有十二个附录，名称分别为《附录一 土壤及岩石分类表》《附录二 开挖土（石）方工程量计算》《附录三 主要材料损耗率及参考容重表》《附录四 水泥管管道每百米管群体积参考表》《附录五 通信管道水泥管块组合图》《附录六 100m长管道基础混凝土体积一览表》《附录七 定型人孔体积参考表》《附录八 开挖管道沟土方体积一览表》《附录九 开挖 100m 长管道沟上口路面面积》《附录十 开挖定型人孔土方及坑上口路面面积》《附录十一 水泥管通信管道包封用混凝土体积一览表》《附录十二 不同孔径最大可敷设的管孔数参考表》。

6.2.3 通信建设工程费用定额

费用定额是指通信建设工程在建设过程中各项费用的计取标准。通信建设工程费用定额依据通信建设工程的特点，对其费用构成、定额及计算规则进行了相应的规定。

1. 通信建设工程费用的构成

通信建设工程项目总费用由各单项工程总费用构成，如图 6-8 所示。

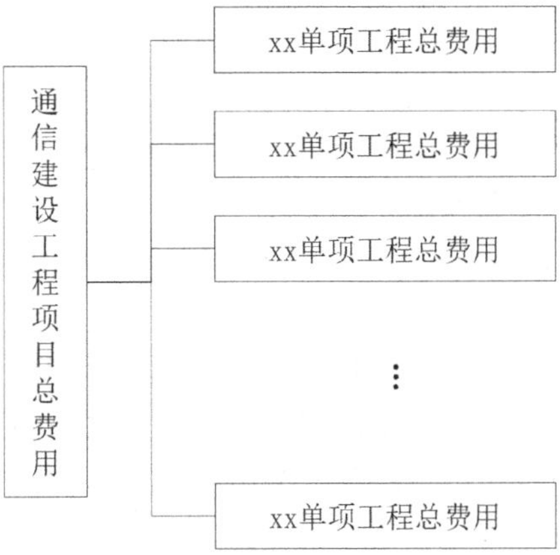

图 6-8 通信建设工程项目总费用构成

2. 通信建设单项工程总费用构成

通信建设单项工程总费用构成如图 6-9 所示。

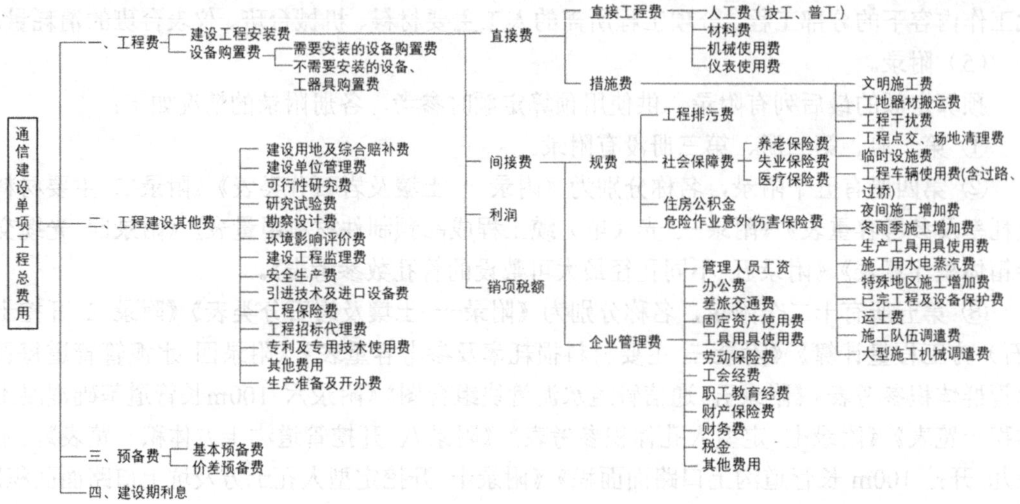

图 6-9　单项工程总费用构成示意图

6.3　通信建设工程概算、预算的编制程序

6.3.1　通信建设工程概算、预算的概念

通信建设工程概算、预算是设计文件的重要组成部分，它是根据各不同设计阶段的深度和建设内容，按照设计图纸和说明及相关专业的预算定额、费用定额、费用标准、器材价格、编制方法等有关资料，对通信建设工程预先计算和确定从筹建至竣工交付使用所需全部费用的文件。

（1）通信建设工程概算、预算应按不同的设计阶段进行编制。

① 工程采用三阶段设计时，初步设计阶段编制设计概算，技术设计阶段编制修正概算，施工图设计阶段编制施工图预算。

② 工程采用二阶段设计时，初步设计阶段编制设计概算，施工图设计阶段编制施工图预算。

③ 工程采用一阶段设计时，编制施工图预算，但施工图预算应反映全部费用内容，即除了工程费和工程建设其他费，还应计列预备费、建设期利息等费用。

（2）概算、预算表格主要由 6 种共 10 张表格组成，适用于不同工程类别与内容的项目。

①《建设项目总___算表（汇总表）》，供建设项目总概算（预算）使用。

②《工程___算总表（表一）》，供编制单项（单位）工程总费用使用。

③《建筑安装工程费用___算表（表二）》，供编制建筑安装工程费使用。

④《建筑安装工程量___算表（表三）甲》，供编制建筑安装工程量计算技工工日和普工工日使用。

⑤《建筑安装工程机械使用费___算表（表三）乙》，供编制建筑安装工程机械使用费使用。

⑥《建筑安装工程仪器仪表使用费___算表（表三）丙》，供编制建筑安装工程仪表使用费使用。

⑦《国内器材___算表（表四）甲》，供编制国内器材（需要安装设备、不需要安装设备、主要材料）的购置费使用。

⑧《进口器材___算表（表四）乙》，供编制进口国外器材（需要安装设备、不需要安装设备、主要材料）的购置费使用。

⑨《工程建设其他费___算表（表五）甲》，供编制工程建设其他费使用。

⑩《进口设备工程建设其他费用___算表（表五）乙》，供编制进口设备工程建设其他费使用。

6.3.2 通信建设工程概算、预算的编制

1. 概算、预算的编制方法

通信建设工程概算、预算采用实物法编制。实物法首先根据工程设计图纸分别计算出分项工程量，然后套用相应的人工、材料、机械台班、仪表台班的定额用量，再以工程所在地或所处时段的实际单价计算出人工费、材料费、机械使用费和仪表使用费，进而计算出直接工程费；根据通信建设工程费用定额给出的各项取费的计费原则和计算方法，计算其他各项，最后汇总单项或单位工程总费用。

实物法编制工程概算、预算的步骤如图 6-10 所示。

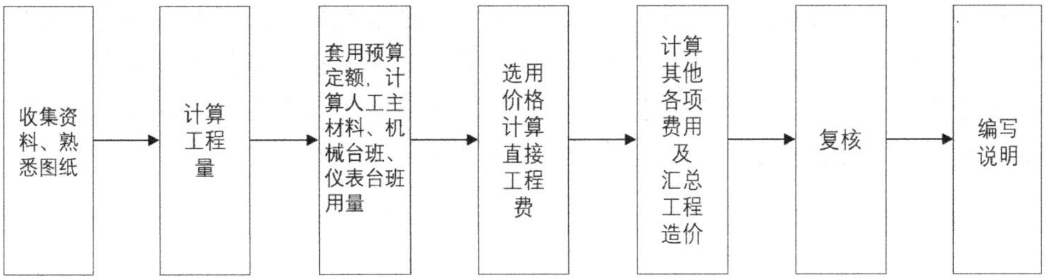

图 6-10 实物法编制概算、预算的步骤

1）收集资料、熟悉图纸

在编制概算、预算前，针对工程的具体情况和所编概算、预算内容收集有关资料，包括概算定额、预算定额、费用定额，以及材料、设备价格等，并对施工图进行一次全面详细的检查，查看图纸是否完整；明确设计意图，检查各部分尺寸是否有误，以及有无施工说明。

2）计算工程量

工程量计算是一项繁重而又十分细致的工作。工程量是编制概算、预算的基本数据，计算的准确与否直接影响到工程造价的准确度。计算工程量时要注意以下几点。

（1）首先，要熟悉图纸的内容和相互关系，注意搞清楚有关标注和说明。

（2）计算单位应与所要依据的定额单位一致。

（3）计算过程一般可依照施工图的顺序由下向上，由内向外，由左向右依次进行。

（4）要防止误算、漏算和重复计算。

（5）最后将同类项加以合并，并编制工程量汇总表。

3）套用定额，计算人工材料、机械台班、仪表台班用量

工程量经核对无误方可套用定额。套用相应定额时，用工程量分别乘以各子目人工、主要材料、机械台班、仪表台班的消耗量，计算出各分项工程的人工、主要材料、机械台班、仪表台班的用量，然后汇总得出整个工程各类实物的消耗量。套用定额时应核对工程内容与定额内容是否一致，以防误套。

4）选用价格计算直接工程费

用当时、当地或行业标准的实际单价乘以相应的人工材料、机械台班、仪表台班的消耗量，计算出人工费、材料费、机械使用费、仪表使用费，并汇总得出直接工程费。

5）计算其他各项费用及汇总工程造价

按照工程项目的费用构成和通信建设工程费用定额规定的费率及计费基础，分别计算各项费用，然后汇总出工程总造价，并以通信建设工程概算、预算编制办法规定的表格形式，编制出全套概算或预算表格。

6）复核

对上述表格内容进行一次全面检查，检查所列项目工程量的计算结果、套用定额、选用单价、取费标准及计算数值等是否正确。

7）编写说明

复核无误后，进行对比、分析，写出编制说明。凡是概算、预算表格不能反映的一些事项，以及编制中必须说明的问题，都应用文字表达出来，以供审批单位审查。

在上述步骤中，3）、4）、5）是形成全套概算或预算表格的过程，根据单项工程费用的构成，各项费用与表格之间的嵌套关系如图 6-11 所示。

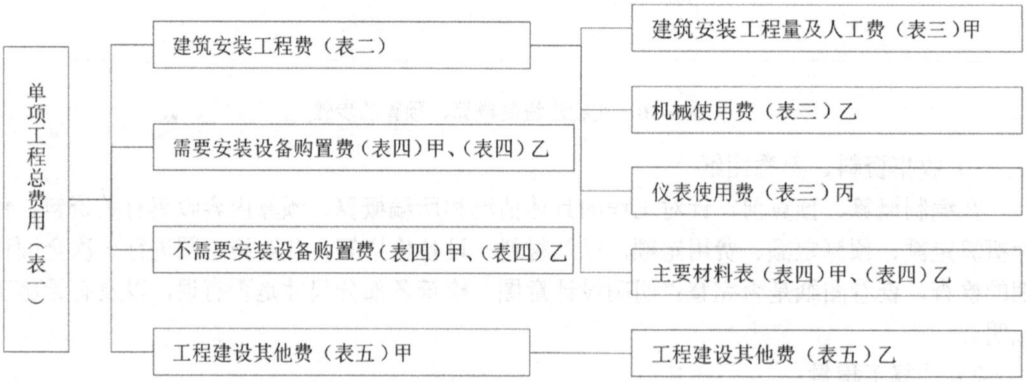

图 6-11　单项工程概算、预算表格间的关系

根据如图 6-11 所示的结构层次，应按如图 6-12 所示的顺序编制全套表格。

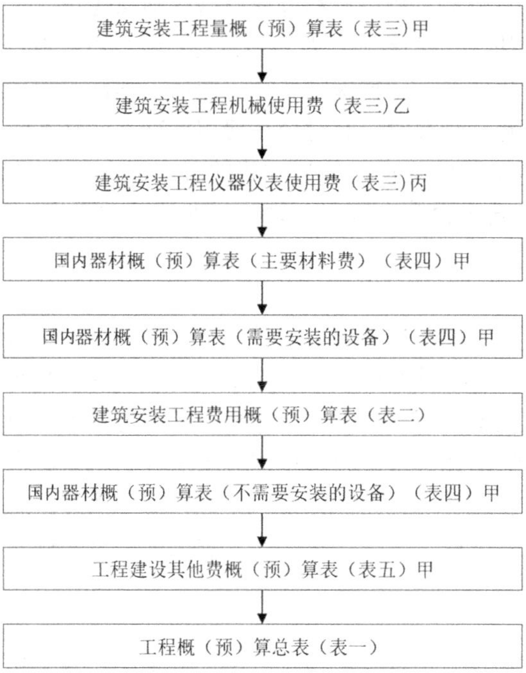

图6-12　概（预）算表格填写顺序

2. 通信建设工程概算、预算的审核审定方法

通信建设工程概预算的审核审定是设计出版的必经阶段，也是设计会审的重要组成部分。采用适当的方法对概预算进行审查，是确保工程造价控制的关键。因此，对项目概算、预算应进行全面分析之后再确定审查方法。常用的审查方法主要有以下几种。

1）全面审查法

全面审查法是指按全部设计图纸的要求，结合相关专业的预算定额、取费标准，对概算、预算的工程量计算、定额的套用、费用的计算等进行全部审查。

全面审查法相当于审核审定人员重新编制一次概、预算，所以审查中容易发现问题并且便于纠正，经过审查的工程概算、预算质量较高，差错较少。但是此审查法的缺点是工作量太大，费工、费时。

2）重点审查法

重点审查法是指抓住工程概算、预算中的重点事项进行审查，具有省时、省力、使用较广的优点。所谓重点事项如下所示。

（1）工程量大、造价高，对工程概算、预算造价有较大影响的部分。如电信设备安装工程应重点审查设备价格；管道工程应重点审查土石方量；光缆线路工程应重点审查光缆长度和单价等。对单价高的工程，因其计算的费用额较大，也应重点审查。

（2）补充定额。在进行工程概算、预算时，遇到定额缺项，需要根据有关规定编制补充定额。概、预算审核人员应对补充定额进行重点审查，主要审查该项目是否属于补充定额的适用范围，人工工日主要材料、机械台班、仪表台班的用量和组成是否齐全、准确、合理等。凡相关定额项目可以套用的工作内容，不应编制补充定额。

（3）各项费用计取。由于工程性质和专业及施工地点等不同，费用项目、费用标准及费用计算方法也有不同的规定，这部分费用主要是工程服务费用，包括督导调试费、勘察设计费、监理费、采购代理费、运输保险费等。通信工程营改增后，各种费用的税率也不尽相同。在编制工程概算、预算时，有时会在费用标准、计算基础、计算方法等方面产生差错。因此，应根据本工程的特点，依据对应的费用标准和有关文件规定等对各项计取费用进行认真审查，看其是否符合国家、地方行业的各项规定，有无遗漏，有无规定以外的取费。

3）分解对比审查法

对一个较为全面、标准的单项或单位工程进行全面审查，然后作为某种定型标准工程概算或预算，把它分解为直接费与间接费（包括所有应取费用）两部分，再把直接费分解为各工种工程和分部工程概算或预算分别计算出它们的每基本单位价格，将其作为审核其他类似工程概算、预算的对比标准。将拟审的同类工程的概算、预算造价，与同类型定型标准工程的基本单位价格进行对比，如果出入不大，便可认可；如果出入较大，则应按分部工程、分项工程进一步分解，边分解边对比，发现哪里出入较大，就重点审查哪部分工程的概算、预算造价。

4）标准指标审查法

此法是利用各类不同性质、不同专业的工程造价指标和有关技术经济指标，审查同类工程的概算、预算造价。只要被审工程概算、预算文件中的技术经济指标和造价与同类工程基本相符，便可认为本工程概算、预算编制质量合格。如果出入较大，则需要进行全面审查或通过分析对比找准重点进行审查。此法审查速度快，适用于规模小、结构简单的工程，尤其适用于采用标准图纸的工程。事前可细编这种标准图纸的概算、预算造价指标等作为标准。凡是采用标准图纸的工程，其工程量就以标准概算、预算为准，进行对照审查，有局部设计变更的部分再单独审查。

6.3.3 通信建设工程概算、预算编制示例

现以基站设备及馈线安装工程概算、预算编制为例，供大家在学习时参考。

1. 已知条件

（1）本工程为×××基站设备及馈线安装工程，设计为施工图预算。

（2）施工地区在市区，施工企业距工程所在地 15km。

（3）设计图样及有关说明：设计图样如图 6-13 所示。

图样说明如下所示。

① 本基站站址选择建在市区繁华地带，基站设备位于 3 楼机房。

② 楼顶铁塔上安装 3 副定向天线，小区方向分别为 N00、N120、N240，其塔高为 18m。

③ 基站天馈线的布置与安装采用 7/8"同轴电缆，共敷设 6 条，每条长 40m。各馈线进入机房的孔洞严格密封，以防渗水。

④ 室外走线架的宽为 500m，走线架固定件材料已含在走线架材料内。

（4）不计取建设用地及综合赔补费，不计取施工用水电蒸汽费，劳动安全卫生评价费按 300 元计取。

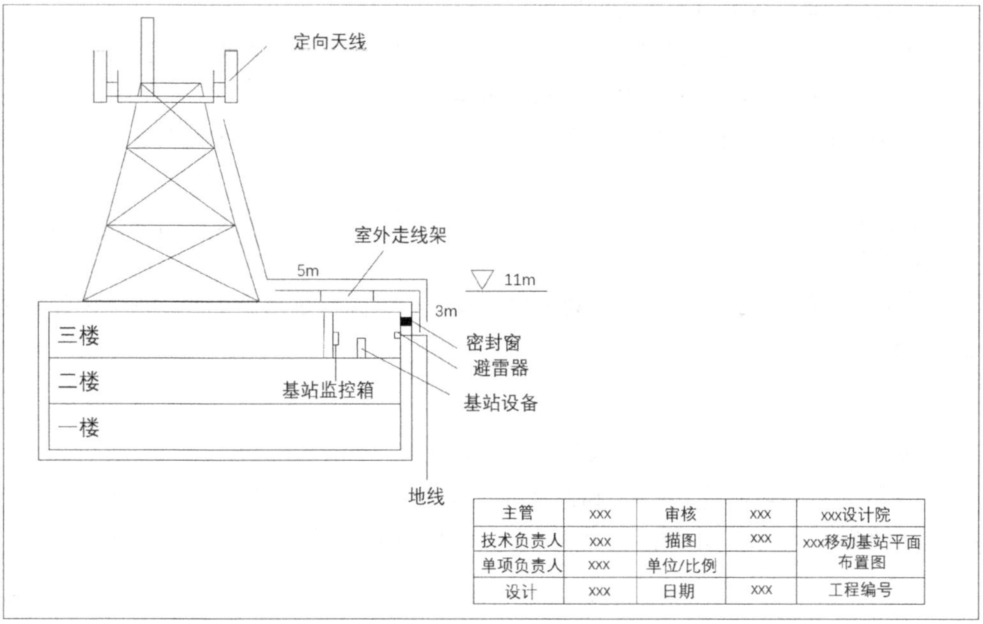

图 6-13 移动基站平面布置示意图

（5）建设工程监理费经双方约定，按建筑工程安装费的 5%计取，设计费为 3800 元。

（6）本工程不计取已完工程及设备保护费、运土费、工程排污费、可行性研究费、研究试验费、环境影响评价费、工程保险费、工程招标代理费、专利及专用技术使用费、生产准备及开办费，没有引进技术和引进设备。

（7）主材不计取采购代理服务费。主材原价按××市电信管理物资处编制的《电信建设工程概算、预算常用电信器材基础价格目录》取定。本工程用的设备主材单价（税前价、税率为 13%）如表 6-6 所示。

表 6-6 设备主材单价表

序 号	设备及材料名称	单 位	价格/元	备 注
1	基站设备	架	20 000.00	落地式
2	外围警告监控箱	个	500.00	壁挂式
3	防雷接地装置	套	2000.00	
4	馈线密封窗	个	1000.00	
5	定向天线	副	1500.00	
6	射频同轴电缆（7/8"）		1.50	
7	室外馈线走道		220.00	
8	7/8"电缆馈线卡子	套	0.20	
9	膨胀螺栓 M10×40	套	3.00	
10	膨胀螺栓 M10×80	套	6.00	
11	膨胀螺栓 M12×80	套	5.00	

（8）主材运距均为 60km；所安装设备均为国产，运距为 420km；不需要中转。

（9）设计范围与分工如下所示。

① 本工程设计范围主要包括移动基站的天线、馈线、室外走线架等设备的安装及布放，不考虑中继传输电路、供电电源等部分内容。

② 本基站收、发信机架之间所有连线，收发信机之间的缆线均由设备供应商提供并负责安装。

③ 基站设备与监控箱、避雷器在同一机房内，设备平面布置及走线架位置由本工程统一协调安排。

④ 土建（包括墙洞）、空调等配套工程的设计和预算未包括在本设计内，由建设单位委托相关设计单位设计。

2. 工程量计算

（1）安装移动通信定向天线（单位：副）3副。

（2）布放射频同轴电缆（单位：m），共有6条馈线，总长度=10m×6+1m×180=240m。其中：基本布放长度为10米/条（定额），共有6条（10米/条）。超过1m的部分，共有180条（1米/条）。

（3）安装基站设备（单位：架）1架。

（4）安装基站监控配线箱（单位：个）1个。

（5）安装防雷接地装置（单位：套）1套。

（6）安装馈线密封窗（单位：个）1个。

（7）安装室外馈线走道（单位：m）5m（水平）+3m（沿外墙垂直）=8m。

（8）宏基站天馈线系统调测（单位：条）6条。

（9）2G基站系统调测（6个载频）（单位：站）1站。

按照上述工程项目，查找定额，工程量汇总表如表6-7所示。

表6-7 工程量汇总表

序号	定额编号	项目名称	单位	数量
1	TSW1-004	安装室外馈线走道（水平）	m	5
2	TSW1-005	安装室外馈线走道（沿外墙垂直）	m	3
3	TSW2-009	安装定向天线楼顶铁塔上（高度20m以下）	副	3
4	TSW2-029	布放射频同轴电缆7/8"以下（布放10m以下）	条	6
5	TSW2-030	布放射频同轴电缆7/8"以下（每增加1m）	条	180
6	TSW1-032	安装防雷器	个	1
7	TSW1-082	安装馈线密封窗	个	1
8	TSW2-050	安装基站主设备（室内落地式）	架	1
9	TSW1-021	安装室外墙挂式综合机箱（套用定额）	个	1
10	TSW2-045	宏基站天馈线系统调测	条	6
11	TSW2-074	2G基站系统调测（6个载频以下）	站	1

3. 填写（表三）甲和（表三）丙

根据工程量汇总表中的定额，参照定额附录中的机械、仪表台班单价定额，分别填写

（表三）甲和（表三）丙。

（1）建筑安装工程量预算表（表三）甲，表格编号为 JZSB3J，如表 6-8 所示。

表 6-8 建筑安装工程量预算表（表三）甲

工程名称：×××基站设备及馈线安装工程　　建设单位名称：×××电信局　　表格编号：JZSB3J　　第　页

序号	定额编号	项目名称	单位	数量	单位定额值		合计值	
					技工	普工	技工	普工
I	II	III	IV	V	VI	VII	VIII	IX
1	TSW1-004	安装室外馈线走道（水平）	m	5	0.35	0.00	1.75	0.00
2	TSW1-005	安装室外馈线走道（沿外墙垂直）	m	3	0.31	0.00	0.93	0.00
3	TSW2-009	安装定向天线楼顶铁塔上（高度20m 以下）	副	3	5.70	0.00	17.10	0.00
4	TSW2-029	布放射频同轴电缆 7/8"以下（布放10m 以下）	条	6	0.98	0.00	5.88	0.00
5	TSW2-030	布放射频同轴电缆 7/8"以下（每增加 1m）	条	180	0.06	0.00	10.80	0.00
6	TSW1-032	安装防雷器	个	1	0.25	0.00	0.25	0.00
7	TSW1-082	安装馈线密封窗	个	1	1.42	0.00	1.42	0.00
8	TSW2-050	安装基站主设备（室内落地式）	架	1	5.92	0.00	5.92	0.00
9	TSW1-025	安装数字分配架、箱（壁挂式）	个	1	1.75	0.00	1.75	0.00
10	TSW2-045	宏基站天馈线系统调测	条	6	1.10	0.00	6.60	0.00
11	TSW2-074	2G 基站系统调测（6 个载频以下）	站	1	12.64	0.00	12.64	0.00
12		合计					65.04	0.00
13		总计					65.04	0.00

设计负责人：×××　　审核：×××　　编制：×××　　编制日期：××××年×月×日

（2）建筑安装工程施工仪器仪表使用费预算表（表三）丙，表格编号为 JZSB38，如表 6-9 所示。

表 6-9 建筑安装工程施工仪器仪表使用费预算表（表三）丙

工程名称：×××基站设备及馈线安装工程　　建设单位名称：×××电信局　　表格编号：JZSB38　　第　页

序号	定额编号	项目名称	单位	数量	仪表名称	单位定额值		合计值	
						数量/台班	单价/元	数量/台班	单价/元
I	II	III	IV	V	VI	VII	VIII	IX	X
1	TSW2-045	宏基站天、馈线系统调测	条	6	天馈线测试仪	0.14	140.00	0.84	117.60
2	TSW2-045	宏基站天、馈线系统调测	条	6	操作测试终端（电脑）	0.14	125.00	0.84	105.00
3	TSW2-045	宏基站天、馈线系统调测	条	6	互调测试仪	0.14	310.00	0.84	260.40

续表

序号	定额编号	项目名称	单位	数量	仪表名称	单位定额值		合计值	
						数量/台班	单价/元	数量/台班	单价/元
4	TSW2-074	2G 站，基统调测（6 个载频以下）	站	1	射频功率计	1.20	147.00	1.20	176.40
5	TSW2-074	2G 站，基统调测（6 个载频以下）	站	1	操作测试终端（电脑）	1.20	125.00	1.20	150.00
6	TSW2-074	2G 站，基统调测（6 个载频以下）	站	1	微波频率计	1.20	140.00	1.20	168.00
7	TSW2-074	2G 站，基统调测（6 个载频以下）	站	1	误码测试仪	1.20	120.00	1.20	144.00
8		合计							1121.40

设计负责人：××× 审核：××× 编制：××× 编制日期：××××年×月×日

4．填写（表四）甲

（1）主材用量。参考工程量汇总表中各定额需要的主要材料，若定额中主要材料是带有括号和分数的，表示供设计选用，应根据技术要求或工程实际需要来决定，而以“*”表示的是由设计确定其用量的，但需要结合工程实际确定其用量。各定额的主材用量如表 6-10 所示。

表 6-10　各定额的主材用量

序号	定额编号	项目名称	工程量	主材名称	规格型号	单位	定额量	主材用量
1	TSW1-004	安装室外馈线走道（水平）	5	室外馈线走道		m	1.01	5.05
2	TSW1-005	安装室外馈线走道（沿外墙垂直）	3	室外馈线走道		m	1.01	3.03
3	TSW2-029	布放射频同轴电缆 7/8"以下（布放 10m）	6	射频同轴电缆	7/8"以下	m	10.20	61.20
				馈线卡子	7/8"以下	套	9.60	57.60
4	TSW2-030	布放射频同轴电缆 7/8"以下（每增加 1m）	180	射频同轴电缆	7/10"以下	m	1.02	183.60
				馈线卡子	7/11"以下	套	0.86	154.80
5	TSW1-032	安装防雷器	1	螺栓	M10×40	套	4.04	4.04
6	TSW1-082	安装馈线密封窗	1	螺栓	M10×41	套	6.06	6.06
7	TSW2-050	安装基站主设备（室内落地式）	1	螺栓	M12×80	套	4.04	4.04
8	TSW1-025	安装数字分配架、箱　壁挂式	1	螺栓	M10×80	套	4.04	4.04

设计负责人：××× 审核：××× 编制：××× 编制日期：××××年×月×日

（2）将表 6-10 中的同类材料合并，并参照如表 6-6 所示的设备主材单价及主材运距填写表四（甲），表格编号为 JZSB4J-1，如表 6-11 所示。

表 6-11 国内器材预算表（表四）甲（主要材料费）

工程名称：×××基站设备及馈线安装工程　　建设单位名称：×××电信局　　表格编号：JZSB4J-1　　第　页

序号	名称	规格程式	单位	数量	单价/元	合计/元	备注
I	II	III	IV	V	VI	VII	VIII
1	射频同轴电缆	7/8"以下	m	244.80	1.50	367.20	电缆
2	（1）小计					367.20	
3	（2）运杂费：小计×1.5%					5.51	
4	（3）运输保险费：小计×0.1%					0.37	
5	（4）采购及保管费：小计×1.0%					3.67	
6	（5）采购代理服务费：不计					0.00	
7	合计 1					376.75	
8	室外馈线走道			8.08	220.00	1777.60	
9	馈线卡子	7/8"以下	套	212.40	0.20	42.48	
10	螺栓	M10×40	套	10.10	3.00	30.30	
11	螺栓	M12×80	套	4.04	4.00	16.16	
12	螺栓	M10×80	套	4.04	5.00	20.20	
13	（1）小计					1886.74	其他
14	（2）运杂费：小计×3.6%					67.92	
15	（3）运输保险费：小计×0.1%					1.89	
16	（4）采购及保管费：小计×1.0%					18.87	
17	（5）采购代理服务费：不计					0.00	
18	合计 2					1975.42	
19	总计					2352.17	

设计负责人：×××　　审核：×××　　编制：×××　　编制日期：××××年×月×日

需要安装的设备均为国产，运距为420km，不需要中转，如表6-12所示。

表 6-12 国内器材预算（表四）甲（需要安装的设备）

工程名称：×××基站设备及馈线安装工程　　建设单位名称：×××电信局　　表格编号：JZSB4J-2　　第　页

序号	名称	规格程式	单位	数量	单价/元	合计/元
I	II	III	IV	V	VI	VII
1	馈线密封窗		个	1	1000.00	1000.00
2	防雷接地装置		套	1	2000.00	2000.00
3	外围警告监控箱	壁挂式	个	1	500.00	500.00
4	定向天线		副	3	1500.00	4500.00
5	基站设备	落地式	架	1	20 000.00	20 000.00
6	（1）需安装的设备小计					28 000.00
7	（2）运杂费（小计×1.2%）					336.00
8	（3）运输保险费（小计×0.4%）					112.00
9	（4）采购及保管费（小计×0.82%）					229.60
10	（5）采购及代理费用：不计					0.00
11	总计					28 677.60

设计负责人：×××　　审核：×××　　编制：×××　　编制日期：××××年×月×日

5．填写（表二）

按照给定的已知条件，确定每项费用的费率及计费基础，同时必须时刻注意费用定额中的注解和说明，并要填写表中的“依据和计算方法”栏。另外，本工程没有使用施工机械，所以无“大型施工机械调遣费”；工程施工地为城区，所以无“特殊地区施工增加费”。（表二）的表格编号为 JZSB2，如表 6-13 所示。

表 6-13　建筑安装工程费用预算表（表二）

工程名称：×××基站设备及馈线安装工程　　建设单位名称：×××电信局　　表格编号：JZSB2　　第　页

序号	费用名称	依据和计算方法	合计/元	序号	费用名称	依据和计算方法	合计/元
Ⅰ	Ⅱ	Ⅲ	Ⅳ	Ⅰ	Ⅱ	Ⅲ	Ⅳ
	建筑安装工程费（含税价）	一+二+三+四	20 386.84	7	夜间施工增加费	人工费×2.1%	155.71
	建筑安装工程费（除税价）	一+二+三	18 617.20	9	冬雨季施工增加费	人工费×1.8%	133.46
一	直接费	（一）+（二）	12 604.74	10	生产工具使用费	人工费×0.8%	59.32
（一）	直接工程费	1+2+3+4	10 958.71	11	施工用水电蒸汽费	不计（给定）	0.00
1	人工费	（1）+（2）	7414.56	12	特殊地区施工增加费	不计	0.00
（1）	技工费	技工总工日（65.04）×114	7414.56	13	已完工程及设备保护费	不计（给定）	0.00
（2）	普工费	普工总工日（0.00）×61.00	0.00	14	运土费	不计（给定）	0.00
2	材料费	（1）+（2）	2422.75	15	施工队伍调遣费	不计（35km 内）	0.00
（1）	主要材料费	（表四）甲	2352.18	16	大型施工机械调遣费	不计	0.00
（2）	辅助材料费	主要材料费×3.0%	70.57	二	间接费	（一）+（二）	4529.55
3	机械使用费	（表三）乙	0.00	（一）	规费	1+2+3+4	2497.97
4	仪表使用费	（表三）丙	1121.40	1	工程排污费	不计（给定）	0.00
（二）	措施费	1+2+3+…+15	1646.03	2	社会保障费	人工费×28.50%	2113.15
1	文明施工费	人工费×1.1%	81.56	3	住房公积金	人工费×4.19%	310.67
2	工地器材搬运费	人工费×1.1%	81.56	4	危险作业意外伤害保险费	人工费×1.0%	74.15
3	工程干扰费	人工费×4.0%	296.58	（二）	企业管理费	人工费×27.40%	2031.59
4	工程点交、场清理费	人工费×2.5%	185.36	三	利润	人工费×20.0%	1482.91
5	临时设施费	人工费×3.8%	281.75	四	销项税额	（人工费+乙供主材费+辅材费+机械使用费+仪表使用费+措施费+规费+企业管理费+利润）×9%+甲供主材费×13%	1769.64
6	工程车辆使用费	人工费×5.0%	370.73				

设计负责人：×××　　审核：×××　　编制：×××　　编制日期：××××年×月×日

6. 填写（表五）甲

（1）勘察费。本工程为移动通信基站设备安装工程，查表得勘察费为 4250 元，施工图设计的勘察费=4250 元×40%=1700 元。

（2）工程设计费。工程设计费为 3800.00 元（给定）。

（3）工程建设其他费用预算表（表五）甲的表格编号为 JZSB5J，如表 6-14 所示。

表 6-14　工程建设其他费用预算表（表五）甲

工程名称：×××基站设备及馈线安装工程　　建设单位名称：×××电信局　　表格编号：JZSB5J　　第　页

序号	费用名称	计算依据及方法	金额/元			备注
			除税价	增值税	含税价	
Ⅰ	Ⅱ	Ⅲ	Ⅳ	Ⅴ	Ⅵ	Ⅶ
1	建设用地及综合赔补偿费	不计（给定）	0.00	0.00	0.00	
2	建设单位管理费	建筑安装工程费×1.5%	279.26	8.38	287.64	建筑安装工程费为 18 617.20 元 税率 3%
3	可行性研究费	不计（给定）	0.00	0.00	0.00	
4	研究试验费	不计（给定）	0.00	0.00	0.00	
5	勘察设计费	勘察费+设计费	5500.00	330.00	5830.00	勘察费：1700.00 元 设计费：3800.00 元 税率 6%
6	环境影响评价费	不计（给定）	0.00	0.00	0.00	
7	劳动安全卫生评价费	300（给定）	300.00	27.00	327.00	税率 9%
8	建设工程监理费	建筑安装工程费×5.00%	930.86	55.85	986.71	双方约定 税率 6%
9	安全生产费	建筑安装工程费×1.5%	279.26	25.13	304.39	建筑安装工程费为 18 617.20 税率 9%
10	工程质量监督费	已取消	0.00	0.00	0.00	
11	工程定额测定费	已取消	0.00	0.00	0.00	
12	引进技术和引进设备其他费	无	0.00	0.00	0.00	
13	工程保险费	不计（给定）	0.00	0.00	0.00	
14	工程招标代理费	不计（给定）	0.00	0.00	0.00	
15	专利及专用技术使用费	不计（给定）	0.00	0.00	0.00	
16	总计		7289.38	446.36	7735.74	
17	生产准备及开办费（运营费）	不计（给定）	0.00	0.00	0.00	

设计负责人：×××　　审核：×××　　编制：××　　编制日期：××××年×月×日

7. 填写（表一）

由于本工程编制的是施工图预算，所以可以不列支预备费。工程预算总表（表一）的表格编号为 JZSB1，如表 6-15 所示。

表 6-15　工程预算总表（表一）

工程名称：×××基站设备及馈线安装工程　　建设单位名称：×××电信局　　表格编号：JZSB1　　第　页

序号	表格编号	费用名称	小型建筑工程费	需要安装的设备费	不需要安装的设备、工器具费	建筑安装工程费	其他费用	总价值			
			/元					除税价/元	增值税/元	含税价/元	其中外币
Ⅰ	Ⅱ	Ⅲ	Ⅳ	Ⅴ	Ⅵ	Ⅶ	Ⅷ	Ⅸ	Ⅹ	Ⅺ	Ⅻ
1	JZSB2	建筑安装工程费				18 617.20		18 617.20	1769.64	20 386.84	
2	JZSB4J-2	需要安装设备费		28 677.60				28 677.60	4588.42	33 266.02	
3	JZSB5J	工程建设其他费					7289.38	7289.38	446.36	7735.74	
4		合计		28 677.60		18 617.20	7289.38	54 584.18	6804.42	61 388.6	
5		总计		28 677.60		18 617.20	7289.38	54 584.18	6804.42	61 388.6	

设计负责人：×××　　审核：×××　　编制：××　　编制日期：××××年×月×日

8. 撰写预算编制说明

（1）工程概况。

本工程为×××基站设备及馈线安装工程，按一阶段设计编制施工图预算。本工程共安装基站设备 1 架、布放 7/8"射频同轴电缆 240m。预算总价值为 54 584.18 元（除税价），总工日为 65.04 工日，均为技工工日。

（2）编制依据。

① 施工图设计图样及说明。

② 工信部发布的[2008]75 号文件《通信建设工程概算、预算编制办法及费用定额》。

③ ××市电信工程公司编制的《××市电信建设工程概算预算常用电信器材基础价格目录》。

④ 通信建设工程预算定额第三册《无线通信设备安装工程》。

⑤ 通信建设工程施工机械、仪表台班定额。

（3）工程技术经济指标分析：本单项工程总投资为 54 584.18 元（除税价）。其中，建筑安装工程费为 18 617.20 元（除税价），工程建设其他费为 7289.38 元（除税价），需要安装设备费为 28 677.60 元（除税价），没有列支预备费。

（4）其他需要说明的问题（略）。

6.4　通信设备安装与施工

6.4.1　施工前准备

施工的现场准备工作，主要是为项目施工创造有利的施工条件和物资保证。对于不同的施工专业，现场准备工作的内容也各有要求，实际工作中要根据施工的专业具体考虑。

此处按设备安装工程叙述。

1. 施工现场准备的一般要求

1）现场勘察的要求

项目经理部在开工前应进行现场勘察，了解现场地形、地貌、水文、地质、气象、交通、环境、民情、社情，以及文物保护、建筑红线等情况，核对施工图设计重点部位的施工方案及安全技术措施的可行性，为施工图设计审核和编制施工组织设计做准备。

2）临时设施的设置要求

设立临时设施的原则是，距离施工现场近，运输材料、设备、机具便利，通信、信息传递方便，人身及物资安全。

3）工程材料的准备要求

项目经理部在施工准备阶段应根据施工合同和建设单位的要求，进行必要的材料厂验；根据签订材料的供货合同，及时采购承包的主要材料及计划内的辅助材料、劳保用品，做好材料及设备的清点、进场检验及标识工作，并对其数量、规格等进行登记建立台账。材料和设备进场检验工作应有建设单位随工人员和监理人员在场，并由随工人员和监理人员确认，将检验记录备案。

4）其他施工资源的准备要求

（1）施工人员的管理。

项目经理应根据工程需要，确定管理岗位及职责和施工技术要求，根据岗位职责及技术要求确定管理人员、施工人员的人选，并商定劳动合同签订方式、工资标准、社会保险缴纳方式等问题。

（2）机具、设备、车辆、仪表的管理。

项目经理部的管理人员应根据施工组织设计筹备施工需要的机具、设备、车辆、仪表和工具，并建立台账，做好施工机具和施工设备的安装、调试工作，避免施工时设备和机具发生故障，影响施工进度。

为了保证工程仪表的安全，项目经理部还应合理安排设备、仪表的存放地，做好仪表的防潮、防尘、防暴晒、防盗工作，保证仪器仪表的安全可靠。

2. 设备安装工程的施工现场准备工作

设备安装工程的施工现场准备工作除施工现场准备的一般要求之外，还应考虑以下几项准备工作。

1）施工机房的现场考察

了解机房现场内的特殊要求，考察电力配电系统、机房走线系统、机房接地系统、施工用电和空调设施、消防设施的情况。

2）办理机房准入证件

了解现场、机房的管理制度，提前办理必要的机房准入手续。

3）设计图纸现场复核

依据设计图纸进行现场复核。复核的内容包括需要安装的设备的位置、数量是否准确有效，线缆的走向、距离是否准确可行，电源电压、熔断器的容量是否满足设计要求，保护接地的位置是否有冗余，防静电地板的高度是否和防震机座的高度相符等。

3. 其他准备工作

1）做好冬雨期施工的准备工作

冬雨期施工的准备工作包括冬雨期施工人员的安全防护、施工设备运输及搬运的安全防护，施工机具、仪表的安全使用等工作，做好冬雨期施工的安全培训工作。

2）做好特殊地区施工的准备工作

特殊地区施工的准备工作主要包括高原、高寒地区、沼泽地区等特殊地区施工的特殊准备工作，应提前准备好缓解高原反应的药物，调整好施工人员的生活节奏，储备好耐寒衣物和防水衣物，以适应特殊地区的环境要求。

6.4.2 通信工程识图

1. 通信工程识图的概念

通信工程图样是通过图形符号、文字符号、文字说明及标注表达工程性质的文件。专业技术人员通过图样能够了解工程规模、工程内容、统计出工程量、编制工程概预算。在概预算文件编制中，阅读图样、统计工程量的过程就称为识图。

目前，通信建设工程规划、设计和施工部门均使用制图软件进行工程制图。使用计算机绘图，必须采用规范化和标准化的符号，并从通信行业标准、相关设计手册、设计文件和常用设计软件中收集一些具有代表性的制图符号作为图例。图例就是用于表示设计意图的符号。使用统一的图例，可以使工程图样通俗易懂、规范清晰，若采用其他符号绘制，则必须在图中加以说明。

2. 通信设备工程常用图例

通信设备的图例包括通信局站、机房设施、通信设备、天线和通信电源 5 部分，常用图例如表 6-16 所示。

表 6-16 通信设备工程常用图例

项目类别	图形符号	说明	项目类别	图形符号	说明
通信台、局、站	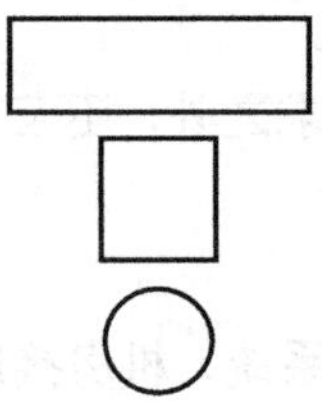	通信局、站、台的一般符号 注：①必要时可根据建筑物的形状绘制；②圆形符号一般表示小型从属站；③可以加注文字符号表示不同的等级、规模、局、站用途，容量及局号等	通信台、局、站	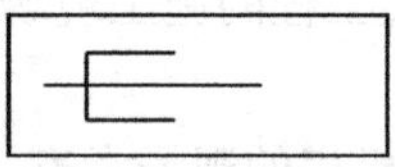	有线终端站 注：可以加文字符号表示不同的规模、形式
	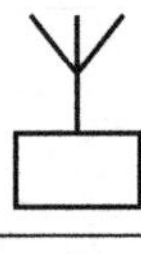	无线通信局站的一般符号		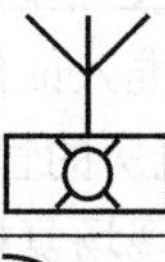	卫星通信地球站
		微波通信中间站		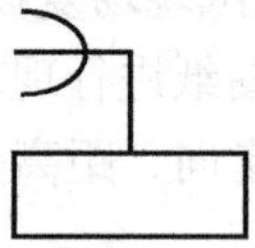	微波通信终端站

续表

项目类别	图形符号	说明	项目类别	图形符号	说明
机房设施	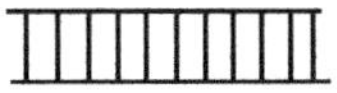	走线架、电缆走道	机房设施	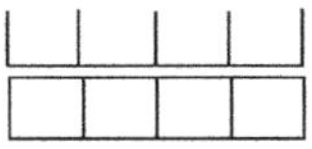	列架的一般符号
	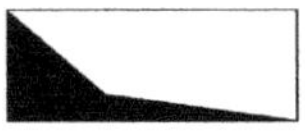	楼板洞		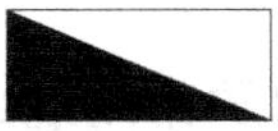	穿墙洞
设备	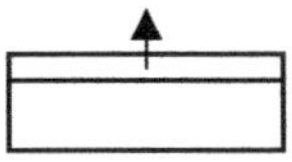	表示设备正面	通信设备		本期利旧设备
	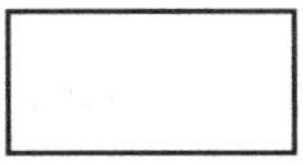	机房原有设备			机房新增设备
天线		天线的一般符号	天线	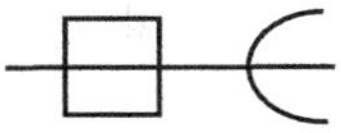	矩形导馈电抛物面天线
	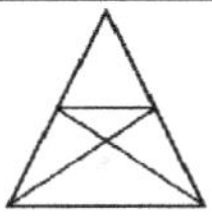	天线塔的一般符号		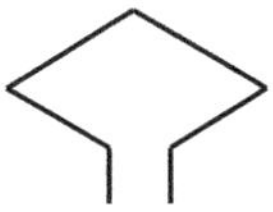	环形（或矩形）天线

6.4.3 通信工程质量监督

《通信工程质量监督管理规定》自 2002 年 2 月 1 日起施行，目的是加强对通信工程质量的监督管理，确保通信工程质量。通信工程质量监督工作的主要内容是对参与通信工程建设各方主体的质量行为及工程执行强制性标准的情况进行监督。具体内容如下所示。

（1）对建设单位相关质量行为进行监督。

（2）对勘察设计、施工、系统集成、用户管线建设、监理等单位的相关质量行为进行监督。

（3）对各参建单位和人员的资质和资格进行监督。

（4）对参建单位执行通信工程建设强制性标准的情况进行监督。

（5）受理单位或个人有关通信工程质量的检举、控告和投诉。

工信部通信工程质量监督机构受工信部委托，负责全国通信工程质量监督工作。省级通信工程质量监督机构受省、自治区、直辖市通信管理局委托，负责本行政区内通信工程质量监督工作，并根据本行政区的实际情况确定分支机构或派出人员。工信部或省、自治区、直辖市通信管理局可以委托经工信部考核认定的通信工程质量监督机构依法对工程质量进行监督。

建设单位办理质量监督申报手续，应填写《通信工程质量监督申报表》，并提供以下资料：

（1）项目立项批准文件。

（2）施工图设计审查批准文件。

（3）工程勘察设计、施工、系统集成、用户管线建设、监理等单位的资质等级证书（复印件）。

（4）其他相关文件。

6.5 通信设备安装

6.5.1 机房常用缆线

在传输网中，有线传输介质主要包括双绞线、同轴电缆、光纤等。

1. 双绞线

双绞线是目前计算机网络综合布线中最常用的传输介质。如图 6-14 所示，双绞线由一对一对的带绝缘塑料保护层的铜线组成。每对绝缘的铜导线按一定的密度相互绞在一起，可有效降低信号干扰的程度，每一根导线在传输中辐射的电磁波会被另一根导线发出的电磁波抵消。

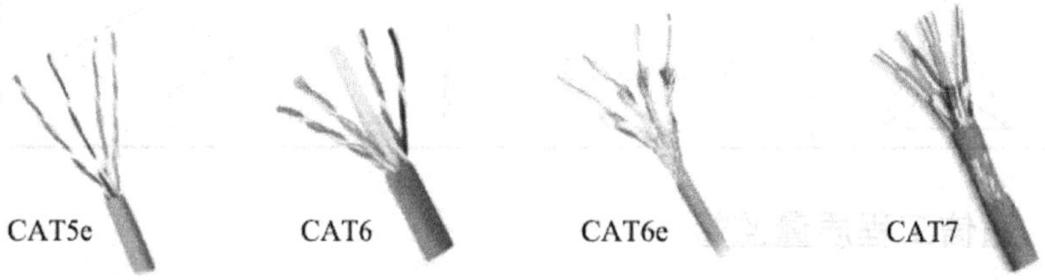

图 6-14 双绞线

（1）双绞线按屏蔽与非屏蔽性可划分为屏蔽双绞线（Shielded Twisted Pair，STP）与非屏蔽双绞线（Unshielded Twisted Pair，UTP）。

屏蔽双绞线的外层由一层铝箔包裹，可以有效减小辐射，防止信息被窃取，也可以阻止外部电磁干扰的进入，使屏蔽双绞线比同类的非屏蔽双绞线具有更高的传输速率。但在实际施工中，很难完美接地，从而使屏蔽层本身成为最大的干扰源，导致其性能甚至远不如非屏蔽双绞线。

非屏蔽双绞线电缆的优点包括无屏蔽外套，直径小，节省所占用的空间，成本低，重量轻，易弯曲，易安装；将串扰减至最小或加以消除；具有阻燃性；具有独立性和灵活性，适用于结构化综合布线。因此，在综合布线系统中，非屏蔽双绞线得到了广泛应用。

（2）双绞线按线径可划分为一类线、二类线、三类线、四类线、五类线、超五类线和六类线等。

① 一类线（CAT1）。该线缆最高频率带宽为 750kHz，用于报警系统或只适用于语音传输（一类标准主要用于 80 年代初之前的电话线缆），不用于数据传输。

② 二类线（CAT2）。该线缆最高频率带宽为 1MHz，用于语音传输和最高传输速率为 4Mbit/s 的数据传输，常见于使用 4Mbit/s 规范令牌传递协议的旧令牌网。

③ 三类线（CAT3）。该电缆指在 ANSI 和 EIA/TIA568 标准中指定的电缆，该电缆的传输频率为 16MHz，最高传输速率为 10Mbit/s，主要用于语音、10Mbit/s 以太网（10BASE-T）和 4Mbit/s 令牌环，最大网段长度为 100m，采用 RJ 形式的连接器，该电缆已淡出市场。

④ 四类线（CAT4）。该类电缆的传输频率为 20MHz，用于语音传输和最高传输速率为 16Mbit/s（指的是 16Mbit/s 的令牌环）的数据传输，主要用于基于令牌的局域网和 10BASE-T/100BASE-T。最大网段长度为 100m，采用 RJ 形式的连接器，该类电缆未被广泛采用。

⑤ 五类线（CAT5）。该类电缆增加了绕线密度，外套一种高质量的绝缘材料，线缆的最高频率带宽为 100MHz，最高传输速率为 100Mbit/s，用于语音传输和最高传输速率为 100Mbit/s 的数据传输，主要用于 100BASE-T 和 1000BASE-T 网络，最大网段长度为 100m，采用 RJ 形式的连接器。这是最常用的以太网电缆。在双绞线电缆内，不同线对具有不同的绞距。通常，4 对双绞线的绞距周期小于 38.1mm，按逆时针方向扭绞，一对线对的扭绞长度小于 12.7mm。

⑥ 超五类线（CAT5e）。超五类线具有衰减小、串扰少并且具有更高的衰减与串扰的比值（ACR）和信噪比（SNR）、更小的时延误差的特点，性能得到了很大提高。超五类线主要用于千兆位以太网（1000Mbit/s）。

⑦ 六类线（CAT6）。该类电缆的传输频率为 1～250MHz，六类线系统在 200MHz 时的综合衰减串扰比（PS-ACR）应该有较大的余量，它提供 2 倍于超五类线的带宽。六类线的传输性能远远高于超五类标准，最适用于传输速率高于 1Gbit/s 的应用。六类线与超五类线的一个重要的不同点在于六类线改善了在串扰及回波损耗方面的性能，对于新一代全双工的高速网络应用而言，优良的回波损耗性能是极重要的。六类线标准中取消了基本链路模型，布线标准采用星型拓扑结构，要求的布线距离为永久链路的长度不能超过 90m，信道长度不能超过 100m。

⑧ 超六类线（CAT6A）。此类产品的传输带宽介于六类线和七类线之间，传输频率为 500MHz，传输速率为 10Gbit/s，标准外径为 6mm。和七类产品一样，国家还没有出台正式的检测标准，只是行业中有此类产品，各厂家宣布一个测试值。

⑨ 七类线（CAT7）。该类电缆的传输频率为 600MHz，传输速率为 10Gbit/s，单线标准外径为 8mm，多芯线标准外径为 6mm。

类型数字越大、版本越新、技术越先进，带宽也越宽，当然价格也越贵。无论是哪一种线，衰减都随频率的升高而增大。在设计布线时，要考虑到受到衰减的信号还应当有足够大的振幅，以便在有噪声干扰的条件下能够在接收端正确地被检测出来。

（3）双绞线的线序。

在北美和国际上最有影响力的 3 家综合布线组织为 ANSI（American National Standards Institute，美国国家标准协会），TIA（Telecommunication Industry Association，美国通信工业协会），EIA（Electronic Industries Alliance，美国电子工业协会）。由于 TIA 和 ISO 经常进行标准制定方面的工作协调，所以 TIA 和 ISO 颁布的标准差别不是很大。在北美，乃至全球，在双绞线标准中应用最广的是 ANSI/EIA/TIA-568A 和 ANSI/EIA/TIA-568B（实际上应为 ANSI/EIA/TIA-568B.1，简称 T568B）。这两个标准最主要的不同就是芯线序列不同。

EIA/TIA 568A 的线序定义依次为绿白、绿、橙白、蓝、蓝白、橙、棕白、棕，其标号如表 6-17 所示。

表 6-17　EIA/TIA 568A 的线序定义

绿白	绿	橙白	蓝	蓝白	橙	棕白	棕
1	2	3	4	5	6	7	8

EIA/TIA 568B 的线序定义依次为橙白、橙、绿白、蓝、蓝白、绿、棕白、棕，其标号如表 6-18 所示。

表 6-18　EIA/TIA 568B 的线序定义

橙白	橙	绿白	蓝	蓝白	绿	棕白	棕
1	2	3	4	5	6	7	8

根据 568A 和 568B 标准，RJ-45 连接头（俗称水晶头）的各触点在网络连接中，对传输信号来说它们所起的作用分别是：1、2 用于发送，3、6 用于接收，4、5，7、8 是双向线；对与其相连接的双绞线来说，为了降低相互干扰，标准要求 1、2 必须是绞缠的一对线，3、6 也必须是绞缠的一对线，4、5 相互绞缠，7、8 相互绞缠。由此可见，实际上 568A 和 568B 没有本质的区别，只是连接 RJ-45 连接头时 8 根双绞线的线序排列不同，在实际的网络工程施工中多采用 568B 标准。

2. 同轴电缆

同轴电缆是由绝缘材料隔离的铜线导体，由里到外分为 4 层：中心铜线、绝缘层、网状屏蔽层和塑料封套，如图 6-15 所示。

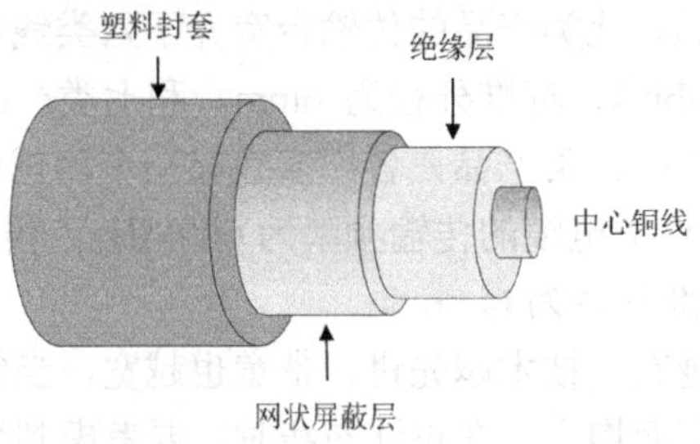

图 6-15　同轴电缆

同轴电缆的分类有很多种，从用途上可分为基带同轴电缆和宽带同轴电缆。基带同轴电缆是以硬铜线为芯，外包一层绝缘材料，主要用于数字传输。它又可分为细同轴电缆和粗同轴电缆。

由于同轴电缆外导体的屏蔽作用，当频率较高时，可以认为同轴电缆内的电磁场是封闭的，基本不引入外部的噪声、干扰和串音，也没有辐射损耗。因此，同轴电缆适用于高频信号的传输。但同轴回路不均匀的特性阻抗会影响传输质量，并且同轴电缆耗铜量大、施工复杂、建设周期长。

在光纤广泛应用于通信传输之前，同轴电缆是应用最普遍的一种传输介质。通过采用频分复用技术，一根同轴电缆可以同时提供 1 万条以上的电话信道，它曾被用于长距离电话和电视信号传输、电视分配、局域网及短距离传输系统链路中。在实际应用中，同轴电缆分为射频同轴电缆（75Ω）和高频同轴电缆（120Ω），一般 75Ω 的射频同轴电缆较为常用。

现如今国内运营商已经退铜多年，只有部分存量电缆还在应用中。

3. 光纤

光纤是用于导光的透明纤维介质，其主要成分为二氧化硅（SiO_2）。光纤呈圆柱形，由多层透明介质构成。一般可以分为3部分：纤芯、包层和涂覆层，如图6-16所示。

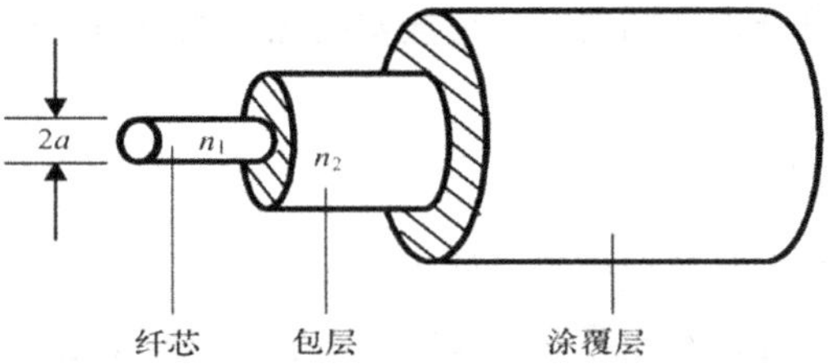

图6-16　光纤结构

光纤的分类方法有很多种，主要从工作波长、折射率分布、传输模式及其用途等方面来划分。

（1）按工作波长分类：紫外光纤、可见光光纤、近红外光纤、红外光纤。

（2）按折射率分布分类：阶跃型光纤、渐变型光纤、三角形光纤、凹陷型光纤、双包层型光纤。

（3）按传输模式分类：单模光纤、多模光纤。

（4）按用途分类：掺铒光纤、零色散补偿光纤、非零色散位移光纤等。

光是一种电磁波，可见光部分的波长范围是39～760nm；波长大于760nm的部分是红外光，波长小于390nm的部分是紫外光。

光纤连接器型号识别表如表6-19所示。

表6-19　光纤连接器型号识别表

连接器型号	描述	外形图	连接器型号	描述	外形图
FC/PC	圆形光纤接头/微凸球面研磨抛光	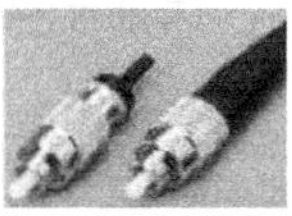	FC/APC	圆形光纤接头/面呈8°并作微凸球面研磨抛光	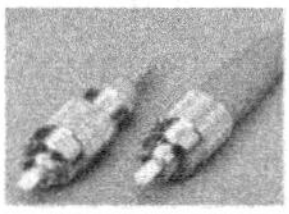
SC/PC	方形光纤接头/微凸球面研磨抛光		SC/APC	方形光纤接头/面呈8°并作微凸球面研磨抛光	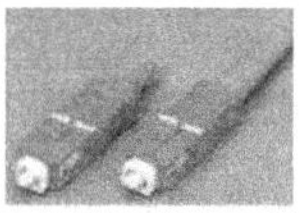
ST/PC	卡接式圆形光纤接头/微凸球面研磨抛光	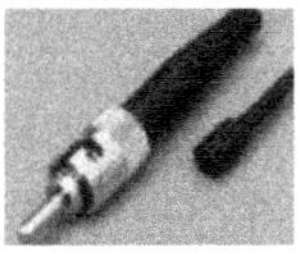	ST/APC	卡接式圆形光纤接头/面呈8°并作微凸球面研磨抛光	
MT-RJ	卡接式方形光纤接头		LC/PC	卡接式方形光纤接头/微凸球面研磨抛光	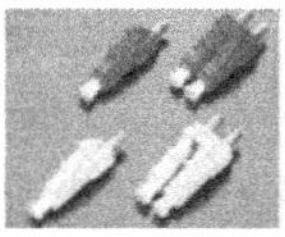

6.5.2　机房设备安装的工艺要求

1. 铁件安装

安装铁件前，应检查材料质量。不得使用生锈、污渍、破损的材料。铁件安装或加固的位置应符合设计平面图的要求。安装的立柱应垂直，垂直偏差应不大于立柱全长的 1‰；铁架上梁连固铁应平直无明显弯曲；电缆支架应端正，距离均匀；列间撑铁应在一条直线上，铁件对墙加固处应符合设计图要求，吊挂安装应牢固垂直，一列有多个吊挂时，吊挂应在一条直线上。

2. 电缆走道及槽道安装

电缆主走道及槽道的安装位置应符合施工图设计的规定，左右偏差不得超过 50mm。水平走道应与列架保持平行或直角相交，水平度每米的偏差不超过 2mm。垂直走道应与地面保持垂直并无倾斜现象，垂直度偏差不超过 1‰，走道吊架的安装应整齐牢固，保持垂直，无歪斜现象。走线架应保证电气连通，就近连接至室内保护接地排，接地线应采用 35mm^2 黄绿色多股铜芯电缆。

3. 机架设备安装

1）竖立机架

机架的安装位置应符合施工图设计平面图的要求，并根据设计图纸的尺寸，画线定位。

需要加固底座或机帽的，宽度和高度的尺寸应与机架尺寸相符，总体高度应与机房整体机架的高度一致，漆色同机架色泽。底脚螺栓的安装数量应符合机架底角孔洞数量的要求，机架的垂直偏差不应大于机架高度的 1‰。调整机架垂直度时，可在机架底角处放置金属片，最多只能垫机架的三个底角。一列有多个机架时，应先安装列头首架，然后依次安装其余各机架，整列机架的允许偏差为 3mm，机架之间的缝隙上下应均匀一致，机门的安装位置应正确，开启灵活。机架、列架的标志应正确、清晰、齐全。

2）子架安装

子架的安装位置应符合设计要求，安装应牢固，保证子架接线器插接件的电气接触良好。

3）机盘安装

安装前应核对机盘的型号是否与现场要求的机盘型号、性能相符。安插时应根据设计中的面板排列图进行，各种机盘要准确无误地插入子架中相应的位置。插盘前必须戴好防静电手环，有手汗者要戴手套。

4）零附件安装

光、电、中继器设备机架，DDF、ODF 架等配置的各种零附件应按厂家提供的装配图正确牢固安装。ODF 上活接头的安装数量和方式要符合设计及工艺要求。

5）安装分路系统、馈管

安装前，应核对环行器的工作频段及环行方向是否符合设计要求。安装螺钉的穿行方向应对准天线所在方向，螺钉必须齐全，波导口应加固紧密，与外接波导口的连接应自然、顺直、不受力。安装馈管时必须使用专用力矩扳手，防止用力过大使馈管变形。

6）安装波导充气机和外围控制箱

波导充气机和外围控制箱采用壁挂式安装时，设备底部应距室内地面 1.5m，原则上尽可能靠近走线架安装，以便于布线。烟雾、火情探头应安装在机房棚顶上；门开关告警应装在门框内侧，压接点松紧位置应合适。

4．缆线及电源线的布放

1）光缆尾缆布放

（1）光缆尾缆的规格、路由的走向应符合施工图设计的规定，缆线排列必须整齐，外皮应无损伤。

（2）电源线和光缆尾缆必须分开布放、绑扎，绑扎时应使用同色扎带。

（3）光缆尾缆的转弯应均匀圆滑，转弯的曲率半径应大于缆径的 15 倍。

（4）线缆在走线架上要横平竖直，不得交叉。从走线架下线时应垂直于所接机柜。

（5）同一机柜不同线缆的垂直部分的扎带在绑扎时应尽量保持在同一水平面上。

（6）用扎带绑扎时，扎带扣应朝向操作侧背面，扎带扣应修剪平齐。

2）光纤布放

（1）槽道内光纤应顺直、不扭绞，拐弯处的曲率半径应不小于缆线直径的 20 倍。

（2）槽道内光纤应加套管或线槽进行保护，无套管保护处应用扎带绑扎，但不宜过紧。

3）电源线敷设

（1）电源线必须采用整段线料，中间不得有接头。

（2）馈电采用铜（铝）排敷设时，铜（铝）排应平直，不能有明显不平或锤痕。

（3）铜（铝）排馈电线正极应为红色标志，负极应为蓝色标志，保护地应为黄绿标志，涂漆应光滑均匀，无漏涂和流痕。

（4）胶皮绝缘线作直流馈电线时，每对馈电线应保持平行，正负线两端应有统一红蓝标志。

（5）电源线末端必须有胶带等绝缘物封头，电缆剖头处必须用胶带和护套封扎。

5．设备的通电检查

1）通电前的检查

（1）卸下架内保险和分保险，检查架内电源线的连接是否正确、牢固、无松动。

（2）机架电源输入端应检查电源电压、极性、相序。

（3）机架和机框内部应清洁，检查有无焊锡（渣）、芯线头脱落的紧固件或其他异物。

（4）架内无断线混线，开关、旋钮、继电器、印刷电路板齐全，插接牢固。

（5）开关预置位置应符合说明书要求。

（6）各接线器、连接电缆插头的连接应正确、牢固、可靠。

（7）接线端子插接应正确无误。

2）通电检查

（1）先接通机架总保险，观察有无异样情况。

（2）开启主电源开关，逐级接通分保险，通过眼看、耳听、鼻闻，注意是否有异味、冒烟、打火和不正常的声音等现象。

（3）电源开启后预热一小时，无任何异常现象后，开启高压电源，加上高压电源应保持不跳闸。

（4）各种信号灯、电表指示应符合要求，如有异常，应关机检查。

（5）若个别单盘有问题，应换盘试验，确认故障原因。

（6）加电检查时，应戴防静电手套，手套与机架接地点应接触良好。

6. 设备的拆旧、搬迁、换装

1）拆除旧设备

（1）拆除旧设备时，不得影响在用设备的正常运行。

（2）应先拆除电源线、信号线。拆除时应使用缠有绝缘胶布的扳手，并对拆下的缆线端头进行绝缘处理，防止短路。

（3）各种线缆拆除后应分类盘好存放，最后拆除机架。

2）设备的搬迁、换装与割接

（1）微波设备搬迁前应制定详细的搬迁计划，申请停电路时间，提前做好新机房的天馈线系统、电源系统、走线架及线缆的布放准备工作。

（2）设备的迁装、换装及电路割接工作由建设单位负责组织，施工单位协助进行，并做好各项准备工作。

（3）迁装、换装旧设备在搬迁前应进行单机、通道等主要指标测试，并做好原始记录。搬迁后应能达到原水平。

6.5.3 机房设备的抗震防雷接地要求

1. 通信设备的抗震措施

（1）机架应按设计要求采取上梁、立柱、连固铁、列间撑铁、侧旁撑铁等加固成网，构件之间应按设计图要求连接牢固，使之成为一个整体。

（2）通信设备顶部应与列架上梁可靠加固，设备下部应与不可移动的地面加固，整列机架之间应使用连接板连为一体。

（3）机房的承重房柱应采用“包柱”的方式与机房加固件连为一体。

（4）列间撑铁间距应在 2500mm 左右，靠墙的列架应与墙壁加固。

（5）地震多发地区的列架还应考虑与房顶加固。

（6）铺设有活动地板的机房时，机架不能加固在活动地板上，应加工与机架截面相符并与地板高度一致的底座，若多个机架并排，底座可做成与机架排列长度相同的尺寸。

（7）要求抗震支架横平竖直，连接牢固。

（8）墙终端一侧，如果玻璃窗户无法加固，则应使用长槽钢跨过窗户进行加固。

（9）加固材料可用 50mm×50mm×5mm 的角钢，也可用 5 号槽钢或铝型材，加工机架底座可采用 50mm×75mm×6mm 的角钢，其他特殊用途应根据设计图纸要求。

2. 通信设备的防雷措施

1）天馈线避雷

（1）通信局（站）的天线必须安装避雷针，避雷针必须高于天线最高点的金属部分 1m

以上，避雷针与避雷引下线必须良好焊接，引下线应直接与地网线连接。

（2）天线应该安装在45°避雷区域内，如图6-17所示。

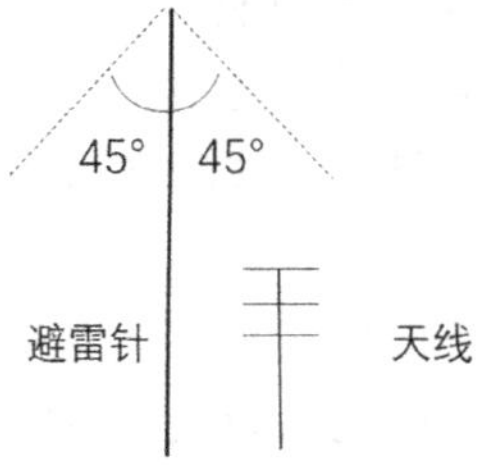

图6-17　天线防雷保护示意图

（3）天馈线金属护套应在顶端及进入机房入口处的外侧进行保护接地。

（4）出入站的电缆金属护套，在入站处做保护接地，电缆内芯线在进站处应加装保安器。

（5）在架空避雷线的支柱上严禁悬挂电话线、广播线、电视接收天线及低压架空线等。

（6）通信局（站）建筑物上的航空障碍信号灯、彩灯及其他用电设备的电源线，应采用具有金属护套的电力电缆，或将电源线穿入金属管内布放，其电缆金属护套或金属管道应每隔10m就近接地一次。电源芯线在机房入口处应就近对地加装保安器。

2）供电系统避雷

（1）交流变压器避雷。

① 交流供电系统应采用三相五线制供电方式为负载供电。当电力变压器设在站外时，宜在上方架设良导体避雷线。

② 电力变压器高压、低压侧均应各安装一组避雷器，避雷器应尽量靠近变压器装设。

（2）电力电缆避雷。

① 当电力变压器设在站内时，其高压电力线应采用地埋电力电缆进入通信局（站），电力电缆应选用具有金属铠装层的电力电缆或其他护套电缆穿钢管埋地引入通信局（站）。

② 电力电缆金属护套两端应就近接地。在架空电力线路与地埋电力电缆连接处应装设避雷器，避雷器的接地端子、电力电缆金属护层铁脚等应连在一起就近接地。

③ 地埋电力电缆与地埋通信电缆平行或交叉跨越的间距应符合设计要求。严禁采用架空交流、直流电力线引出通信局（站）。

④ 通信局（站）内的工频低压配电线，宜采用金属暗管穿线的布设方式，其竖直部分应尽可能靠近墙，金属暗管两端及中间应就近接地。

（3）电力设备避雷。

① 通信局（站）内交直流配电设备及电源自动倒换控制架，应选用机内有分级防雷措施的产品，即交流屏输入端、自动稳压稳流的控制电路，均应有防雷措施。

② 在市电油机转换屏（或交流稳压器）的输入端、交流配电屏输入端的三根相线及零线应分别对地加装避雷器，在整流器输入端不间断电源设备输入端、通信用空调输入端均应按上述要求增设避雷器。

③ 在直流配电屏输出端应加浪涌吸收装置。

3）太阳能电池、风力发电机组、市电混合供电系统防雷措施

（1）装有太阳能电池的机房顶平台，其女儿墙应设避雷带，太阳能电池的金属支架应与避雷带至少在两个方向上可靠连通，太阳能电池和机房应在避雷针的保护范围内。

（2）太阳能电池的输出地线应采用具有金属护套的电缆线，其金属护套在进入机房入口处应就近与房顶上的避雷带焊接连通，芯线应在机房入口处对地就近安装相应电压等级的避雷器。

（3）安装风力发电机组的无人站应安装独立的避雷针，且风力发电机和机房均应处于避雷针的保护范围。避雷针的引下接地线风力发电机的竖杆及拉线接地线应焊接在同一联合接地网上。

（4）风力发电机的引下电线应从金属竖杆内部引下，并在机房入口处安装避雷器，防止感应雷进入机房。

（5）通信局（站）的接地方式，应按联合接地的原理设计，即通信设备的工作接地、保护接地、建筑物防雷接地共同合用一组接地体的联合接地方式。

3．局站接地系统

（1）接地系统包括室内部分、室外部分及建筑物的地下接地网。

（2）接地系统室外部分包括建筑物接地、天线铁塔接地，以及天馈线接地，其作用是迅速泄放雷电引起的强电流，接地电阻必须符合相关规定。接地线应尽可能直线走线，室外接地排应为镀锡铜排。

（3）为了保证接地系统有效，不允许在接地系统中的连接通路设置开关熔断丝类等可断开器件。

（4）埋设于建筑物地基周围和地下的接地网是各种接地的源头，其露出地面的部分称为接地桩，各种接地铜排要经过截面不小于 $90mm^2$的铜导线连至接地桩。

（5）接地引入线的长度不应超过 30m，采用的材料应为镀锌扁钢，截面积应不小于 40mm×4mm。

（6）室外接地点应采用刷漆、涂抹沥青等防护措施防止腐蚀。

（7）通信设备或子架的接地线，应采用截面积不小于 $10mm^2$ 的多股铜线。

（8）设备机架应有完善的接地系统，架体框架上应设置不小于 M6 的接地螺钉及接地标识，架体框架与门之间应有可靠的电气连接，连接导线的截面积应不小于 $6mm^2$，连接电阻应不大于 0.1Ω；机架内应安装截面积不小于 $35mm^2$ 的接地铜条及接地标识，接地铜条上的接地孔数量应能满足设备的接地要求，且接地铜条应与机架绝缘（安装设备应保证该接地铜条与机架的绝缘），绝缘电阻不小于 1000MΩ/500V（DC），耐电压不小于 3000V（DC），1min 不击穿、无飞弧。

（9）局站机房内配电设备的正常不带电部分均应接地，严禁做接零保护。

（10）室内的走线架及各类金属构件必须接地，各段走线架之间必须采用电气连接。

（11）网管设备必须采取接地措施，并符合 GB 50689—2011《通信局（站）防雷与接地工程设计规范》的要求。

（12）接地线中严禁加装开关或熔断器。

（13）接地线与设备及接地排连接时必须加装铜接线端子，并且必须压（焊）接牢固。

6.5.4 通信设备的环境和接电要求

1. 通信设备的环境要求

1）机房温度要求

（1）不同用途的机房，其温度要求各不相同。

（2）在正常情况下，机房温度是指在地板上 2.0m 和设备前方 0.4m 处测得的数值。

（3）一类通信机房的温度一般应保持在 10℃～26℃；二类通信机房的温度一般应保持在 10℃～28℃；三类通信机房的温度一般应保持在 10℃～30℃。

2）机房湿度要求

（1）机房湿度是指在地板上 2.0m 和设备前方 0.4m 处测得的数值，此位置应避开出、回风口。

（2）一类机房的相对湿度一般应保持在 40%～70%；二类机房的相对湿度一般应保持在 20%～80%（温度≤28℃，不得凝露）；三类机房的相对湿度一般应保持在 20%～85%（温度≤30℃，不得凝露）。

3）机房防尘要求

（1）对于互联网数据中心（IDC 机房），直径大于 0.5pm 的灰尘离子浓度应≤350 粒/升；直径大于 5μm 的灰尘离子浓度应≤3.0 粒/升。

（2）对于一类、二类机房，直径大于 0.5μm 的灰尘离子浓度应≤3500 粒/升；直径大于 5μm 的灰尘离子浓度应≤3.0 粒/升。

（3）对于三类机房和蓄电池室、变配电机房，直径大于 0.5μm 的灰尘离子浓度应≤18000 粒/升；直径大于 5μm 的灰尘离子浓度应≤300 粒/升。

4）机房抗干扰要求

（1）当频率范围为 0.151MHz ～1000MHz 时，机房内无线电干扰场强应≤126dB。

（2）机房内磁场干扰场强应≤800A/m（相当于 100e）。

（3）应远离 11 万伏以上超高压变电站、电气化铁道等强电干扰。

（4）应远离工业、科研、医用射频设备干扰。

（5）机房地面可使用防静电地漆布或防静电地板。

5）机房照明要求

（1）机房应以电气照明为主，应避免阳光直射入机房内和设备表面。

（2）机房照明一般要求有正常照明、保证照明和事故照明。正常照明是指由市电供电的照明系统；保证照明是指由机房内备用电源（油机发电机）供电的照明系统；事故照明是指在正常照明电源中断而备用电源尚未供电时，暂时由蓄电池供电的照明系统。

（3）一类、二类机房及 IDC 机房的照明水平面照度最低应满足 500 照度标准值（lx），水平面照度指距地面 0.75m 处的测定值；三类机房的照明水平面照度最低应满足 300 照度标准值（lx），水平面照度指距地面 0.75m 处的测定值；蓄电池室的照明水平面照度最低应满足 200 照度标准值（lx），水平面照度指地面的测定值；发电机机房和风机、空调机房的照明水平面照度最低应满足 200 照度标准值（lx），水平面照度指地面的测定值。

6）机房荷载要求

（1）设备安装机房地面荷载应大于 6kN/m²（600kg/m²）。

（2）总配线架低架（每直列800线以下）不小于8kN/m²、高架（每直列1000线以上）不小于10kN/m²。

2. 通信设备的接电要求

1）直流供电系统

运营商局站内的通信设备一般采用直流供电系统供电。直流供电系统应满足下列要求。

（1）传输设备应采用-48V直流供电，其输入电压允许变动范围为-40～-57V。

（2）传输机房可采用主干母线供电方式或电源分支柜方式。

（3）传输设备的直流供电系统，应结合机房原有的供电方式，采用树干式或按列辐射方式馈电，在列内通过列头柜分熔断丝按架辐射至各机架。

（4）不得用两只小负荷熔断丝并联代替大负荷熔断丝。

（5）电源线截面的选取应根据供电段落允许的电压降数值确定。

（6）传输设备所需的-48V直流电源系统布线，从电力室直流配电屏引接至电源分支柜、由电源分支柜引接至列柜、再至传输设备机架，均应采用主备电源线分开引接的方式。

2）电源电缆

列头柜至通信机架电源线采用25mm²或35mm²的单芯塑料绝缘铜芯导线：-48V直流供电为蓝色导线、工作地线为红色导线、保护地线为黄绿色导线。当通信设备使用63A及以下熔断丝时，25mm²的电源线可以满足要求，当通信设备使用125A熔断丝时，应当使用35mm²的电源线。

ODF架采用RVVZ 1×35mm²保护地线。

列头柜至直流分配屏的电源线采用RVVZ 240mm²电源线和RVVZ 1×120mm²保护地线。当列头柜至直流分配屏的距离过远时，需要通过计算考虑使用电源线双拼等途径解决压降问题。

6.6 通信建设工程竣工验收的有关规定

6.6.1 通信建设工程竣工资料的收集和编制

工程竣工资料是记录和反映施工项目全过程工程技术与管理档案的总称。整理工程竣工资料是指建设工程承包人按照发包人工程档案管理规定的有关要求，在施工过程中按时收集、整理相关文件，待工程竣工验收后移交给发包人，由其汇总归档、备案的管理过程。

1. 竣工资料的收集和编制要求

1）收集方法

（1）工程竣工资料的收集要依据施工程序，遵循其内在规律，保持资料的内在联系。

（2）竣工资料的收集、整理和形成应当从合同签订及施工准备阶段开始，直到竣工为止，其内容应贯穿于施工活动的全过程，必须完整，不得遗漏、丢失和损毁。

2）内容要求

（1）建设项目的竣工资料，其内容应齐全、真实可靠并且能如实反映工程和施工中的真实情况，不得擅自修改，更不得伪造。

（2）竣工资料必须符合设计文件最新的技术标准规程、规范，国家及行业发布的有关法律法规的要求，同时还应满足施工合同的要求和建设单位的相关规定。

3）制作要求

（1）竣工资料应规格形式一致、数据准确、标记详细、缮写清楚、图样清晰、签字盖章手续完备。

（2）竣工资料应采用耐久性强的书写材料，如碳素墨水、蓝黑墨水；不得使用易褪色的书写工具，如红色墨水、纯蓝墨水、圆珠笔、复写纸铅笔等。有条件时应使用机器打印。

（3）竣工资料的整理应符合 GB/T 50328—2001《建设工程文件归档整理规范》的要求。

2. 建设项目竣工资料的编制内容

建设项目竣工资料分为竣工文件、竣工图、竣工测试记录三大部分。

1）竣工文件

竣工文件应按照建设单位的要求编制，通常应包括案卷封面、案卷目录、竣工文件封面、竣工文件目录、工程说明、建筑安装工程量总表、已安装设备明细表、设计变更单及洽商记录、隐蔽工程/随工验收签证、开工报告、停（复）工报告、交（完）工报告、重大工程质量事故报告、验收证书、交接书和备考表。

（1）工程说明是本项目的简要说明，其内容包括项目名称，项目所在地点，建设单位、设计单位、监理单位、承包商名称，实施时间，施工依据，工程经济技术指标，完成的主要工程量，施工过程的简述，存在的问题，运行中需要注意的问题。

（2）建筑安装工程量总表包括完成的主要工程量。

（3）已安装设备明细表应写明已安装设备的数量和地点。

（4）设计变更单和洽商记录应填写变更发生的原因、处理方案，以及对合同造价影响的程度。设计变更单和洽商记录应有设计单位、监理单位、建设单位和施工单位的签字和盖章。

（5）隐蔽工程/随工验收签证是监理或随工人员对隐蔽工程质量的确认（对于可测量的项目，隐蔽工程/随工验收签证应有测量数据支持）。

（6）开工报告指承包商向监理单位和建设单位报告项目的准备情况，申请开工的报告。

（7）停（复）工报告指因故停工的停工报告及复工报告。应填写停（复）工的原因、责任人和时间。

（8）交（完）工报告。交工报告指承包商向建设单位报告项目的完成情况，申请验收的报告。

（9）重大工程质量事故报告应填写重大质量事故的过程记录、发生原因、责任人、处理方案、造成的后果和遗留问题。

（10）验收证书是建设单位对项目的评价，要有建设单位的签字和盖章。

（11）交接书是施工单位向建设单位移交产品的证书。

（12）备考表是档案管理用表。

上述文件在竣工资料中，无论工程中的相关事件是否发生，必须全部附上。对于工程中未发生的事件，可在相关文件中注明“无”的字样。

2）竣工图

（1）竣工图的内容必须真实、准确，符合工程实际，竣工图纸中反映的工程量应与建筑安装工程量总表、已安装设备明细表中的工程量相对应。图例应按标准图例绘制。

（2）利用施工图改绘竣工图，必须标明变更依据。凡变更部分超过图面 1/3 的，应重新绘制竣工图。

（3）所有竣工图均应加盖竣工图章。竣工图章的基本内容包括“竣工图”字样、施工单位、编制人、审核人、技术负责人、编制日期、监理单位、现场监督、总监。竣工图章应使用不易褪色的红印泥，盖在图标栏上方空白处，竣工图章示例如图 6-18 所示。

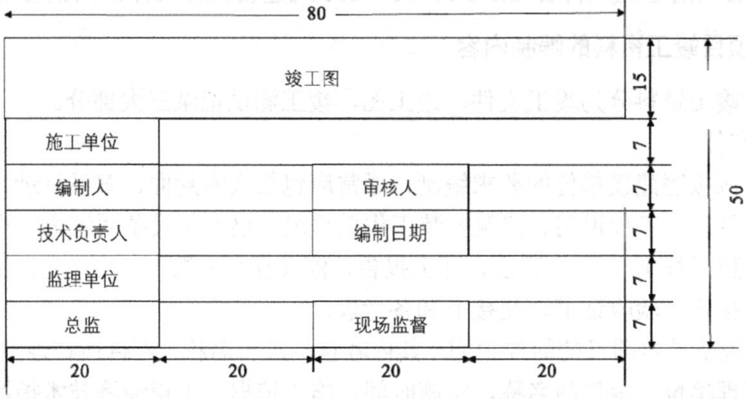

图 6-18　竣工图章示例

3）竣工测试记录

竣工测试记录的内容应按照设计文件和行业规范规定的测试指标的要求进行测试、填写，测试项目、测试数量及测试时间都要满足设计文件的要求。测试数据要能真实地反映设备性能、系统性能，以及施工工艺对电气性能的影响。建设单位无特殊要求时，竣工测试记录一般都要求打印。

6.6.2　通信建设工程随工验收和部分验收

通信建设工程随工验收和部分验收是通信建设工程中的一个关键步骤，是考核工程建设成果、检验工程设计和施工质量是否满足要求的重要环节，应坚持“百年大计，质量第一”的原则，认真做好随工验收和部分验收工作。

1．随工验收和部分验收的基本规定

1）随工验收的基本规定

随工验收应在施工过程中边施工、边进行验收、边签字确认。工程的隐蔽部分随工验收合格的，在竣工验收时一般不再进行复查。建设单位、监理工程师或随工人员随工时应做好详细记录，随工验收签证记录应作为竣工资料的组成部分。

2）部分验收的基本规定

通信建设工程中的单位工程建设完成后，需要提前投产或交付使用时，经报请上级主管部门批准后，可按有关规定进行部分验收。部分验收工作由建设单位组织部分验收工程

的验收资料应作为竣工验收资料的组成部分。在竣工验收时，一般不再对已验收的工程进行复验。

2. 通信建设工程中的隐蔽工程随工验收的内容

1）通信设备安装工程中的隐蔽工程随工验收内容

通信设备安装工程中的隐蔽工程随工验收的内容包括地线系统工程的沟槽开挖与回填、接地导线跨接、接地体安装、接地土壤电导性能处理、电池充放电测试设备的单机测试和系统测试、天馈线测试等。

2）移动通信工程中的隐蔽工程随工验收内容

移动通信工程中的隐蔽工程随工验收内容包括铁塔基础制作、铁塔防腐处理、避雷针的安装位置及高度、接地电阻、天线安装等。

3. 通信建设工程中的隐蔽工程随工验收的程序

隐蔽工程随工验收是指将被后续工序隐蔽的工作量，在被隐蔽前进行的质量方面的检查、确认，是进入下一步工序施工的前提和后续各阶段验收的基础。认真履行隐蔽工程随工验收制度是防止质量隐患的重要措施，未经隐蔽工程验收或验收不合格的项目，不得进入下一道工序施工，也不得进行后续各阶段的验收。隐蔽工程验收按以下程序实施。

（1）项目经理部向建设单位、监理单位提出隐蔽工程验收申请，并提交隐蔽施工前和施工过程的所有技术资料。

（2）建设单位、监理单位对隐蔽工程验收申请和隐蔽工程的技术资料进行审验，确认符合条件后，确定验收小组、验收时间及验收安排。

（3）建设单位、监理单位、项目经理部共同进行隐蔽工程验收工作，并进行工程实施结果与实施过程图文记录资料的比对分析，做出隐蔽工程验收记录。

（4）对验收中发现的质量问题提出处理意见，并在监理单位的监督下限时处理。完成后需提交处理结果并进行复验。

（5）隐蔽工程验收后，应办理隐蔽工程验收手续，存入施工技术档案。这个验收程序虽然是针对隐蔽工程提出的，但其验收步骤同样适用于工程的部分验收和工程初验。

6.6.3　通信建设工程竣工验收的组织及备案工作要求

1. 竣工验收的条件

通信建设工程竣工验收应满足下列条件。

（1）生产、辅助生产、生活用建筑已按设计与合同要求建成。

（2）工艺设备已按设计要求安装完毕，并经规定时间的试运转，各项技术性能符合规范要求。

（3）环境保护设施、劳动安全卫生设施、消防设施已按设计要求与主体工程同时建成并投入使用。

（4）经工程监理检验合格。

（5）技术文件、工程技术档案和竣工资料齐全、完整。

（6）维护用主要仪表、工具、车辆和维护备件已按设计要求基本配齐。

（7）生产、维护、管理人员的数量和素质能适应投产初期的需要。

2. 竣工验收的依据

（1）可行性研究报告。
（2）施工图设计及设计变更洽商记录。
（3）设备的技术说明书。
（4）现行的竣工验收规范。
（5）主管部门的有关审批、修改、调整文件。
（6）工程承包合同。
（7）建筑安装工程统计规定及主管部门关于工程竣工的文件。

3. 竣工验收的组织工作要求

通信建设工程竣工验收的组织和备案工作要求应按《通信工程质量监督管理规定》的备案要求办理，竣工验收项目和内容应按工程设计的系统性能指标和相关规定进行。

根据工程建设项目的规模大小和复杂程度，整个工程建设项目的验收可分为初步验收和竣工验收两个阶段进行。规模较大、较复杂的工程建设项目，应先进行初步验收，然后进行全部工程建设项目的竣工验收。对于规模较小、较简单的工程项目，可以一次性进行全部工程项目的竣工验收。

1）对初步验收的要求

除小型建设项目之外，所有建设项目在竣工验收前应先组织初步验收。初步验收由建设单位组织设计、施工、建设监理、工程质量监督机构、维护等部门参加。初步验收时，应严格检查工程质量，审查竣工资料，分析投资效益，对发现的问题提出处理意见，并组织相关责任单位落实解决。在初步验收后的半个月内向上级主管部门报送初步验收报告。

2）对试运转的要求

初步验收合格后，按设计文件中规定的试运转周期，立即组织工程的试运转。试运转由建设单位组织工厂、设计、施工和维护部门参加，对设备性能设计和施工质量及系统指标等方面进行全面考核，试运转一般为三个月，经试运转，如果发现有质量问题，则由责任单位负责免费返修。试运转结束后的半个月内，建设单位向上级主管部门报送竣工报告和初步决算，并请求组织竣工验收。

3）对竣工验收的要求

上级主管部门在确认建设工程具备验收条件后，即可正式组织竣工验收。竣工验收由主管部门、建设、设计、施工、建设监理、维护使用、质量监督等相关单位组成验收委员会或验收小组，负责审查竣工报告和初步决算工程质量监督单位宣读对工程质量的评定意见，讨论通过验收结论，颁发验收证书。

4. 通信建设工程竣工验收的备案要求

1）竣工验收备案要求

建设单位应在工程竣工验收合格后 15 日内到工业和信息化部或者省、自治区、直辖市通信管理局或者受其委托的通信工程质量监督机构办理竣工验收备案手续，并提交《通信工程竣工验收备案表》及工程验收证书。

2）对质量监督报告的要求

通信工程质量监督机构应在工程竣工验收合格后 15 日内向委托部门报送《通信工程质量监督报告》，并同时抄送建设单位。报告中应包括工程竣工验收和质量是否符合有关规定、历次抽查该工程发现的质量问题和处理情况、对该工程质量监督的结论意见，以及该工程是否具备备案条件等内容。

3）对备案文件的审查要求

工业和信息化部及省、自治区、直辖市通信管理局或受其委托的通信工程质量监督机构应依据通信工程竣工验收备案表，对报备材料进行审查，如发现建设单位在竣工验收过程中有违反国家建设工程质量管理规定行为的，应在收到备案材料 15 日内书面通知建设单位，责令停止使用，由建设单位组织整改后重新组织验收和办理备案手续。

4）对违规行为的处罚办法

未办理质量监督申报手续或竣工验收备案手续的通信工程，不得投入使用。

第 7 章　通信设备基础维护

7.1　通信设备维护概述

7.1.1　通信设备维护的基本原则及注意事项

1. 基本原则

通信设备的维护是一项“全程全网”的工作，每个维护岗位在整个通信网络的维护体系中都不是孤立的，而是与其他专业及环节密切相关的。无论是故障判断、故障处理，还是运行质量分析等，每一项维护工作都离不开各专业的协调与配合。

通信设备维护的基本原则主要有以下 5 项。

1）经验主义

对通信设备维护而言，具备丰富的经验最为重要，维护人员必须虚心学习别人的经验，不断归纳、总结、积累设备维护经验，使通信设备维护工作不断达到新的水平。

2）轻重缓急

必须在确保人身安全、机房安全、设备安全、系统安全的前提下进行通信设备维护工作，先分清轻重缓急再开展工作。

3）有的放矢

必须一切为客户着想，充分听取客户的意见，有针对性地开展通信设备维护工作。

4）循规蹈矩

必须按照相关设备的维护规程，积极主动地开展通信设备的日常维护工作，尽可能将故障及时处理好。

5）科学求实

必须从全网的高度出发，采用科学合理的办法，实事求是地分析、判断、处理不同类型的问题，做好通信设备的维护工作。

2. 注意事项

对通信设备进行维护应注意以下事项。

（1）严禁在带电情况下开启机壳进行设备维护。

（2）禁止对设备的内部结构和电路进行随意改动。

（3）必须采取防静电措施。

（4）通信设备必须有良好的接地系统，以防强电影响和雷电袭击。

（5）通信设备周围环境应该使用阻燃、阻爆材料。

（6）首次给通信设备加电时，必须用仪表进行接地检查及短路测试。

（7）通信设备并网运行前，应该对该通信设备的所有上行接口和管理接口进行测试检查，防止损坏上层核心网络设备。

（8）在对所有终端设备进行维护前，必须认真阅读安装维护技术手册，充分理解和掌握设备原理、网络结构及操作维护规则。

（9）使用或者操作一些容易对维护人员的人身安全造成影响的设备或仪表前，要认真阅读使用手册。

（10）光（电）路接通之前，一定要先用功率计测试设备发射功率的大小，再接入系统，以免烧坏终端设备。

总之，作为通信设备维护人员，应从设备、系统、机房与人身的安全出发，采取科学、合理的方法与手段，高效、高质量地开展设备维护工作。

7.1.2　日常巡视检查与作业管理

1．日常维护的项目与要求

日常维护的项目与要求如表 7-1 所示。

表 7-1　日常维护的项目与要求

序号	维 护 项 目	维 护 要 求
1	机房记录	检查各类记录，入室登记本、专业记录本等是否齐全；若缺失或填写满则需要及时更新；标准化标识标牌是否齐全；维护责任人牌信息是否正确
2	通信机房周围环境安全隐患	检查机房周围是否有易燃易爆物品；是否有堵塞消防过道的物品；室外接地是否良好；屋面或楼层平台是否积水；进机房的线缆需要做落水弯；红外线探测范围无异物阻挡；周围卫生情况；机房外建筑物是否有破损，包括责任范围内的过道、厕所应照明充分，龙头完好无漏水，下水畅通；院落无杂草；基站所有挂牌必须牢靠；现场没有施工时遗留下来的废弃物品；基站离屋顶边沿有一定的安全距离，发生意外倾倒时不至于从楼顶坠落；查看机房外标示牌，要求无破损和脱漏，标识符合规范要求，机房负责人员和维护人员联系电话贴在醒目位置
3	环境温湿度	（规定 22℃～26℃）根据具体情况而定，温度在 30℃以下，湿度为 40%～70%；机房内空气满足人类活动要求
4	卫生	地面、天花板、墙面、台面、桌面、操作台、机架外表、走线槽，以及消防灭火器等可移动物品是否干净无灰尘、无积浊、无垃圾、无杂物；是否有小动物的活动痕迹
5	门窗情况	门窗包括门禁（门锁）、插销等附件是否有破损；封堵门窗的材料是否防火；门窗周边的装饰物包括窗帘是否防火；窗户是否按照节能要求进行封堵；门本身的材料是否防火
6	地面、地板情况	活动地板是否不平整或破损；铺设的地砖是否破损，地面是否沉降或拱起；地面铺设材料是否防火
7	孔洞封堵	线缆进线孔、馈线进线孔、电力进线孔要求封堵严实，封堵材料要求防火，做到机房关灯后看不见外界光；房间之间墙壁开洞楼层之间孔洞封堵也同前面的要求

续表

序号	维 护 项 目	维 护 要 求
8	空调/节能设备	空调设备和节能设备与墙面接触处的封堵严实，包括封堵材料是否防火；空调出水是否畅通；检查空调室内机工作模式、控制面板及温度设置是否正常（模式为制冷，温度为26℃～28℃）；检查空调室内机排水管是否正常（有无破损、漏水等现象）；检查空调室内机冷媒管是否正常（有无破损、漏水等现象）；检查空调外机，保证空调外机装有防盗保护罩，并且安装牢靠；检查空调外机的运行情况；看空调外机翅片是否清洁
9	消防设施	检查机房灭火器材是否缺失；灭火器材是否完好（包括管道等配套附件）；是否放置在规定区域；灭火器是否是空瓶；有限期限或压力范围是否在允许范围内
10	照明/开关/插座	照明灯、应急灯、照明开关、空气开关、插座、取电插牌完好无破损，使用状态无异常
11	线缆布放	各类布线走线规范，无裸露线头，包括线槽和线槽盖板
12	违规使用电源	设备机架不随意拖可移动插座；不得在机房使用大功率电器；不得在机房内进行对电瓶充电等影响机房设备用电安全的行为
13	工余料堆放	工程材料堆放整齐，区域集中，项目标识明确；包装材料要求拆除无易燃易爆有毒材料
14	可移动物品	根据可移动物品清单检查是否有遗漏；箱子和爬梯等材料是否防火；现场堆放的资料、仪表、备件工具、防汛物资是否整齐，标识清楚；机房无零星设备门板、铁件、机框板卡等
15	滑梯、吊挂、机架固定	检查滑梯、吊挂、机架、配电箱等机房内设备及附件的安装固定情况
16	建筑物状况	建筑物是否有破损、渗水情况
17	接地和防雷设施	建筑物接地良好；防雷设施完好
18	支架	配重块数量达到标准，且放置于底座的边缘，地面若不水平，需要做水平处理；支架横梁与水平面平行，横梁之间要求相互垂直，支架基杆要求与地面垂直；支架底座用膨胀螺栓紧固，加平垫和弹垫（特别是弹垫）；支架要求牢固地安装在底座上（螺栓螺帽完全拧紧）；底座螺栓做防锈处理；支架螺栓必须上全；各拉索受力均匀（每根拉索松紧一致）
19	基站设备	基站表面对水平垂直；未接线的出线孔用防水塞堵住；基站与馈线之间接头处要求紧密缠绕标准3M防水胶带或厂家指定的标准胶带；检查BTS射频板（CRFU）上连接馈线头是否牢靠；检查连接射频板馈线上贴的标识是否正确，采用色环标注法，红、黄、蓝分别代表1扇区、2扇区、3扇区，双色环为主集，单色环为分集；检查避雷器两端接头是否牢固；检查避雷器连接处1/2跳线处标识是否与连接射频板处跳线一致；检查BBU单板指示灯
20	避雷设施	避雷针安装牢固，螺栓、螺帽完全拧紧，保持垂直；天馈线避雷器应通过不小于2.5mm^{2}的铜缆，就近接到基站设备的地线总汇流排上；接地线需要采用双色电缆（黄绿），应并排布放，绑扎牢固、整齐、平直和美观；所有接地线的接地点必须焊接，必须做防腐处理；必须保证基站接地系统包括避雷针接地、天线安装支架接地、馈线接地、主机箱机壳接地、接线盒机壳接地、接线盒接地端接地、UPS外壳接地等接头良好，其中，馈线接地、主机箱机壳接地、接线盒机壳接地、接线盒接地端接地、天线安装支架接地统一汇集到基站地线排上，由地线排统一下引接地；打开机柜查看机架（包括门）是否装有接地；查看接地线的线径是否符合规范要求、机架接地是否两端连接可靠；检查设备是否安装接地；检查防雷接地排的安装位置是否符合标准；机房内、外防雷接地牌是否固定牢靠、机房内各设备是否连接防雷接地排

续表

序号	维 护 项 目	维 护 要 求
21	天线	同一基站（包括组控基站）的天线应一致，无混用现象；天线的位置安装正确，1#天线朝向主要覆盖区域；天线相互平行，且处于同一水平面上，天线要求与水平垂直；天线 N 型头通过紧固夹块与支架连接牢固，天线与馈线连接紧密
22	走线	信号线要求沿墙面或地面布放，中间有线码或扎带固定；220V AC 电源线缆要求套 PVC 管，牢固固定在屋面或墙面上，电源线上有指示牌；地线就近、就直接入地网（不能有余量）；所有接地线均须采用多股铜芯线和铜鼻子压接工艺，就近、就直接入汇流排；电源线、信号线和接地线保持一定间隔；在汇流排上压接铜鼻子时，采用不锈钢螺栓螺母进行压接，在螺母侧应加平垫和弹垫；螺栓螺母如采用非不锈钢材料，必须做防锈处理；所有接地线走线要求整齐、美观
23	接地电阻	GPS 基站的接地电阻小于 5Ω，普通基站小于 10Ω
24	馈线	馈线在天线底部的拐弯处绕环半径大于 10cm（水平距离 20～30cm，垂直距离 10～20cm）；馈线走线要求整齐、美观，馈线之间没有交叉，多余馈线要求缠绕成一个直径大于 20cm 的圆圈（保证天馈避雷器不受力），并固定在紧固支架上，扎线牢固；馈线与基站连接的防水套管安装到位（与基站连接紧密）
25	机房（设备）异常	听机房内设备有无告警声音；闻机房内有无异味
26	DDF 架、ODF 架、MDF 架及走线架缆线走线	检查各类线缆，要求排列整齐、绑扎规范和连接可靠（包括 ODF/DDF、2M 线、光缆、终端盒、盘纤盒、尾纤和法兰盘）、无松动、无脱落、无破损、接头紧固；检查各类线缆标识，要求齐全；检查机房走线是否规整
27	交流屏	看机架运行灯是否常亮；看显示面板上 A\B\C 三相电压是否缺项或欠压；检查防雷模块是否损坏；看空开有无标签
28	开关电源柜及开关电源柜背板	看机架运行灯是否常亮；检查监控模块显示屏信息有无告警；检查开关电源柜内部防雷；检查标签有无脱落；检查空开、熔断丝是否正常，检查各类连接线是否牢固、无脱落、烧焦痕迹；测量空开、电源线及电缆接头的温度是否过高
29	蓄电池	检查蓄电池组的外观是否正常，有无起鼓、变形等情况；检查极柱、连接条是否有松动等现象并用扳手紧固电池连接条；检查蓄电池的正负连接头是否有氧化、腐蚀等现象；检查蓄电池的安全阀是否正常，有无积霜、漏液等现象；用万用表直流电压挡对蓄电池的单体电压和总电压进行测量
30	对交流配电箱、蓄电池、开关电源内螺钉连接处的温度进行测量，和室内温度相仿为正常	打开点温仪并将单位调至℃；移动点温仪将红色光点处于交流配电箱、蓄电池、开关电源内螺钉连接处温度进行测量，和室内温度相仿为正常；对于温度高的点进行螺钉紧固
31	测量浮充状态下电池的总电压、单体电压	使用万用表测试（打开万用表对仪表进行校正，调至直流挡、将万用表准备好并做好绝缘保护措施，万用表针脚紧触电池正负极柱，记录显示读数）；单体电压正常范围为 2.20～2.27V，总电压正常范围为 53.5～54V；各组蓄电池放电电流相差小于 10%；紧固电池极柱
32	动环监控测试	对交流停电、开关电源进行动环监控“穿越”测试

续表

序号	维护项目	维护要求
33	清洁各类设备及风扇滤网	佩戴防静电手环，并将其插头一端插入机柜上标识 ESD 的防静电插孔，或者佩戴防静电手套；用毛刷清理机柜灰尘；用干抹布清理机房蓄电池、空调、墙壁、机柜外框灰尘；用十字螺丝刀沿逆时针方向松开待更换风扇框上的面板螺钉；拉住待更换风扇框与背板连接器脱离；待风扇停转后，拉住风扇框拉手将风扇拉出业务框；用毛刷和吸尘器对风扇进行清理；清理完毕后将风扇插入原来对应的插槽；用十字螺丝刀沿顺时针方向拧紧风扇框两边的面板螺钉；用手在风扇上部感知是否正常运转；观察灯是否正常，通常绿色代表正常
34	清洁空调滤网	关闭空调电源；打开防尘面板；取出滤网；到室外进行清理；将清理好的防尘网安装到空调主机上；打开空调
35	RRU	安装是否牢固；抱箍是否有锈蚀现象；接电是否存在隐患；光缆终端盒固定是否牢固；标签挂牌是否完整、准确、清晰
36	塔基外观	检查塔基有无开裂现象，基础钢筋有无外露现象，塔脚是否包封良好，地脚螺栓是否紧固，无锈蚀、外露现象；进行铁塔紧固件紧固检查；观察塔脚接地扁铁有无锈蚀、镀锌或防锈漆是否完整、接地是否完好；看铁塔铭牌信息是否完整
37	铁塔外观	是否悬挂登高危险警示牌；有无其他用电设备搭接或穿越铁塔和房屋，尤其是市电引入电缆，穿越或搭接铁塔或抱杆时必须用瓷瓶绝缘，不能简单穿越或搭接，或简单用别的物品绑扎；单管塔（景观塔）塔体表面油漆有无斑点、翘皮、脱落现象；角钢塔塔体钢结构有无缺失
38	拉线塔拉线部分	检查拉线松紧适度；UT 型线夹固定是否紧固，螺钉是否无松动；检查接线锚固定建筑物是否有开裂现象
39	塔内照明设施	塔内照明系统是否工作良好，塔灯是否全亮；变压器是否已做绝缘、防水处理；照明用线缆及接头是否完好，是否无漏电现象
40	铁塔结构螺栓连接	是否有连接松动螺钉；是否有螺栓未穿孔或空洞；是否有锈蚀现象
41	测试塔体经纬度、高度、垂直度	使用 GPS 测量塔体经纬度；检查是否与工单数据吻合；记录经纬度、高度；使用经纬测量仪测试铁塔垂直度
42	测试塔桅基础承台强度	使用基础砼回弹仪测试（对塔基砼进行回弹，一律采用侧面回弹水平施力的方法；回弹前用砂轮清除待测面的疏松层和杂物，且不应有残留的粉末或碎屑；检测时必须为砼的原浆面，已经粉刷的需要将粉刷层除净，检测面应清洁平整，不应有疏松层、浮浆、油垢，以及蜂窝、麻面；共测 4 个面，每面测 16 个点，除去 3 个最大值、3 个最小值，求回弹值平均值）；角钢塔、单管塔、三管塔需要测试
43	测试接地电阻	打开接地电阻表，对仪表进行校正；将辅助接地棒 P 及 C 相距被测接地物间隔 5 至 10m 处以直线打入地下，将绿色线连接至仪器端子 E；黄线连接至端子 P；红色导线连接到端子 C；先将量程选择开关调至接地电压挡；首先从 200Ω 挡开始，按下“测试”，背光会点亮表示测试中，若显示值过小，再顺序切换挡位，此时的显示值即被测接地电阻值
44	铁塔走线架、爬梯、平台、避雷针、航标灯	看走线部分是否有走线架；爬梯是否牢固、无锈蚀现象、爬梯焊接无开焊现象；支撑杆是否变形；平台护栏是否开焊；是否有锈蚀现象；记录平台数量；焊接是否牢固、是否符合规范；是否有接地端子；飞机航线上的铁塔，在塔顶应设置航空标志灯；塔顶离地高度大于 60m 的必须安装警航灯，且工作正常；采用有源的电航空标志灯、警航灯的电源电缆线应固定牢靠，两端铁护套接地良好

续表

序号	维护项目	维护要求
45	天线周围环境	天线正前方 50m 内无建筑物阻挡；无损坏、漏水现象
46	抱杆杆基及抱杆垂直度	杆基无松动、变形现象；抱箍与杆体接触紧密；楼面抱杆：抱箍与墙体连接牢固，膨胀螺栓紧固无松动，膨胀螺栓墙面无裂缝、墙皮无脱落现象；楼面自立式抱杆水泥底座完整无破损；楼面房顶桅杆应确保屋面无开裂、渗漏现象；楼面抱杆是否接地；用经纬仪测试抱杆垂直度
47	天线支架、抱箍、螺栓、螺母	检查天线支架是否牢固、整洁、无腐蚀现象；检查天线是否采用双螺帽，并无缺失、腐蚀现象
48	测试并记录天线水平方位角、垂直俯仰角，并按要求进行校准	机械天线通过罗盘仪、坡度仪测试调整；电调天线使用相关专业软件调整
49	查找并记录天线型号、工作频段、安装平台、高度、天线极化特性及数量	查找并记录天线型号、工作频段、安装平台、高度、天线极化特性及数量
50	基站天馈线电压驻波比测试	测试基站天馈线的驻波比
51	馈线接头	检查馈线两端是否有标识，标识是否清晰、准确；检查馈线接头处有无松动、进水现象
52	馈线外观	馈线分层排列，沿馈线爬梯安装，用扎带捆扎，外观整洁、牢固、均匀、安全、可靠；馈线卡无松动、锈蚀、跌落现象，且馈线卡的固定间距符合安装规范要求；馈线弯曲处应圆滑、无硬弯，弯曲半径符合安装规范要求；馈线进线窗外必须有防水弯，防水弯最低处与馈线入口的高度差应＞15cm，防水弯的切角应≥60°，防水弯的制作应弧度一致、整齐美观
53	馈线接地及接地电阻	检查螺栓是否紧固；有无锈蚀现象；接地线有无被盗现象；测试馈线接地电阻
54	室分系统电源	看电表是否运行正常；进出电源线是否有复接、外皮是否有破损；记录电表读数；电源标识、挂牌是否完整、清晰、准确；检查 AC/DC 转换模块等电源设备是否完好；有无破坏或非法驳接的痕迹；检查接地线和接地排是否完好，有无被盗或破坏迹象；检查接地接头是否有锈蚀、松动现象；用万用表测量输入电压是否在正常范围内
55	室分系统机箱内部设备运行情况	观察各模块的运行状态指示灯是否为绿色常亮或满闪状态，若不是则需要进行故障排查；用手触摸各模块外壳或散热片，正常为明显的微热感觉，温度过高感觉烫手或没有任何发热迹象都是异常的，需要进一步检查确认；检查接地线和接地排是否完好，有无被盗或破坏迹象；检查接地接头是否有锈蚀、松动现象；标识、挂牌是否完整、清晰、准确
56	测试室分信源运行状态	通过拨号测试确认信源是否正常运行
57	监控模块（直放站）	检查确认监控模块是否在位，检查监控模块是否加电运行，可通过指示灯和模块表面温度判断，如发现模块未加电，尝试加电运行；与监控后台联系，进行告警核对，查询本设备是否存在监控异常，若监控完好但监控无返回，则可对监控模块或设备进行断电重启处理，再确认监控是否恢复正常

续表

序号	维护项目	维护要求
58	AP运行状态	看资源标识，AP设备的安装位置是否同资料一致；看安装是否牢固；看运行指示灯；检查接地线是否完好，有无被盗或破坏迹象
59	无源器件（耦合器、功分器）与馈线连接处	检查馈线是否有套管破裂、外表损坏、扭曲变形、遭受破坏等现象，若损坏，则需要更换；检查接头是否存在生锈和破损现象，若生锈或破损，则需要进行更换；用手旋扭馈线接头，检查是否有松动现象，如有松动，用扳手加固；无源器件与馈线标识是否完整、准确、清晰；接头是否有防水包箍（用防水胶布包裹接头）
60	室分设备表面清洁	用手抹拭，检查表面是否清洁，在确保不影响设备再运行的情况下，用抹布和吸尘器清除；机箱内部清洁，使用吸尘器或干燥毛刷进行除尘处理
61	室分无线覆盖信号强度测试	运行WLAN专用测试软件，在设计目标覆盖区域范围内进行覆盖电平测试
62	室分系统吞吐量与接入带宽测试	笔记本终端加载可记录用户传输速率的软件后通过认证接入网络，登录测试FTP服务器，进行50MB文件的FTP上传下载操作，记录速率，重复3次
63	查看并核对MAC地址	运行WLAN专用测试软件，在设计目标覆盖区域范围内进行MAC地址核对

2．维护作业计划

以移动通信网无线专业为例进行说明。

1）移动通信系统无线网设备维护作业计划

无线网设备维护作业计划如表7-2所示。

表7-2　无线网设备维护作业计划

类别	维护项目	维护子项	维护作业内容	实施方式	周期	备注
BSC/基站	质量分析	设备运行质量分析	维护指标分析	网管	周	提交管辖区域内无线设备运行质量分析报告，报告内容不少于本作业项
			设备故障分析			
			设备告警统计与分析			
	负荷检查	E1电路负荷	检查E1中继忙时负荷情况	网管	周	填写执行记录表
	BSC设备巡检	设备标识	检查标识是否完整、清晰	现场	月	建议机房环境温度调节在25℃±2，湿度调节在40%～65%；BSC系统带电清洁可不定期进行；有人值守机房每周检查一次；填写执行记录表
		板卡状态	检查板卡的运行指示灯是否正常，安装是否牢固			
		走线架	检查走线架是否锈蚀，信号线、电源线、地线走线是否规范			
		各种接头	各种接头是否牢固、清洁			
		告警指示灯	检查告警指示灯是否正常显示			
		设备清洁	设备除尘、保持清洁			
	BSC机房环境巡查	机房温度	观测机房内温度计指示	现场	月	
		机房湿度	观测机房内湿度计指示			
		机房清洁	地面、天花、门窗等清洁			
		其他	机房防盗网、门、窗、消防等设施是否完好无损坏，是否无烟雾、水浸、易燃易爆物品			

续表

类别	维护项目	维护子项	维护作业内容	实施方式	周期	备注
BSC/基站	BSC 诊断测试	倒换测试	主备单元倒换现场测试验证配合	现场	一次/年	制定现场测试方案并执行
		重启测试	BSC 重启现场测试验证配合		一次/年	制定现场测试方案并执行
	基站设备巡查	设备标识	检查标识是否完整、清晰	现场	A 类季度，其他半年	基站每季度至少巡检一次；依据基站维护等级划分巡检频次；填写执行记录表
		板卡状态	检查板卡的运行指示灯是否正常			
		走线架	检查走线架是否锈蚀，信号线、电源线、地线走线是否规范			
		各种接头	各种接头是否牢固、清洁			
		高频器件及连线	高频器件是否清洁、散热是否良好			
		设备风扇	设备风扇是否损坏、是否正常运转			
		告警指示灯	检查基站告警指示灯是否正常显示			
		设备清洁	设备除尘、保持清洁			
	基站设备运行环境巡查	机房温度	观测机房内温度计指示	现场	A 类季度，其他半年	对有环境监控的基站每季巡检一次；为了便于应急联系，各无人值守机房门口应贴挂醒目标志，标明紧急联系电话；填写执行记录表
		机房湿度	观测机房内湿度计指示			
		机房清洁	地面、天花、门窗清洁			
		消防设施	检查灭火器压力、有效期			
		其他	机房防盗网、门、窗、消防等设施应该完好无损；无水浸、易燃易爆物品；无鼠患痕迹			
	基础信息核查	站址信息	核对基站经度、纬度及站名	现场	四次/年	填写执行记录表
		天馈信息	核对天线方位角、俯仰角、挂高等			
	收信、发信机性能测试	发信机性能测试	测试发射频率偏差、导频时间容限、RF 输出总功率、RF 导频输出功率、传导杂散辐射	现场	抽测	每年按 10%比例进行抽测，每次设备更换、割接和扩减容须重新调测；填写执行记录表
		收信机性能测试	测试传导杂散辐射			
直放站	巡检和测试	直放站设备巡查	检查主机及附属设备的运行状态，是否清洁、是否存在安全隐患等	现场	月	如有投诉或异常情况需要及时处理；填写执行记录表
		运行环境巡查	检查温度、湿度和调控状态；设备周围是否有堆积物；是否存在其他安全隐患			
		信号强度测试	接收天线接收功率、Ec/Io 测试、切换测试等			填写执行记录表
		测试通话质量	拨打测试			

2）移动通信系统室内及小区分布系统维护作业计划

室内及小区分布系统维护作业计划如表 7-3 所示。

表 7-3　室内及小区分布系统维护作业计划

维护项目	维护子项	作业内容	执行周期	备注	执行记录表
室内和小区分布系统	巡检和测试	分布系统有源部分工作状态检查	月	检查分布系统缺失、位移、断开、污染、高温、老化等可能影响覆盖用户的问题，在各有源设备覆盖区域选择 1～2 个验收时的天线功率测试点和灵敏度测试点进行拨打测试；掌握信号好的地方（如基站自带区），便于在用户投诉时先请他自检排除终端故障	有源设备上行灵敏度测试表
		分布系统无源部分工作状态检查			分布系统无源部分工作状态检查表
		信号强度测试（接收功率、Ec/Io）			信号强度测试表
		分布系统有源设备检查，检查设备保护地			有源设备状态检查表
室内和小区分布系统	维护业主关系	询问业主覆盖不好的地方，检修、改善覆盖质量和感受，及时交纳电费，更新业主联系人和联系电话	半年	争取业主在重新装修吊顶时通知电信，争取业主协助	维护业主关系记录表
有源设备	输出功率测试	现场测试	年	暂定每年测试不少于有源设备数的 1%，必须测量所有型号设备	有源设备的输出功率和下行端口馈线驻波比测试表
	下行端口馈线驻波比测试	现场测试			
室内和小区分布系统	资料更新	系统图、平面图、接电系统图更新	按需	谁变动谁负责更新，维护人员检查更新	
直放站监控、干放监控	对可靠性进行提升	检查监控项目的可靠性	按需		

3）移动通信系统基站铁塔和天馈线系统维护作业计划

基站铁塔和天馈线系统维护作业计划如表 7-4 所示。

表 7-4 基站铁塔和天馈线系统维护作业计划

类别	维护项目	维护子项目	内容	周期	责任人	备注
基站铁塔和天馈线系统维护部分	铁塔部分	铁塔	塔灯检查； 结构变形和基础沉陷情况检查； 检查测量铁塔垂直度、高度； 结构螺栓连接的松紧程度检查； 防腐防锈检查	一年	基站巡检员/外包公司	由基站代维公司负责每半年一次的铁塔、抱杆安全巡查； 全省集中进行一年一次铁塔、抱杆的检查和整改； 每遇八级以上大风、地震或其他特殊情况后应进行全面检查
		抱杆	抱杆紧固件安装检查； 检查抱杆、拉线塔拉线、地锚的受力情况； 防腐防锈检查； 抱杆的垂直度检查	一年		
	天馈部分	天线	天线安装参数检查； 天线抱杆检查； 天线安装固定检查； 俯仰角检查； 天线周围环境检查	一年	基站巡检员	每遇八级以上大风、地震或其他特殊情况后应进行全面检查； 雨季前要对基站接地和防雷系统进行全面检查
		馈线	馈线、小跳线安装固定检查； 天馈系统防雨、密封性能检查； 回水弯检查； 馈线接头检查； 损坏程度检查	一年		
		接地和防雷	天线避雷检查； 馈线避雷接地、馈线室内避雷器安装检查	一年		

4）移动通信系统基站机房和配套设备维护作业计划

基站机房和配套设备维护作业计划如表 7-5 所示。

表 7-5 基站机房和配套设备维护作业计划

类别	维护项目	维护子项目	内容	周期	责任人	要点提示
基站机房和配套设备维护部分	机房环境	机房清洁	地面； 机柜； 门窗； 其他	月	基站巡检员	对有环境监控的系统基站每两个月至少进行一次巡检； 基站机房配备手提灭火器，巡检时检查灭火器的压力、有效期； 为了便于应急联系，各无人站门口应挂贴醒目标志，上标值班联系电话号码； 机房内应无老鼠、飞虫、隐患
		照明	日常照明； 应急照明			
		插座	交流插座			
		安全	灾害隐患； 设备防护； 消防设施			
		温度、湿度检查	温度； 湿度			

续表

类别	维护项目	维护子项目	内容	周期	责任人	要点提示
基站机房和配套设备维护部分	机房设备检查	空调设备	清洁室外机； 清洁过滤网； 测量输入电压电流； 各种告警； 紧固件、结构件防锈； 整机清洁、检查； 空调排水	月		按规定进行检查
		环境监控设备	检查烟感、温感、湿感、水禁、门禁的告警是否正常； 空调控制； 电源显示； 电池显示； 机箱清洁	月		按规定进行检查

7.1.3 通信设备故障处理

1. 通信设备故障分类

通信设备故障指所使用的电路、主用和备用设备在承担业务期间，无论何种原因造成不能正常运行或者质量下降的现象。根据影响通信业务的范围、持续的时间及严重程度，通信设备故障分为通信阻断、严重故障和一般故障等。

1）通信阻断

通信阻断指全部中继电路障碍或者某一局向中继电路障碍历时≥90 分钟；某一交换局点中断历时≥90 分钟。

2）严重故障

严重故障指系统瘫痪时间＜90 分钟，系统自动或人工再启动；某一局向中断 15 分钟以上。

3）一般故障

一般故障指除通信阻断及严重故障之外的其他障碍。

需要指出的是，根据通信网络的组成结构或者专业不同，可对通信设备故障进行更细化的分类，如分为一般故障、严重故障、重大故障、特别重大故障等。当然，各专业对各类故障的指标参数定义也有所不同。

2. 通信设备故障处理原则

通信设备故障处理是维护工作的重要环节。处理设备故障的维护人员应该经过专业技术培训，并具备相应的设备维护专业知识及操作能力。在故障处理过程应遵循以下原则。

（1）先本端后对端，先局内后局外，先网内后网外，先抢通业务后处理故障。可以采取迂回路由、紧急替代、第三方转接等措施，在最短的时间内恢复通信。

（2）严格遵守故障处理流程和操作规程。维护人员在处理故障时，必须对现场各种故障显示、告警信息、故障记录报告等进行认真分析处理。应该在尽量不影响正在使用业务的用户或者不任意扩大影响范围的前提下，严格按照设备操作手册、故障诊断手册等规定的命令和操作方法进行处理。对重大故障应该严格按照制定的应急预案进行抢修处理。

（3）详细记录故障处理过程。应详细记录故障发生时间、故障持续时间、故障修复时间、故障处理过程及故障原因等详细信息以备查。对典型的故障，应及时加以总结，有针对性地制定此类故障的处理方法或者相关的应急预案。

3. 通信设备故障升级流程

1）交换设备故障升级流程

交换设备故障升级流程如表7-6所示。

表7-6 交换设备故障升级流程

级别	定 义	升级对象
一般障碍	LSTPA/HSTPA或B平面到某局点目的信令点不可达； AG设备10分钟内5～10个通信链路中断（或网元脱管或设备离线或不可用）； AG设备10分钟内≥20条“MG接口异常”告警	分公司网操维中心主任 省NOC监控组长
严重障碍	LSTPA/HSTPA和B平面同时到某局点目的信令点不可达； 10分钟内10个（含10个）以上AG通信链路中断（或网元脱管）； 一个A级AG设备离线或不可用（或网元脱管），2个以上重要客户的语音专线中断； 一个BAC下挂用户通信全部中断	分公司网操维中心主任 分公司网络部主任 省NOC监控组长 省NOC障碍管控负责人 省NOC业务网络维护部主任
重大障碍	1个本地网任一网络语音业务阻断(软交换、IMS、C网、IVPN、95/12/400/800短号码业务)； 1个本地网至省际方向语音阻断； 1个本地网彩铃、短信业务中断30分钟以上； 1个本地网至某运营商的网间话务阻断； 5个以上A级AG设备离线或不可用（或网元脱管）；5个以上重要客户的语音专线中断； 集团集约维护网元（DC1-TG/HSTP等）单个设备宕机	分公司网操维中心主任 分公司网络部主任 分公司分管领导 省NOC监控组长 省NOC障碍管控负责人 省NOC监控部主任 省NOC业务网络维护部主任 省NOC分管主任
特别重大障碍	2个以上本地网任一网络语音业务阻断（软交换、IMS、C网、IVPN、95/12/400/800短号码业务）； 多个本地网至省际方向语音阻断； 2个以上本地网彩铃、短信业务中断30分钟以上； 2个以上本地网至某运营商的网间话务阻断或某本地网至所有运营商网间话务阻断； 某地市50% A级AG设备离线或不可用（或网元脱管）；某地市50%个以上重要客户的语音专线中断； 集团集约维护网元（DC1-TG/HSTP等）多个设备宕机且影响业务	分公司网操维中心主任 分公司网络部主任 分公司分管领导 省NOC监控组长 省NOC障碍管控负责人 省NOC监控部主任 省NOC业务网络维护部主任 省NOC分管主任 省NOC主任

2）数据设备故障升级流程

数据设备故障升级流程如表7-7所示。

表 7-7 数据设备故障升级流程

级 别	定 义	升 级 对 象
一般障碍	10 分钟内同一地市（区域）范围的： 汇聚交换机/OLT 发生 ping 不通告警 5～9 个	分公司网操维中心主任 分公司接入维护中心主任 分公司客调中心主任 分公司网操维中心班长 分公司接入维护中心班长 分公司客调班长 分公司网络部数据主管
严重障碍	10 分钟内同一地市（区域）范围的： 汇聚交换机/OLT 发生 ping 不通告警 10～15 个	分公司网操维中心主任 分公司接入维护中心主任 分公司客调中心主任 分公司网操维班长 分公司接入维班长 分公司客调中心班长 分公司网络部数据管理员
重大障碍	城域网 BRAS|SR、CN2S、IPRAN ER 及以上设备基本全阻≥30 分钟； 关键系统（RADIUS、DNS 等）单节点脱网； 网管系统（IPOSS/ITMS 等）告警、业务下发功能中断≥2 小时	分公司网操维中心主任 分公司接入维护中心主任 分公司客调中心主任 分公司网操维班长 分公司接入维班长 分公司客调中心班长 分公司网络部数据管理主管 省 NOC 分管领导 省 NOC 监控部主任 省 NOC 业网部主任 省 NOC 云视部主任 省 NOC 数据维护部主任 省 NOC 数据部班组长 省网运部数据主管
特别重大障碍	城域网、CN2、IPRAN 网络单个本地网一半业务中断； 关键系统（RADIUS、DNS 等）一半业务中断； 承载交换、4G 等业务，单个本地网基本全阻； 说明：业务影响的判断； 占比达到 50%，一半业务中断； 占比达到 70%，基本全阻； 占比达到 90%，全阻	分公司网操维中心主任 分公司接入维护中心主任 分公司客调中心主任 分公司网操维班长 分公司接入维班长 分公司客调中心班长 分公司网络部数据管理员 省 NOC 分管领导 省 NOC 监控部主任 省 NOC 业网部主任 省 NOC 云视部主任 省 NOC 数据维护部主任 省 NOC 数据部班组长 省网运部领导 省网运部主管

3）传输设备故障升级流程

传输设备故障升级流程如表 7-8 所示。

表 7-8　传输设备故障升级流程

级　别	定　义	升 级 对 象	备　注
一般障碍	影响 10 条以上省级以上业务电路中断超过 10 分钟	分公司网操维传输班长 分公司网操维分管主任 省 NOC 监控部传输班长 省 NOC 传动部传输班长	如影响业务，按跨专业升级
严重障碍	传输承载业务发生 50%以上方向性阻断超过 30 分钟未修复； 影响百度等大颗粒业务超过 50%电路阻断且超过 10 分钟（到省 NOC 部门主任）。30 分钟到省 NOC 分管主任、网运部管理员； 影响 3 条以上省级以上业务电路中断超过规定修复时限或者收到用户有理由投诉的，同第 2 条； 影响业务中断超过 2 万户×小时。事后升级给网运部分管主任； 本地光缆故障（合路信号丢失），不影响业务但超过 6 小时（含挂起时间）未修复 NOC 班组长、传输主任、传输局部门主任（请网运部或传输局通知到分公司，光缆障碍挂起要慎重）； 对疑似光缆障碍，监控人员要求及时与现场处理人员联系，确认光缆影响情况，如满足以下情况，也要升级传输部主任、传输局部门主任； 虽不影响业务，但主干光缆中断； 虽不影响业务，但同时中断 3 条光缆及以上，或 2 条 144 芯以上	分公司网操维传输班长 分公司网操维分管主任 分公司网操维主任 省 NOC 监控值班长 省 NOC 传输班长 省 NOC 传动部主任 省 NOC 监控部主任 省 NOC 专业分管主 省网运部管理员 省网运部分管主任 省光缆网络维护中心光缆网络维护部主任	省市公司参与处理专业部门 12 小时内交简要报告；48 小时交详细报告
重大障碍	传输承载业务发生 50%以上方向性阻断超过 1 小时未修复； 影响百度等大颗粒业务超过 50%电路阻断且超过 1 小时。升级到网运部管理员、省网运分管主任； 干线光缆单边运行（合路信号丢失）。升级到网运部管理员； 影响业务中断超过 5 万户×小时。升级到省网运； 影响省级以上传输业务中心点全阻故障超过 30 分钟。升级到省网运主任	分公司网操维传输班长 分公司网操维分管主任 分公司网操维主任 省 NOC 监控值班长 省 NOC 传输班长 省 NOC 传动部主任 省 NOC 监控部主任 省 NOC 专业分管主任 省 NOC 专业主任 省网运部管理员 省网运部分管主任 省网运部主任 省光缆网络维护中心光缆网络维护部主任	省市公司参与处理专业部门 6 小时内交简要报告；48 小时交详细报告

续表

级　别	定　义	升级对象	备　注
特别重大障碍	传输承载业务方向性全阻超过 1 小时未修复； 影响百度等大颗粒业务超过 80%电路阻断且超过 90 分钟； 影响业务中断超过 10 万户×小时； 影响省级以上传输业务中心点全阻故障超过 1 小时	分公司网操维传输班长 分公司网操维分管主任 分公司网操维主任 省 NOC 监控值班长 省 NOC 传输班长 省 NOC 传动部主任 省 NOC 监控主任 省 NOC 专业分管主任 省 NOC 专业主任 省网运部管理员 省网运部分管主任 省网运部主任 省光缆网络维护中心光缆网络维护部主任	省市公司参与处理专业部门 6 小时内交简要报告；24 小时交详细报告

4）光缆线路故障升级流程

光缆线路故障升级流程如表 7-9 所示。

表 7-9　光缆线路故障升级流程

级　别	本地光缆定义	升级对象	备　注
一般障碍	本地光缆：如因本地光缆故障影响了无线、交换、数据等业务，只要有一个专业达到一般障碍的标准，则归为一般障碍	区县公司线路维护中心分管主任 市公司接入维护中心分管主任 省光缆网络维护中心	
严重障碍	干线光缆：不影响业务的二级干线光缆障碍； 本地光缆：与上类似，如因本地光缆故障影响了业务，只要有一个专业达到严重障碍的标准，则归为严重障碍	区县公司线路维护中心分管主任 区县公司线路维护中心主任 区县公司维护安装部分管主任 区县公司维护安装部主任 市公司接入维护中心分管主任 市公司接入维护中心主任 市公司网运部分管主任 市公司网运部主任 省 NOC 监控组长 省 NOC 障碍管控负责人 省 NOC 监控主任 省光缆网络维护中心 省光缆网络维护中心	

续表

级　别	本地光缆定义	升 级 对 象	备　注
重大障碍	干线光缆：影响业务的二级干线光缆障碍、不影响业务的一级干线光缆障碍； 本地光缆：与上类似，如因本地光缆故障影响了业务，只要有一个专业达到重大障碍的标准，则归为重大障碍	区县公司线路维护中心分管主任 区县公司线路维护中心主任 区县公司维护安装部分管主任 区县公司维护安装部主任 市公司接入维护中心分管主任 市公司接入维护中心主任 市公司网运部分管主任 市公司网运部主任 省 NOC 监控组长 省 NOC 障碍管控负责人 省 NOC 监控主任 省光缆网络维护中心 省光缆网络维护中心 省光缆网络维护中心分管主任 省网运管理员	
特别重大障碍	干线光缆：影响业务的一级干线光缆障碍； 本地光缆：与上类似，如因本地光缆故障影响了业务，只要有一个专业达到特别重大障碍的标准，则归为特别重大障碍	区县公司线路维护中心分管主任 区县公司线路维护中心主任 区县公司维护安装部分管主任 区县公司维护安装部主任 市公司接入维护中心分管主任 市公司接入维护中心主任 市公司网运部分管主任 市公司网运部主任 省 NOC 监控组长 省 NOC 障碍管控负责人 省 NOC 监控部主任 省光缆网络维护中心 省光缆网络维护中心 省光缆网络维护中心分管主任 省光缆网络维护中心主任 省网运管理员 省网运部分管主任 省网运部主任	

5）无线设备故障升级流程

无线设备故障升级流程如表 7-10 所示。

表 7-10　无线设备故障升级流程

级别	C/G 网定义	L 网定义	升级对象
一般障碍	本地网范围 5 分钟内； 基站同时退服数 10～100 个		分公司无线中心分管主任

续表

级别	C/G 网定义	L 网定义	升级对象
严重障碍	本地网范围 20～39 个基站同时退服且持续 20 分钟； 本地网范围 40～100 个基站同时退服且持续 10 分钟； 本地网范围 5 分钟内同时退服基站数≥100 个		分公司无线中心主任 分公司网络部主任 省 NOC 监控组长 省 NOC 障碍管控负责人 省 NOC 监控部主任
重大障碍	100 个或 100 个以上基站同时退服且持续时间达 40 分钟； 一个市 50%用户受到影响导致不能正常通信； 一个县（区）的 2G 业务全阻，或基站全部退服； 一套或一套以上 BSC、MGW、MSCE 全阻或宕机	100 个以上基站同时退服且持续时间达 40 分钟； 一个市 50%用户受到影响导致不能正常通信； 一个县（区）的 4G 业务全阻，或 NB-IoT 业务全阻，或 VOLTE 业务全阻，或基站全部退服	分公司无线中心主任 分公司网络部主任 省 NOC 监控组长 省 NOC 障碍管控负责人 省 NOC 监控部主任 省网优分管主任 省 NOC 分管主任
特别重大障碍	一个市移动通信业务全阻； 影响全省 1/4 以上的移动网用户正常通用		分公司无线中心主任 分公司网络部主任 省 NOC 监控组长 省 NOC 障碍管控负责人 省 NOC 监控部主任 省网优分管主任 省 NOC 分管主任 省 NOC 主任 省网运分管主任 省网运主任

6）动力环境监控设备故障升级流程

动力环境监控设备故障升级流程如表 7-11 所示。

表 7-11　动力环境监控设备故障升级流程

级　别	定　义	升 级 范 围	备　注
一般障碍	1. 单个 AB 类局站停电，15 分钟内明确可以切换至另外一路市电或油机满载供电（排除测试或主动性维护）； 2. 单个 C 类局站停电，电压低于 48V	分公司故障区域专业负责人 省 NOC 监控所有专业牵头人 省 NOC 值班长 省 NOC 所有专业监控班组长	如发现或了解到有局站发生火灾、水浸等重大安全故障时，要立即升级给省 NOC 主任、省运维部主任
严重障碍	1. 网管长时间无告警（是动环重要网管），经综告、网管厂家处理，2 小时内无法恢复的； 2. AB 类机房 UPS 故障； 3. 某区县（市县级）大面积停电超过 30 个局站； 4. 各数据中心（含 IDC 机房）温度超高；分公司处理不力，进展缓慢，温度仍上升较快； 5. AB 类局站温度告警超过触发值 0.5℃，且温度持续上升； 6. 单个 AB 类局站停电（30 分钟未能确定是	分公司动力专业牵头人 分公司动力专业所属中心分管主任、网运部动力管理员 省 NOC 监控所有专业牵头人 省 NOC 值班长、所有专业班组长 省 NOC 动环主管 酌情升级到监控主任 动力主任 省运维部主管	

级　别	定　义	升级范围	备　注
	否可以切换另外一路市电或进行油机满载供电）		
重大障碍	某区县（到市县级）大面积停电超过 50 个局站，且含有重点局站（AB）； 单个 AB 类局站停电（确定不能切换另外一路市电或油机不能满载供电）	分公司故障区域负责人 分公司动力牵头人 分公司动力专业所属中心主任、分管主任、网运部动力管理员、网运部主任及分管主任 分公司分管副总 省 NOC 监控所有专业牵头人 省 NOC 值班长、所有专业班组长 省 NOC 动力主管 省 NOC 监控主任 动力主任 省运维部主管 省 NOC 中心主任 省 NOC 分管主任 省网运部主任、分管副主任	
特别重大障碍	重要局站，影响业务的故障	分公司故障区域负责人 分公司动力牵头人 分公司动力专业所属中心主任、分管主任、网运部动力管理员、网运部主任及分管主任 分公司分管副总 省 NOC 监控所有专业牵头人 省 NOC 值班长、所有专业班组长 省 NOC 监控主任 动力主任 省运维部主管 省 NOC 中心主任 省 NOC 所有副主任 省网运部主任 省网运部所有副主任	

7.2　常用仪器仪表

7.2.1　万用表

万用表是用于测量交直流电压、电流和电阻等的仪表。图 7-1 所示为 VC980 万用表面板图。

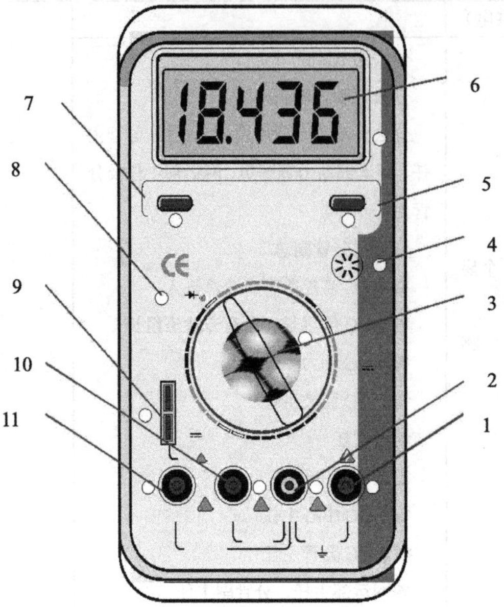

1—电压、电阻测量输入端（接红表笔）；

2—公共输入端（接黑表笔）；

3—功能挡位转盘。用于选择不同的测量功能和挡位；

4—三极管测试插孔；

5—HOLD：测量数值保持键；

6—显示屏；

7—电源开关；

8—挡位及量程选择；

V～：交流电压测量挡。V—：直流电压测量挡；A～：交流电流测量挡。A—：直流电流测量挡；Ω：电阻测量挡。▶|：通断及二极管测量挡。HZ：频率测量挡。hFE：三极管放大倍数测量挡。F：电容测量挡。

9—电容测试输入插孔；

10—电流测试输入端。测量电流时接红表笔，最大输入电流为200mA；

11—电流测试输入端。测量电流时接红表笔，最大输入电流为20A

图 7-1　万用表面板图

1．交流、直流电压的测量

（1）测量交流电压前，先要对被测电压值的大小进行估测，再将万用表的功能挡调整到交流电压测试区的相应电压挡位。要求被测试挡位的量程不小于被测交流电压值，否则万用表将显示“1”，表示输入电压超出了万用表当前选用挡位的量程范围。出现这种情况时应将万用表的电压挡位调高一挡再进行测量。

（2）将万用表的红、黑表笔分别搭接在被测线路的两端，在万用表上读出的电压值即被测电压的有效值。

（3）这种测量接线法实际上是将万用表并联在电路上进行测量的，所以称为并接法。因为万用表的内阻比较大，通常可达10MΩ，所以并接后对电路的工作几乎没有影响。在测量交流相电压时，规范的操作是先将黑表笔搭接在零线上，然后将红表笔搭接在相线上。

直流电压的测量与交流电压的测量方法大致相同，只是万用表的功能挡应该选择直流电压测量功能挡（V=），挡位量程的选择应大于并且是最接近于被测直流电压值。测量时规范的操作是先将黑表笔搭接在直流电压负极端，再将红表笔搭接在正极端。

2．交流、直流电流的测量

普通万用表的最大电流测量值通常小于20A，所以，万用表的电流测量挡通常只能用于电路中小电流的测量，而不能用于交流供电网络中负载电流的测量。测量电流时应该通过万用表的红、黑表笔将万用表串接在电路中，这种测试方法称为串接法。具体测试步骤如下所示。

（1）以交流电流测量为例，测量电流前，仔细估测被测电流值大小，根据估测值，将万用表的红表笔插进电流输入插孔，调整万用表的功能挡位调节转盘，使之处于交流电流测试挡（A～）的相应量程。

注意：必须保证被测的交流电流值小于万用表的量程，如果超出了其量程范围，可能损坏万用表。如果无法估测该交流电流值的大小，则可以先用交流钳形表测量该电流值的大小，再判断该电流值是否可以用万用表进行测量。

（2）断开电路电源，将万用表串接在被测电路中，然后接通负载电源便可以从万用表上读出交流电流值的大小。

（3）测试完毕后，断开被测电路电源，将万用表从电路中拆除。将红表笔插回万用表的插孔，功能挡位调整到交流电压的最大测试挡位，以免因万用表处于电流测量状态时去测量电压而造成损坏，最后关闭万用表的电源开关。

直流电流的测量与交流电流的测量方法基本相同，唯一的区别是万用表的测量功能挡应该选择直流电流挡。

使用万用表电流挡测量电流时，应该将万用表串接在被测电路中，因为只有串接才能使流过电流表的电流与被测支路电流相同。实际测量时，应该断开被测支路，将万用表的红、黑表笔串接在被断开的两点之间。特别要注意，电流表不能并联在被测电路中，否则极易将万用表烧毁。

3. 电阻的测量

万用表可用于测量电阻元件的阻值，也可测量供电回路、电子线路或者用电设备输入输出端某两点之间的电阻值。测量时，首先将万用表的测试功能挡选定在电阻测量挡的相应量程上，然后将万用表的红、黑表笔分别搭接在预先选定的两个测试点上，最后在万用表上读出电阻值。如果万用表显示“1”，则表示实际电阻值超出了万用表的测试量程，应将万用表的测试量程调大一挡再进行测量。

在选择通断挡进行测量时，如果万用表产生蜂鸣声，则表示两点之间存在通路，否则万用表显示“1”，表示两点之间开路。

进行电阻测量时必须保证电路中的电源已被切断，不能带电进行测量。不能确定电源是否已切断时，应先用万用表的电压挡对选定的两个测试点之间进行验证性的测量。在电路中进行某一元件的电阻值测量时，必须将该元件从电路中脱离，或者至少应该将该元件的一个管脚从电路中脱离，再进行测量，否则由于电路中有其他电子元件的存在，可能与被测元件形成并联回路，从而造成实际的测量值是各元件并联的电阻值，而不是被测元件的真实电阻值。

4. 频率的测量

测量电路中两点之间电信号的频率时，应首先将万用表的功能转盘调整到频率测量功能挡，然后将万用表的红、黑表笔分别搭接在选定的两个测试点上，最后从万用表上读出测量值。

5. 接头压降的测量

电路连接处不可避免地存在接触电阻，因此只要电路中有电流，便会在连接处产生接头压降。电路连接处接头压降的测量，可用四位半数字万用表。将测试表笔紧贴电路接头两端，万用表测得的电压值即接头压降。需要注意的是，无论在什么环境下接头压降都应满足以下要求：

（1）接头压降≤3mV/100A（电路电流≥1000A）。

（2）接头压降≤5mV/100A（电路电流<1000A）。

6．蓄电池极柱压降的测量

蓄电池极柱压降的测量需要直流钳形表、四位半数字万用表，且必须在相邻两只电池极柱的根部测量。具体测量步骤如下所示。

（1）调低整流器输出电压或者关掉整流器交流输入，使电池向负载放电（使流过极柱之间的电流较大且稳定，保证测量的准确性）。

（2）过几分钟后，待蓄电池端电压稳定后测得放电电流及相邻两只电池之间的极柱压降。

（3）将测量得到的极柱压降与指标要求进行对比。

7．稳压精度的测量

稳压精度的测量需要直流可变电源、直流电流表、直流电压表、可变负载等，仪表精度要求不低于 1.5 级。具体测试方法如下所示。

（1）调整 AC-DC 变换器的输入电压为额定值，输出电压为出厂设定值。调整输出电流为 50%I_e，测量变换器直流输出电压为其额定值。

（2）调整输入电压在允许的最小值和最大值之间变化，输出负载电流在 5%I_e～100%I_e之间变化，几种工作状况两两组合，分别测量输出电压。

（3）根据上述过程测量的输出电压值计算稳压精度，计算方法为（1）和（2）的测量值之差与（1）的测量值之比。

8．万用表使用注意事项

（1）为了保护数字万用表的液晶显示器，一定要在要求的环境范围内使用数字万用表，且环境光线应该明亮。

（2）严禁在测量高电压或者大电流的过程中拨动开关，以防电弧烧坏触点。

（3）测量过程中应注意欠压指示符号，如果欠压指示符号被点亮，则应及时更换电池。为了延长电池的使用寿命，在每次测量结束后，应该立即关闭电源。

（4）测量电压或者电流前，如果无法估计被测电压或者电流的大小，那么应先选择最高量程挡测量，然后根据显示结果选择恰当的量程。

（5）测量电流时，应该按要求将万用表串接入被测电路。若万用表无显示，则应首先检查 0.5A 的熔断丝是否接入插座。

（6）选择电压测量功能时，要求选择准确挡位，防止误接。若误用交流电压挡位去测直流电压，或者误用直流电压挡位去测交流电压，万用表将显示“000”，或者在低位上出现跳字。

（7）用低量值挡位测电阻（如用 200Ω 挡）时，为了精确测量，可以先将两表笔短接，测出两表笔的引线电阻，并根据此数值修正测量结果。

（8）严禁带电测量电阻。进行电阻测量时，应该手持两表笔的绝缘杆，以防人体电阻接入产生测量误差。

（9）用数字万用表进行电阻测量、检查二极管及电路通断时，红表笔接“VΩmA”插孔，带正电；黑表笔接“COM”插孔，带负电。

（10）交流电压的测量是根据正弦波电压平均值与有效值的固定关系完成的，万用表显示的是正弦波电压的有效值，因此，用万用表测量非正弦波电压时，测量误差会比较大。

（11）要注意交流电压或者交流电流的频率范围。

7.2.2　钳形电流表

1．功能及原理简介

钳形电流表简称钳形表，使用十分方便，不需要断开电源和线路就可以直接测量运行中电力设备的工作电流，方便及时掌握设备的工作电流及设备的运行状况。钳形电流表起初是用于测量交流电流的，现在钳形电流表也具备了万用表的功能，可以测量交直流电压和电流、电容容量、电阻、二极管、三极管、频率、温度等。

钳形电流表是一个电磁式仪表，由电流互感器和电流表组合而成。电流互感器的铁芯在捏紧扳手时可张开；被测电流通过的导线不必切断就可以穿过铁芯张开的缺口，当放开扳手后铁芯闭合。放置在钳口中的被测载流导线作为激励磁线圈，磁通在铁芯中形成回路，电磁式测量机构位于铁芯缺口中央，受磁场作用而偏转，从而获得读数。因其偏转不受测量电流种类的影响，所以可以测量交流电流、直流电流。图 7-2 所示为钳形电流表面板图。

图 7-2　钳形电流表面板图

2．基本操作规程

测量电流是交直流钳形表的主要功能，下面以某型号的交直流钳形表测量直流电流为例说明钳形表的使用方法。

（1）调节钳形表的功能转盘，使它的 DC 端对准 DC2000A/AC2000A 的量程位置。

（2）使保持键（HOLD）处在非锁定（弹起）状态。

（3）测量前使钳口闭合，调节调零旋钮（DC A/0 ADJ）使屏幕显示为“0.00A”。

（4）测量时按压手柄使钳口张开，将钳形表卡接在被测导线上。注意被测导线中的电流方向与钳口中所标箭头的方向要一致，尽量使导线处于电流钳的中央位置，在屏幕上可以直接读出被测电流的大小。

（5）如果所测位置无法观察到屏幕的显示值，按下保持键使测量数值保持在屏幕上，取下钳形表再读出测量数值，结束后松开保持键。

（6）若读出的电流值在下一挡量程之内，则拨动功能转盘对准 DC200A/AC200A 的量程位置，重新调零后再进行测量。

（7）测量完毕后，将功能转盘指向 OFF 挡，关闭交直流钳形表电源。

测量交流电流时，除钳形表不需要调零，功能转盘需要用（AC/Ω）端指向相应的量程外，其余的操作步骤与直流电流的测量步骤完全一样。电压、电阻的测量方法和具体操作与用万用表测量的方法相同。

3. 使用注意事项

（1）被测导线要垂直卡在钳形铁芯中央，否则误差会很大。被测导线正电流方向必须与箭头所示方向一致，否则测量结果为负电流值。

（2）测量前应该先估计被测电流的大小，选择合适的量程。或者先选用较大量程，再视被测电流大小，降低量程。

（3）为使读数准确，钳口的两个端面应保证很好结合。如果有杂声，可将钳门重新开合一次，如果杂声依然存在，清洁污垢并将钳门擦拭干净。

（4）测量完成后一定要把挡位开关放在最大电流量程位置，以免下次使用时，由于未经选择量程而造成仪表损坏。

（5）测量小于 5A 以下的电流时，为了得到较准确的读数，在条件许可的情况下，可以把导线多绕几圈放进钳口进行测量，实际电流数值应为读数值除以放进钳口的导线根数。

（6）钳形电流表一般用于测量配电变压器低压侧或者发电机的电流，严禁在高压电路上使用无特殊附件的钳形表，以免绝缘击穿后造成人身伤害。

（7）测量直流电流时，每次换挡测量前应该调零一次。

（8）长时间不使用钳形电流表时应将仪表电池取出。电池电量不足时应该及时更换，以免影响测量准确度。

（9）应该避免在高温、潮湿及含盐、酸成份高的地方存放或者使用钳形电流表。

7.2.3 兆欧表

1. 功能及原理简介

兆欧表也称摇表、绝缘电阻测试仪，是测量高阻值电阻的仪表。其通常用于测量电缆、电动机、变压器及其他电气设备的绝缘电阻，以保证这些电器、设备及线路工作在正常状态，避免发生设备损坏和触电伤亡等事故。

兆欧表的额定电压有 250V、500V、1000V、2500V 等，测量范围有 50MΩ、1000MΩ、2000MΩ等。

兆欧表主要由作为电源的手摇发电机（或其他直流电源）和作为测量机构的磁电式流比计（双动线圈流比计）组成，如图 7-3 所示。测量时，实际上是给被测件加上直流电压，测量其通过的泄漏电流，在表的盘面上读到的是经过换算的绝缘电阻值。

图 7-3 兆欧表

2. 基本操作规程

1）选用合适的兆欧表

兆欧表的额定电压一定要与被测件或者线路的工作电压相适应，兆欧表的测量范围也应该与被测件绝缘电阻的范围相一致。通常对于额定电压在 500V 以下的被测件，选用 500V

或者 1000V 的兆欧表；对于额定电压在 500V 及以上的被测件，选用 1000～2500V 的兆欧表。

2）测试前的准备

（1）测量前应先将兆欧表进行一次开路及短路试验，检查兆欧表的工作是否正常。将两根连接线开路，此时摇动手柄，表盘指针应该指在无穷大处，再将两根连接线短接，此时指针应该指在零处。

（2）被测件一定要与其他电源断开，测量前必须将被测件充分放电，以保护人身及设备的安全。

（3）兆欧表与被测件之间应该使用单股线分开单独连接，且保持线路表面干燥清洁，避免因线与线之间绝缘不良引起误差。

3）测量

将兆欧表水平放置，转动摇把时务必注意其端钮之间不可短路。转动手摇发电机手柄时，切不可忽快忽慢，以免表盘指针的摆动幅度过大而引起误差。通常以 120 转/分为宜，允许在±20%的范围内变化。

4）读数

正确读取被测件绝缘电阻的阻值大小，还要记录测量时的湿度、温度、被测件的状况等，以便分析测量结果。

5）拆线

测量结束，但在兆欧表没停止转动及被测件还没有放电以前，不能用手触碰被测件，也不能进行拆线工作，必须要先将被测件对地短路放电，再停止兆欧表的转动，防止因电容放电损坏兆欧表。

3. 使用注意事项

（1）使用兆欧表时必须水平放置，并且远离外磁场。

（2）测量过程中，如果转动手柄时发现指针指零，则不允许继续摇动手柄，以防线圈损坏。

（3）在有雷电或者附近有带高压的设备时，禁止使用兆欧表进行测量，只有在被测件不带电，并且又不可能受其他电磁感应而带电时，才可进行测量。

（4）避免长时间剧烈震动，使表头宝石、轴尖受损影响刻度指示。

（5）兆欧表不使用时应该放置在固定的地方，环境温度不宜太冷、太热，切勿放置在污秽、潮湿的地面上，且避免放置在腐蚀性气体附近。

7.2.4 红外线测温仪

1. 功能及原理简介

使用红外线测温仪时，可以在不直接接触被测物体表面的情况下，方便地测量其表面温度，特别是在测量带电部位的温度时，既可以保证测试人员的人身安全，同时避免了因仪器引起的系统误差影响测量精确度。图 7-4 所示为手持式红外线测温仪。

2. 基本操作规程

测量物体表面温度时，首先将红外线测温仪对准物体，然后按动扳机即可。具体步骤如下（以 TM900 为例）所示。

（1）红外线测温仪与被测物体表面之间的距离应保持在 1～1.5m。

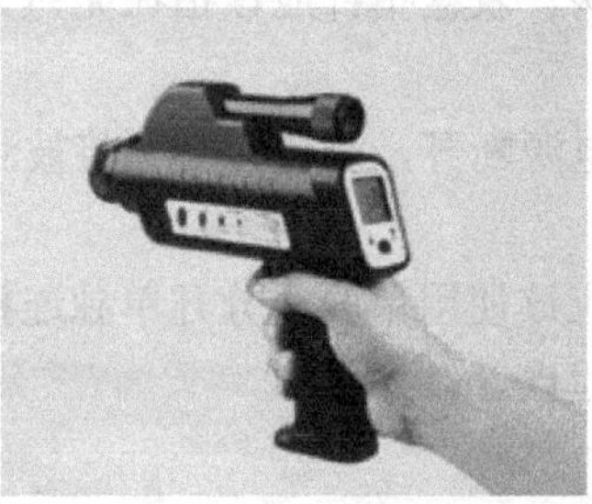

图 7-4 手持式红外线测温仪

（2）查找一个冷点或者热点，先将红外线测温仪对准所测区域的外侧，然后慢慢上下移动红外线测温仪扫描整个区域，直至确定冷点或者热点的位置。

（3）将红外线测温仪对准物体，按动扳机。

（4）读取读数。

使用红外线测温仪时必须考虑光学分辨率，以及观察视野。激光束只能用于瞄准目标，确定冷点或者热点的位置。

读取读数时，红外线测温仪会测量最低（MIN）、最高（MAX）、差值（DIF）和平均值（AVG）温度。AVG 数值会存储在测温仪中，可用 LOG 按钮调用，直到测温仪读取了新的测量值，此值才会被覆盖。

按功能键按钮也可以查看低温报警（LAL）、高温报警（HAL）、存储（STO）及发射率（EMS）。每按一次功能键，红外线测温仪依次向下一项测试功能移动。确定好所需的测试功能，可直接按上、下键调整，按确认键确认就可以进行所选功能测试。

3. 使用注意事项

（1）严禁用激光直接对人，切不可直接看激光束，防止损坏眼睛。

（2）保持红外线测温仪透镜面清洁。

（3）在红外线测温仪与被测物体之间不能有其他物体，以免造成干扰影响测量的准确性。

（4）远离电磁场，避免电弧机、静电等的干扰。

（5）避免在环境温度急剧变化的场合使用红外线测温仪。

（6）长时间不使用红外线测温仪时应该将电池取出，电池电量不足时应该及时更换，以免影响测量的准确度。

7.2.5 红光笔

1. 功能及原理简介

红光笔（又称光纤故障测试笔，光纤故障检测器）以 650nm（±20nm）半导体激光器件作为发光源，通过恒流源驱动发射出稳定的红光，与光接口连接后进入光纤，从而实现光纤故障检测的功能，如图 7-5 所示。

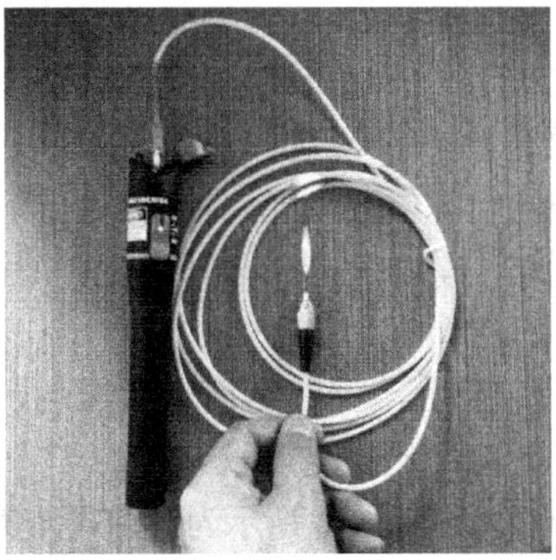

图 7-5 红光笔

用红光笔可以检测光纤的连通性，可用于光纤弯曲、断裂等故障点的定位。红光笔还具备光时域反射仪（OTDR）盲区内的故障检查、机械接续点优化，以及端到端光纤识别等功能。红光笔可用于光器件生产与研发、电信工程与维护、综合布线施工与维护及其他光纤工程中。

2. 基本操作规程

红光笔最常见的用途是用于检测光纤的连通性，以及定位光纤的故障点。红光笔分为两种工作模式：一种是恒亮模式，红光笔通过连续光可稳定呈现光纤跳线的连通性；另一种是闪烁模式，红光笔通过闪烁光快速查找出光纤故障点。红光笔的具体使用方法如下所示：

（1）拧开红光笔的笔头及笔身，将电池安装在红光笔的笔身中（要注意电池的正负极），电池安装完成以后拧紧红光笔的笔身和笔头，打开红光笔的防尘帽及控制开关，观察红光笔是否有红光，若有红光则代表红光笔安装正确，可以正常使用。

（2）根据光纤跳线类型（光纤跳线接口类型）选择合适的接头，用清洁工具清洗接口，再将光纤跳线插入红光笔的接头上。

（3）先选择红光笔的恒亮模式，通过连续光检查光纤跳线是否连通、完好，若光纤跳线中没有出现红光泄漏，则表明此光纤跳线完好；若在光纤跳线的某处存在红光泄漏的情况，则打开红光笔的闪烁模式，通过闪烁光快速查找光纤跳线的故障点。若因为光纤弯曲过大导致光纤跳线受损，则需要更换光纤跳线。若光纤跳线的故障点是光纤熔接处，则可能熔接处存在气泡，需要重新熔接光纤。

3. 使用注意事项

（1）严禁激光直射眼睛。

（2）使用红光笔时，应该先用清洁工具清洗光纤跳线接口。

（3）应该尽量避免在高温工作环境使用红光笔，以免缩短激光器的使用寿命。

（4）使用完毕或者长时间不使用红光笔时，应该及时戴好防尘帽，以避免灰尘、油污等污染。

（5）长时间不使用红光笔时，应该及时取出电池，以避免电池腐烂损害红光笔。

7.2.6 光功率计

1. 功能及原理简介

光功率计是用于测量绝对光功率或者通过一段光纤后光功率损耗值的仪器。采用精确的软件校准技术，可以测量不同波长的光功率。光功率计是光无源器件、光电器件、光缆、光纤、光纤通信设备等的测量工具，也是光纤通信系统工程建设和维护的必备测量工具。

将光功率计与稳定光源组合使用，可以测量连接损耗、检验连续性，并且帮助评估光纤链路的传输质量。

光功率计有台式及手持式等类型，图 7-6 所示为手持式光功率计。

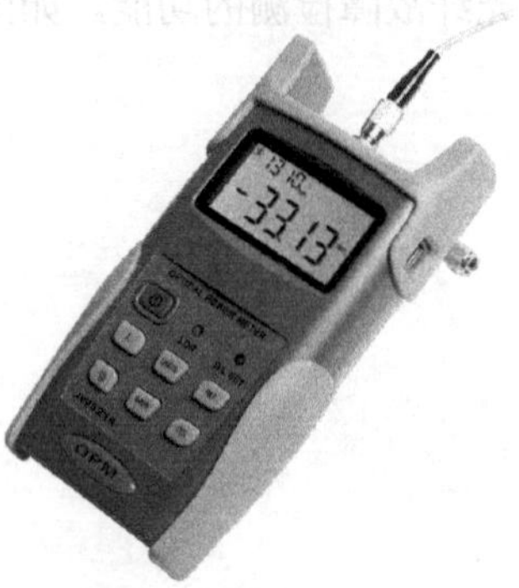

图 7-6 手持式光功率计

2. 基本操作规程

（1）使用光功率计前应了解光源的发光功率范围和光功率计的接收灵敏度。

（2）被测光纤的一端清洁以后接光功率计的连接端口，另一端清洁以后插入光源的连接端口。

（3）打开光源的电源，选择输出光源的工作模式，并选择波长（光源与光功率计同时使用时应该选择相同波长）。

（4）打开光功率计电源，使用模式转换键设置为接受模式（光功率模式），并选择与光源相同的波长。

（5）查看测试结果并储存测量结果。

3. 使用注意事项

（1）任何情况下不能用眼睛直视光功率计的激光输出口，对端接入光传输设备时也不能用眼睛直视光源，否则会造成永久性视觉损伤。

（2）使用光功率计时要保护好陶瓷头，每次使用时要用酒精清洁光功率计陶瓷头和尾纤，并且每三个月要用酒精棉清洁陶瓷头一次。

（3）由于光输入口直接连接光探测器，卸下光缆连接线以后应该立刻盖上防尘帽，以防止灰尘、硬物或者其他脏物触及光敏面，污染和损伤光探测器。

（4）禁止过强的光直接进入光输入口。

（5）装电池的光功率计长期不用时应取出电池，可以充电的光功率计每月必须充放电一次。

7.2.7 光时域反射仪 OTDR

1. 功能及原理简介

光时域反射仪 OTDR 是一种利用光在光纤中传输时的菲涅尔反射和瑞利散射产生的背向散射制成的精密型光电一体化仪表，广泛应用于光缆线路的施工、维护中，可以进行光纤长度、接头衰减、光纤的传输衰减等的测量和故障定位。图 7-7 所示为光时域反射仪 OTDR。

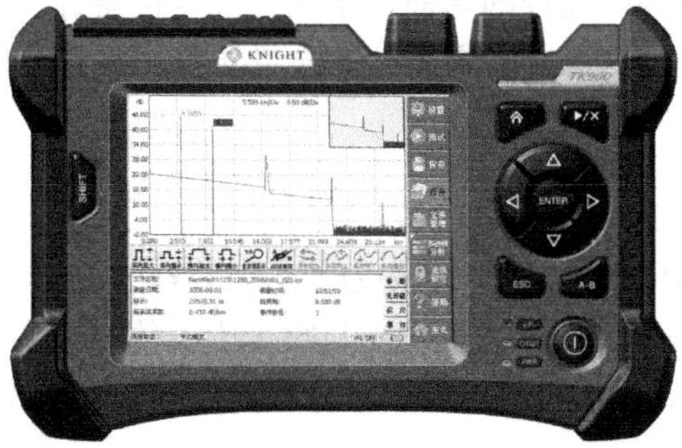

图 7-7 光时域反射仪 OTDR

2. 基本操作规程

用光时域反射仪 OTDR 进行光纤测量可以分为以下 4 步：开机、参数设置、数据获取及曲线分析。

1）参数设置

人工设置测量参数时需要注意以下几个方面的问题。

（1）波长选择。因为不同的波长对应不同的光特性，测试波长通常遵循与系统传输光信号波长相一致的原则。

（2）脉宽。脉宽越宽，测量的动态范围越大，测量距离越长，但在光时域反射仪 OTDR 的曲线波形中产生的盲区也更大。窄脉冲虽然注入光平低，但可以减小盲区。脉宽单位通常以 ns 表示。

（3）测量范围。测量范围指光时域反射仪 OTDR 获取数据取样的最大距离，参数的选择决定了取样分辨率的大小。光时域反射仪 OTDR 的最佳测量范围是待测光纤长度的 1.5～2 倍距离。

（4）测量模式。光时域反射仪 OTDR 的测量模式分为平均值模式和刷新模式。因为后向散射光信号极其微弱，通常都采用统计平均的方法来提高信噪比。平均时间越长，信噪比越高，但是超过 10min 的获取时间对信噪比的改善并不大，所以通常平均时间不超过 3min。

（5）光纤参数。光纤参数的设置包括折射率及后向散射系数的设置。折射率与光纤材料有关，应该按被测光缆的折射率设置，通常设置为 1.468。后向散射系数影响反射及回波损耗的测量结果。这两个参数一般由光纤生产商提供。

2）数据获取

参数设置好以后，光时域反射仪 OTDR 发送光脉冲并接收由光纤链路反射及散射回来的光信号，对光电探测器的输出取样，即可获取数据（以曲线形式表示）。

3）曲线分析

对曲线进行分析即可了解光纤质量。光纤质量问题表现为光纤上事件。光纤上事件指除光纤材料自身正常散射以外的任何导致损耗或者反射功率突然变化的异常点，包括各类弯曲、裂纹、连接、断裂等产生的损失。

光纤上事件分为反射事件和非反射事件。

（1）常见的反射事件：光纤的破损点、断点、连接器、光纤末端等。

（2）常见的非反射事件：光纤的弯曲、熔接点、连接器等。

通过对反射事件的分析，可以确定光纤的传输质量。在光缆障碍查修作业中，可以判断光纤障碍点的位置。

3．使用注意事项

（1）若在市电以外的环境中使用光时域反射仪 OTDR，则应该加稳压器以保证仪表安全。

（2）因为光时域反射仪 OTDR 是集发光与收光于一体的设备，为了保证人身安全，应该先连接口再开机测量，测量完毕后必须先关机再取下跳线。在测量过程中发光口严禁对准人，尤其是人眼。

（3）严禁用光时域反射仪 OTDR 测量无信号的通信光缆以外的一切待测设施。使用光时域反射仪 OTDR 测量时必须确保被测光纤中没有工作光，否则会导致测量结果不准确，严重时会对测试仪表造成永久性损坏。

（4）如果长期不使用光时域反射仪 OTDR，在使用测试仪表前应先给电池充电，测试仪表闲置超过 2 个月应该及时充电以保持电池电量。

（5）光纤对接端口要注意防尘、防油污。每次测量前应用棉花蘸酒精将光纤对接端口和跳线接口都清洗以后再对接测量，每次测量或操作完毕也应该用棉花蘸酒精将光纤对接端口和跳线接口都清洗以后才可放入包内。

7.2.8 接地电阻测试仪

1．功能及原理简介

接地电阻测试仪是测量接地电阻的常用仪表，也是电气安全检查及接地工程竣工验收不可缺少的工具。

常用的接地电阻测试仪有手摇式接地电阻测试仪和数字式接地电阻测试仪两种。图 7-8 所示为手摇式接地电阻测试仪。

图 7-8　手摇式接地电阻测试仪

2．基本操作规程

以图 7-8 所示的手摇式接地电阻测试仪为例进行介绍。

1）检查

在使用接地电阻测试仪前先对仪表和零部件进行检查，以确保仪表工作正常及数据采集的准确性和零部件的完整性。

2）接线

（1）测量非屏蔽体电阻时，E-E 两个接线柱用镀铬铜板对接，并接在随仪表配送的 5m 长纯铜导线的一端，导线另一端接在待测接地体的测试点上。

（2）P 柱接随仪表配送的 20m 长纯铜导线的一端，导线的另一端接插针。

（3）C 柱接随仪表配送的 40m 长纯铜导线的一端，导线另一端接插针。

3）测量

（1）将接地电阻测试仪水平放置并检查检流计是否指在零位上，否则将指针调至零位。

（2）测量前，接地电阻挡位旋钮应该旋在最大挡位，调节接地电阻值旋钮放置在 6～7Ω 的位置。缓缓转动手柄，如果检流表指针从表盘中间的 0 平衡点迅速向右偏转，则说明原量程挡位过大，可以下降一个测试挡位；如果偏转方向如前，则可以再下降一个测试挡位。

（3）通过上述步骤后，缓缓转动手柄，如果检流表指针从表盘中间的 0 平衡点向右偏移，则说明接地电阻值偏大。在缓缓转动手柄的同时，接地电阻旋钮应该缓慢地顺时针转动，当检流表指针归 0 时，逐渐加快手柄转速，使手柄转速达到 120 转/秒，此时接地电阻旋钮指示的电阻值乘以挡位倍数，即测量的接地体的接地电阻值。若检流表指针缓缓向左偏转，则说明接地电阻旋钮处的电阻值小于实际接地电阻值，可缓缓逆时针旋转旋钮，调大仪表的电阻指示值。

（4）为了保证所测接地电阻值的正确性，应该改变方位重新进行测量。取几次测量值的平均值作为接地体的接地电阻。

3．使用注意事项

（1）安插两个插针的土质必须坚实，不能安插在回填土、泥地、树根旁、草丛等位置。

（2）不应在雨天或者雨后进行接地电阻测量，以免因湿度影响测量精度。

（3）待测接地体应该先进行除锈处理，以保证可靠的电气接触。

（4）严禁在检流表指针仍有较大偏转时加快手柄的摇动速度。只有当检流表指针缓缓转到 0 平衡点时，才能加快摇动手柄，通常摇动手柄的额定速度为 120 转/秒。

（5）接地电阻测试仪使用完毕后，阻值挡位要旋置最大位置。

7.3　通信机房现场维护管理要求

7.3.1　通信机房分类及环境要求

1．通信机房分类

通信机房主要分为 A、B、C、D 四类。

1）A 类通信机房

承载国际、省际等全网性业务的机房，以及集中为全省提供业务和支撑的机房（对应集团级、省级枢纽机房），包括但不限于核心网机房、承载网骨干节点机房、承载全网或者多省份区域性业务系统的机房、IT 支撑系统机房、4 星级以上（含 4 星级）互联网数据中心（IDC）机房和为上述机房供电的动力机房。

2）B 类通信机房

承载跨本地网业务的机房，以及集中为全本地网提供业务及支撑的机房（对应本地网级枢纽机房），包括但不限于核心网机房、本地骨干承载网机房、承载本地网业务系统的机房、IT 支撑系统机房、三星级 IDC 机房和为上述机房供电的动力机房。

3）C 类通信机房

承载本地网内区域性业务，以及支撑的机房（对应县级、本地网区域级机房），包括但不限于核心网机房、承载网机房、承载本地网内区域性业务系统机房、IT 支撑系统机房、2 星级以下（含 2 星级）IDC 机房和为上述机房供电的动力机房。

4）D 类通信机房

承载网络末梢接入业务的机房（对应接入级机房），包括但不限于用户接入网、模块局域网和城域网接入层设备（小区路由器、交换机）、数字用户线路接入复用器（DSLAM）设备，以及光线路终端（OLT）设备的通信机房。

移动通信网的核心网机房和基站机房参照上述原则分类。

2. 通信机房环境要求

（1）通信机房应该防尘、防水、防静电、防日光直射；重要通信设备机房应该全密封。

（2）通信机房四面墙体、天花板的表面应该刷漆防护。

（3）通信机房内禁止进行装饰性装修，不设吊顶、不使用木隔板、木墙裙、木质地板、塑料墙纸及不阻燃窗帘。

（4）通信机房墙上、天花板上应该无破损、无水渍、无裂缝、无废弃或者多余的孔洞。

（5）通信机房内通常采用固定地面，应当铺设耐磨瓷砖或者其他不易起尘的水泥地面，地面平整无破损、瓷砖完整无松动；为了满足空调气流流通要求可以采用架空地板，此时应采用防静电地板，地板平整牢固、不起皮、不摇晃、不塌陷。

（6）通信机房内需要使用安全照明灯具，照明亮度应当满足标准要求。

（7）通信机房墙壁、地板、天花板、走线架、机柜、设备、设备风扇上应该无明显的污迹或者浮尘。

（8）通信机房的门窗、墙体应不渗水、不漏水，机柜及设备上方不得敷设任何水管；原则上空调冷气口不得开在机柜及设备正上方，若确有需要，则应该在空调送风管道上安装储水弯，并定期检测储水弯内的储水情况。

（9）油库房应该单独设置或者与油机房隔离，油库房及油机房内除了配置必要的手提式 ABC 干粉灭火器外，还应配置 1～2 个 20kg 推车式 ABC 干粉灭火器。

机房环境温湿度、洁净度及静电电压要求如表 7-12 所示。

表 7-12　机房环境要求

机房类型	环境温度	环境相对湿度	洁净度	静电电压
A 类机房	10℃～26℃	40%～70%	二级	≤200V
B 类机房	10℃～28℃	20%～80%	二级	≤200V
C 类机房	10℃～30℃	20%～85%	二级	≤200V
D 类机房	5℃～35℃	15%～85%	三级	≤200V

续表

机房类型	环境温度	环境相对湿度	洁净度	静电电压
一般电源机房	10℃～30℃	20%～85%	二级	/
蓄电池机房	15℃～28℃	20%～85%	三级	/
发电机、变压器房	5℃～40℃	/	/	/

3. 通信机房装置设备布置要求

1）走线架排列布置

（1）通信机房内无论是否使用架空地板，缆线敷设都应该采用上走线方式，严禁在架空地板下敷设消防系统以外的任何缆线。

（2）应该选择便于检查缆线的开放式金属架体式走线架（光缆专用槽除外）；走线架及吊挂支撑杆的承重应当满足国家通信设计规范的相关要求。

（3）所有走线架均需要严格按照强弱电、光电缆三线分离要求敷设，不同的走线架应该在交叉处采取立体交越措施，不得出现平面交叉。A、B 类通信机房不同缆线类型应该分架分层敷设（对于整治条件非常困难的老旧机房，允许不同类型缆线在同架敷设，但不同类型缆线之间需要保证 10cm 以上的间距）；C、D 通信类机房不同类型缆线可以在同架分槽敷设，但不同类型缆线之间也需要保证 10cm 以上的间距。

（4）走线架及架上缆线应当不妨碍机柜顶端的出风口和排风，并且要离开机柜顶出风口 20cm 以上。

（5）安装走线架支撑及吊挂杆时，不得破坏和降低机房墙壁和地板（天花板）的支撑力或者承重性能。

2）机柜排列布置

（1）通信机房内机柜的安装应该竖直不倾斜，牢固不松动。

（2）通信机房内应该留有合理经济的维护走道，机柜列之间的距离还需要同时满足相关设备维护及设备散热的要求。A、B、C 类通信机房设备搬运走道宽度为 1.2～1.5m，维护走道宽度为 0.8～1.2m，通常不小于 0.8m；D 类通信机房设备维护走道要求适当放松，搬运走道宽度为 1.0～1.2m，维护走道宽度为 0.6～0.8m。

3）机房缆线敷设布置要求

（1）走线架、电缆井内缆线布线应该平直排列，不卷绕、不盘旋、绑扎整齐。

（2）每条或者每组缆线应该每隔一定距离（5～10m）挂一个标示牌（至少在缆线两端应该挂有标明本端和对端的标示牌）。

（3）各种走线架内不得残留废弃、多余缆线或者去向不明、用途不清的缆线，也不得放置任何其他杂物。

（4）走线架上 48V 直流电源电缆通常采用正极缆在下、负极缆在上的方式敷设。

4. 通信机房管线孔洞封堵要求

通信机房的管线孔洞必须按照《电信机房防火封堵标准（DXJS1016-2007）》进行封堵，并符合以下要求。

（1）通信机房内无论是墙壁上还是天花板上或者是地面上，各种管线孔洞必须严密封堵。

（2）孔洞穿线施工打开封堵泥（袋）以后，无论是否完工，都必须当日下班之前恢复封堵。

（3）孔洞穿线施工时应该挂放孔洞施工单位及施工许可标牌。

5. 通信机房防雷接地系统要求

各类通信机房的防雷接地系统应该满足以下要求，并且防雷接地设施应该按规定要求定期检测。

（1）A、B 类通信机房。该类机房应当有完善的避雷系统，局站有建筑物防直击雷装置，室外天馈线有信号避雷器防雷，电源系统有三级避雷器防雷，光缆金属加强芯直接连接地排，地网采用联合接地，接地电阻应当小于 1Ω。

（2）C 类通信机房。该类机房有良好的避雷系统，局站有建筑物防直击雷装置，室外天馈线有信号避雷器防雷，电源系统有一级避雷器防雷，光缆金属加强芯直接连接地排，地网采用联合接地，地网接地电阻应当小于 3Ω。

（3）D 类通信机房。该类机房有良好的避雷系统，局站有建筑物防直击雷装置，室外天馈线有信号避雷器防雷，电源系统有一级避雷器防雷，光缆金属加强芯直接连接地排，地网采用联合接地。雷害严重地区的机房、高山站或者干线中继站的地网接地电阻应当小于 5Ω；雷害一般地区的机房接地电阻应当小于 10Ω。

（4）通信机房接地导线应该采用多股铜芯电缆，电缆中间不能有接头，严禁使用裸导线布放。接地导线的截面积应该根据可能通过的最大雷电流及短路电流确定。通信机房接地导线一般规格如表 7-13 所示。

表 7-13　通信机房接地导线一般规格

线缆类型	铜线截面积	备　注
主接地汇流排地线	一般≥120 mm^2	也可采用不小于 50mm×4mm 的扁钢
机房分接地汇流排地线	一般≥95 mm^2	
配电柜分接地汇流排地线	一般≥50 mm^2	
设备机柜保护地线	一般≥25 mm^2	

6. 通信机房动力环境监控系统监控要求

各类通信机房的动力环境监控系统配置要求如下所示。

（1）A、B、C 类通信机房重要电源和空调设备（如市电、油机、UPS、开关电源、蓄电池组、中央空调主机、机房精密空调、风柜等）应该全部接入动力环境监控系统。D 类通信机房设备应该具备市电、48V 直流电压监控功能，并视通信机房重要程度纳入动力环境监控系统。

（2）A、B、C 类通信机房的环境温湿度、水浸告警应该全部接入动力环境监控系统。D 类通信机房的环境温度应该接入动力环境监控系统或者主设备网管系统。

7.3.2　通信机房现场管理规定

1. 出入管理

（1）通信机房实行封闭管理，并备有《机房出入登记簿》。出入机房必须严格履行登记审批手续，进入及离开无人值守机房时必须主动登记，有人值守机房的值守人员应该主动要求来访人员进行登记。非因工作需要一律不得进入通信机房。进入有智能门禁系统的通信机房，必须使用门禁卡，并主动做好登记。

（2）非本局（站）工作人员进入通信机房，必须经主管部门批准。非通信业务工作人员进入通信机房，必须由派出单位提出申请，相关业务部门会同机房维护部门提出意见，报主管领导审批批准，并由接待单位派专人陪同，在批准的范围内开展工作。

（3）港、澳、台及外籍人员（包括港、澳、台及外国独资企业的中方员工）进入通信机房，必须由相关业务部门会同安全保卫部门提出意见，经本地网的主管领导审核批准，但不得进入与工作内容无关的区域。港、澳、台及外籍人员不得进入党政专用通信、国防通信，以及战备通信等涉密机房。

（4）各级维护、管理人员（包括非本单位通信业务工作人员）进入通信机房工作时必须佩带工作牌。非通信业务人员进入通信机房时应当领取并佩带临时出入证（卡）或者施工服务证（卡），工作结束以后应该及时归还。

2. 门禁管理

（1）具有智能门禁的通信机房，非本单位维护人员必须凭审批后的“进入机房许可证”，方可进入通信机房进行维护作业。

（2）在重要通信机房实施作业，要求维护部门派随工人员全程陪同。一般通信机房工程施工改造项目可以由监理负责并全程陪同。外包公司对一般通信机房进行维护作业时，维护部门可以不必全程陪同，但必须安排人员定期检查。

（3）若通信机房使用钥匙，则所有机房锁匙应该统一存放在安保部门或者运行维护部门指定的24小时有人值守处。通信机房钥匙应该标识明确、清楚，并纳入交接班登记内容实现动态管理。有条件的地方可以建立钥匙对应机房位置的平面图，以便清点检查钥匙。

（4）需要进入使用钥匙的通信机房的作业者必须凭审批后的“进入机房许可证”到安保部门或者运行维护部门指定的值班人员处审核登记，并且要在运行维护部门工作人员的陪同下进入通信机房。运行维护部门的随工人员应该陪同和监管外来的通信机房作业者进行工作。钥匙使用以后应该立即归还原处。

（5）应该按照门禁系统的使用要求及管理分工要求，由责任部门指派专人负责通信局站和通信机房门禁系统的管理和维护，保证门禁卡、门禁设备和门禁系统的完好。

3. 作业管理

（1）通信机房作业包括对机房、机房内设备及基础设施的巡检、测试、清洁、维护、勘察及施工改造等。

（2）通信机房作业应该按照维护规程要求及作业计划实施。进行非维护作业时需要有相关主管部门核准的作业计划及方案。由外单位人员实施的机房作业计划应该取得相关主管部门的批准，通信机房管理责任单位应该按相关要求安排随工人员。

（3）通信建设部门作为通信机房作业工程的管理部门，按照“谁主管、谁负责”的要求，应该指定工程项目负责人对整个工程的作业现场进行管理，使作业现场符合通信机房标准化管理的要求，运行维护部门应该安排随工人员给予配合与监督。

（4）通信机房施工作业前，施工作业单位必须取得工程管理部门同意此工程启动的“工程开工（施工）单”，工程管理部门应该对通信机房作业工程的施工地点、时间、内容、人员，以及监理等重要信息有明确的确认及审批，对C类及以上类别通信机房施工作业时，在进场施工作业前应该与施工作业单位签订施工作业安全承诺书。

（5）在通信机房进行施工作业之前，应该先将工程项目介绍、施工作业内容和施工作业计划安排报机房管理部门审核批准，同时还应该将施工作业单位、施工作业人员、监理单位、监理人员的资质证明交机房管理部门查验。

（6）在通信机房内施工作业，临时用电，以及需要使用电焊、气焊、切割机、打磨机、喷灯、搪锡、烤漆、熬炼等明火作业时，必须事前办理《用电许可证》和《动火证》，落实现场监护人员，并在采取可靠的防护措施以后方可施工。

（7）通信机房作业人员必须遵守各项机房管理制度，禁止在机房内吸烟、饮食。外来作业人员必须服从机房管理人员及随工人员的管理。

（8）无人值守机房有新风系统的，施工作业之前应该先启动新风系统补充新风，施工作业过程中应该保持通信机房空气新鲜。离开时应该检查通信机房内各设施、设备是否正常，清理好现场，关闭新风系统，并做到人走灯灭门锁。

（9）在通信机房施工作业涉及线、缆布放，以及设备、器件安装时，必须严格遵照机房工艺规范要求及其他技术要求，不得因作业影响机房原有的工艺规范，或者降低机房的安全标准。

（10）工程随工人员必须严格监督和管理作业人员及施工作业现场。要指明工程监理对施工作业全过程的安全、工艺、环境卫生的管理细节，并且要求工程监理人员落实好这些管理细节。要及时制止可能影响通信安全的操作及其他违规操作，发现问题及时汇报。施工作业结束以后随工人员应该负责对工程进行检查和随工验收，并且督促及时清理现场杂物及垃圾。对施工作业过程中发生的任何重要问题，随工人员必须有详细的记录。

（11）必须严格按规范使用走线架、槽道、桥架、竖井、爬梯。施工作业时需要对电缆孔洞进行拆封的，施工作业以后必须遵循“谁拆封，谁恢复”的原则及时恢复并且按规范要求封堵。

（12）需要使用垂直竖井、水平洞孔进行布放或者清除电缆时，必须实行书面申请制度，由机房维护管理部门对布缆路由及清除电缆核实确认以后，方可安排实施。施工作业完成以后，要即时用防火泥及其他达到防火要求的材料进行临时封堵，并且及时通知专业封堵作业人员完成规范的防火封堵，并由运行维护部门及通信机房管理责任人验收签证。

（13）通信机房维护管理直接责任人若发现有违章施工作业、违反机房管理规定，以及从事与审批内容不相符的施工作业等行为时，应该及时上报网络运营部门并有权制止和责令施工作业人员离开现场。

（14）通信机房内施工作业必须遵守以下规定。

① 禁止在通信机房内开箱施工作业设备外包装，并且禁止在通信机房内堆放设备包装材料等。

② 严禁乱拉乱接电源线。严禁使用卤钨灯等高温照明灯具用作临时照明。

③ 严禁用电钻在带电母线排上打孔。

④ 通信机房内应该使用绝缘梯。

⑤ 涉及墙体、天花板及地板等易产生灰尘的施工作业，必须采取严格、有效的防尘措施，施工作业时必须同步采用吸尘器、接水桶等防护措施，并及时清理现场。

⑥ 每日离场时应该清理施工作业现场，将工程废料及时清走。施工作业结束以后应该将工程余料全部清走，彻底清洁现场，保证机房环境整洁。

⑦ 禁止将通信机房作为施工作业人员休息、生活的场所。

⑧ 通信机房内各种灭火器材应该定位放置，严禁任意挪动。

4．用电管理

（1）运行维护部门负责通信机楼的用电管理。运行维护部门应该严格按照规定安装和使用配电设备、动力设备及供电线路，用电部门应该严格按照安全用电管理规定使用各种通信生产设备。

（2）通信机楼内部有用电需求时，必须事先提供需要用电的负荷，报运行维护管理部门批准，现场运行维护部门核实以后方可实施。未经运行维护管理部门批准，任何部门及人员不得擅自将用电设备接入供电系统。

（3）外单位（包括共享机房的其他通信运营商等）有用电需求时，必须向通信局站所属运行维护部门提交申请，并附设计方案及图纸备案，经运行维护部门会同有关部门对方案进行会审并获批准以后，方可组织实施。

5．应急管理

1）应急资料管理

（1）应急资料图包括电源系统图、动力电缆布放图、接地系统图。

（2）应急工作资料包括应急预案，应急资源档案，应急预案启动、修改、检查、演练记录等。

（3）重要通信局站及通信机房应该定期举行应急预案演练。通信机房等级及维护模式发生变化时，应该修改相应的应急预案。

2）应急发电管理

（1）通信局站应该预留足够的场地空间，用于满足本局站通信负载的移动式应急发电车或者发电装置停留和发电。

（2）无固定油机的 D 类通信机房应该准备好应急发电的供电接口。

（3）任何时候都禁止在通信机房内进行应急油机发电。

6．消防管理

（1）通信局站工作人员应该全面掌握并严格遵守局站消防安全管理制度，切实保证机楼防火安全、消防设施完好、事件处置及时。

（2）通信局站工作人员必须做到“三懂”“三会”“三能”：懂得本岗位通信（工作）过程及通信设备火灾的危险性、懂得预防火灾的措施、懂得火灾扑救的方法。会用消防器材、会处理事故、会报警。能够自觉遵守消防安全规定制度、能够及时发现火险、能够有效扑救初期火灾。

（3）应该根据消防规范在通信局站、通信机房配置消防设施。A、B、C 类通信机房应该配置火灾自动报警系统，并且宜配置早期或者甚早期自动报警系统。A、B 类机房还应该配置自动气体灭火系统。火灾自动报警系统和自动灭火系统均应该由专人（或兼职消控员）负责维护，确保正常运行。有条件的地方应该将机房火灾自动报警系统及甚早期自动报警系统与有人24小时值班的监控中心联网。

（4）应该按照《建筑灭火器配置设计规范》GB 50140—2005的要求做到以下几点：

① 每个通信机房配置不少于2个手提式灭火器。

② 每个通信机房配置不少于2个逃生面具。

③ 手提式灭火器与逃生面具应该摆放在通信机房里的专用消防箱内。

④ 消防箱摆放在通信机房门左侧或者右侧，实现定位摆放，周边无杂物。

（5）严禁将易燃、易爆及危险物品带入通信机房内。油机室与油库应进行有效防火隔离。硫酸应该专室存放。

（6）禁止在通信机房内摆放非阻燃材料办公桌、测试台及工作椅。

（7）禁止在通信机房内、走廊、通道及窗口附近堆放杂物。各消防通道、紧急疏散通道应该确保畅通。

（8）禁止在通信机房内饮食、吸烟、睡觉，严禁使用电热水器、电炉等电热器具。

（9）确因工作需要的明火作业必须经安全保卫部门批准、核发《动火证》，并制定安全防范措施以后方可进行。

（10）应该定期对通信机房的管道井、电缆井、孔洞的防火封堵情况进行检查，确保封堵严密。

（11）通信机房应该采用防火门（处于建筑防火墙上的门应该采用甲级防火门），门口应该采取防小动物入侵等可靠的隔离或者防护措施。

7.3.3 通信机房安全保密规定

（1）通信机房管理人员负责控制、鉴别进出人员。所有人员进、出通信机房，必须使用门禁卡，机房钥匙只限于门禁设备出现故障时使用。非通信机房管理人员进入通信机房时必须填写《机房出入登记表》，并由通信机房管理人员陪同方可进入机房。

（2）禁止携带任何对通信机房设备正常运行构成威胁的物品进入通信机房，如易爆、易燃、腐蚀性、辐射性、强电磁、流体物质等。通信机房内应该保持安静，禁食食物、禁止吸烟。

（3）通信机房内在处理机密事务时，其他无关人员不得进入。

（4）通信机房管理人员离开机房时必须把所使用到的机器恢复到锁定或者注销状态。

（5）任何人不得使用通信机房的计算机从事与本职工作无关的事项。不得在通信机房内使用、接入未经批准和未经病毒检查的任何设备。

（6）任何人未经准许不得抄录、翻看、复制、下载通信机房内有关通信设备、配线记录、网络组织与配置、软件数据、技术文档（包括电子文档）等机密资料。未经批准严禁任何人将上述资料带出通信机房。未经许可通信机房内不得摄影、摄像。

（7）外来人员携带磁盘、便携式计算机、摄像机、照相机等设备进出通信机房时，必须经机房管理部门同意，并经通信机房值班人员核查登记。离开通信机房时，必须把个人携带的资料及其他物品带出通信机房，并检查是否夹带秘密信息。

（8）通信机房工作人员必须按照有关保密规定，签署保密协议。

（9）严格按照规章制度，认真做好计算机防病毒、防失密工作，严防计算机病毒或网络黑客侵入计算机网络系统。对各种重要数据、文件应该及时做好备份工作。

（10）所有机房人员应该对通信机房内的信息系统、设备及网络拓扑等有关信息严格保密，严禁以任何形式泄露。

（11）所有机房人员未经允许不得私自访问通信信息系统中的用户信息、报表、公文、邮件等属于授权访问的数据信息或者私人信息。

（12）处理涉密信息的涉密系统及计算机必须使用两种以上有效用户身份验证，并采取存取权限控制、数据保护及网络安全监控等技术防范措施。

（13）严禁将通信机房内涉密信息系统，以及涉密设备与互联网及其他不符合安全保密要求的网络连接。严禁用非涉密电脑处理涉密信息。

（14）严禁采用任何手段以电子方式传输绝密级信息，对机密级、秘密级信息，应该分别做出"机密""秘密"标志，加密以后再传输。信息传输应当"密来密复"，严禁"密来明复"。

（15）严格遵守账号口令管理制度及安全操作条例，应该根据访问数据级别使用相应权限的口令进入系统。不得窃取、破译他人权限密码。

（16）各种涉及密级的资料、数据、文档、配置参数等信息应该严格管理，认真履行使用登记手续。IP 地址及密码等涉密信息不得让无关人员轻易获取。

（17）通过涉密系统打印输出涉密文件时，打印出的文件应该按照相应的密级文件处理。打印过程中产生的残、次、废页应当使用碎纸机进行销毁，不得任意丢弃。

（18）重要的资料、文档、数据应当采取相应的技术手段进行加密、存储和备份。加密的数据应当保证其可还原性，防止遗失重要数据。

7.3.4　备品备件管理规定

通信网运行维护的过程中要用到大量各种各样的备品备件，对备品备件实施有效管理，可以提高备品备件的利用率、降低库存率、提升投入产出比。

备品备件管理主要包括 4 个方面：备品备件调度管理、备品备件采购管理、备品备件送修管理、备品备件报废管理。

1．备品备件调度管理

1）备品备件需求

通信网络运行维护的过程中需要使用的备品备件，由维护人员根据设备的运行情况及设备障碍情况提出备品备件需求。工程建设过程中涉及损坏需要借用的备品备件，由工程建设部门提出借用需求。业务开通过程中需要临时借用的备品备件，由工程建设部门以业务开通申请单为依据提出需求。

2）备品备件调度

备品备件管理员根据本地备品备件的库存情况下达调度清单进行调度，并将备品备件的更改情况及时录入资源管理系统。本地仓库无备品备件的，由备品备件管理员负责与上一级（通常是省级）运行维护资源管理中心协调，申请调度。省备品备件管理员综合全省备品备件库存情况，以及其他地市分公司备品备件的库存情况、地理位置、近期是否需使用等情况，下达调度清单，涉及备品备件数量有变更的地市分公司要及时更新资料管理系统。

3）备品备件领用

备品备件的需求部门填写备品备件领用单，经相关主管批准以后，按照调度清单到指定的仓库领取备品备件，并做好领用登记。抢修应急需要备品备件的，由维护部门预先领用，事后补办有关手续。

2．备品备件采购管理

1）备品备件采购需求

省运行维护资源管理中心根据省公司，以及各地市分公司运行维护部门的需求申请情况、设备运行情况、备品备件完好情况及备品备件的重要性，提出备品备件的采购需求。

2）备品备件采购审批

省运行维护资源管理中心根据采购需求，进行统一的需求平衡，结合预算资金确定采购清单，上报上级领导及有关部门审批。

3）备品备件采购

批准的备品备件采购清单由物资采购部门按照采购流程进行采购。

4）备品备件入库

到货的备品备件由物资采购部门协同运行维护部门、资源管理中心进行验货，由资源管理中心接收入库，相关的备品备件库所在的地市分公司应该做好入库登记，及时更新资源管理系统。

3．备品备件送修管理

1）备品备件送修需求

地市分公司运行维护部门应该向省运行维护资源管理中心提交送修申请，资源管理中心在规定的时间内反馈送修申请，并根据库存情况为地市分公司补充备品备件库存。

2）备品备件送修审核

送修备品备件所需的费用由省运行维护资源管理中心以请示报告的形式上报上级领导及有关部门审批。

3）备品备件送修返库

省、市公司运行维护部门负责将需要送修的备品备件邮寄到有关的厂家，并负责跟踪督促维修进度。厂家返回的备品备件，经过有关主管检测后，由省、市公司备品备件管理员接收并返库，相关备品备件库所在的地市分公司要做好台账记录，确保账物相符，并及时更新资源管理系统。

经厂家确认无法维修的备品备件，按照备品备件报废的流程进行报废。

4．备品备件报废管理

1）备品备件报废需求

经厂家确认无法维修或者维修成本太大的备品备件，结合备品备件报废年限的规定，提出备品备件报废申请。

2）备品备件报废审批

报废申请经过上级主管领导及有关部门的同意，上报省公司财务部门会签以后报省公司领导审批。

3）备品备件报废处理

报废申请批准以后，由省公司财务部根据固定资产管理规定办理报废手续，省运行维护资源管理中心对备品备件仓库资源进行更新，备品备件实物送交物资采购部门统一处理，有关备品备件库所在的地市分公司应该做好台账记录，更新资源管理系统。

7.4　预案管理

7.4.1　通信设备割接操作流程与管理

1. 割接的定义

割接通常包括线路、设备和业务等，指使用一种新的事物替换原有旧的事物，也指将一种业务或者流量从一个网络中迁移到另一个网络中。割接包括网络割接、系统割接、业务割接等。

2. 割接的原则

（1）坚持以客户的正常通信为原则，在保障通信设备正常运行的前提下实施割接。

（2）割接方案不确认不割接，割接所需的资料不准确不割接，设备验收未通过不割接，准备工作不充分不割接，未通知客户以前不割接，保障重大活动期间不割接。

（3）无特殊原因，割接应该尽量安排在凌晨 0 点至 6 点之间进行，或者根据业务特点，安排在对业务影响最小的时间段进行。

（4）实施割接的技术人员必须具有高度的责任感，在割接过程中要认真、仔细，要确保客户的业务不受影响，并尽可能缩短割接时间，充分提高割接效率。

（5）事先准备好联系方式，保证割接工作有关人员在割接过程中通信联络畅通。

3. 割接的流程

（1）下达割接任务。工程管理中心根据割接需求下达割接任务，通常由监理单位负责组织实施。

（2）通知设计、施工单位现场勘查现网设备配置图、现网网络拓扑图等。

（3）勘查完成以后，组织施工单位讨论割接设计初步方案。

（4）施工单位在现场勘查完成以后，组织相关工程技术人员完成割接方案的编写，并提交监理单位审核。

（5）监理单位要审核割接方案是否包括以下内容：割接时间、割接地点、人员安排和工具配备、割接影响站点及影响时间、现场负责人、如果割接失败所采取的应急措施是否可行、是否能够保证割接工作安全顺利实施。如果割接方案审核通过，则上报工程管理中心；如果审核没有通过，则交回施工单位重新编制。

（6）工程管理中心相关人员审核割接方案，如果审核通过，则批准割接方案并下达批复文件。如果审核未通过，则退回重新修改后再上报。

（7）组织施工单位、厂家督导进行割接前的准备工作。

（8）监理人员要在割接现场指挥割接工作，严格监督有关单位按照割接方案实施操作，保证割接工作顺利进行。割接工作结束后，需要得到监控中心的确认以后才可以宣布割接工作结束。如果割接未成功，则要分析失败的原因。

（9）割接成功后，要更新设备配置图等资料，并移交割接资料。

4．割接的管理

（1）割接操作人员必须具备相关的资格认证和娴熟的操作技能。

（2）割接工作实施前要事先准备好所需的设备、材料、仪表、仪器和工具，核对割接资料与实际是否相符。

（3）所有参与割接的人员，应该保证割接现场的井然有序，防止无关人员干扰割接人员的操作。

（4）根据各专业割接影响的范围和程度，工程管理中心应该积极会同各方共同拟定应急预案，并明确各方的分工和职责。

（5）对于复杂工程的割接，有条件的应该在实施割接前进行割接预演。

（6）割接方案批复后，涉及一般性工程的割接工作，负责实施的项目负责人必须到割接现场，并在割接实施的前后向分管负责人汇报割接实施情况。对重大通信工程的割接工作，分管负责人必须到场，并在割接实施的前后向单位负责人汇报割接实施情况。涉及影响全程全网业务的割接工作，单位负责人、分管负责人、项目负责人必须都要到场。

（7）实施割接工作时，必须持有批复的割接方案，并且严格按照批复的日期及时间节点要求，在割接指挥、监理、施工、维护，以及技术支撑等单位的相关人员都到场的情况下，才能实施割接，严禁擅自施工。

（8）参与实施割接工作的相关人员应该提前做好各项准备工作，包括安装工程设计和割接资料；对照工程施工规范核对需要割接的设备并做好标记；检查并备足割接所需的材料、工具、仪器仪表、备件、应急照明、消防器材等，并且要定点摆放；对仪器仪表进行详细的校验、检查，确保能正常使用；对各种材料、设备、备件要进行测量、校验，保证其完好。

（9）实施割接的技术人员应当在随工人员的协助下，对割接现场进行清查，对工具、仪器仪表、设备等打标签、做标记，并核对割接资料，以免实施割接工作时发生意外。

（10）割接完成后，要做充分的测试，检查网络或者系统的工作状况，确认网络或者系统运行正常无隐患后，才能离开割接现场。

（11）割接工作结束后，应该及时清理割接现场，不得将废弃材料、垃圾等遗留在割接现场，仪器仪表、工具等要尽量撤离现场，不得随意乱放。

（12）如实填写割接情况，及时更新设备资源资料，并做好归档工作。

（13）如果在割接过程中出现异常情况，应该严格按照预定的应急处理方案和流程进行操作，迅速将网络或者系统恢复到可控范围，尽量保证网络或者系统运行正常。

（14）组织相关人员分析研究，查明出现异常情况的具体原因，并及时上报上级主管部门。

（15）对尚未完成的割接项目，应组织相关部门及专业技术人员认真研究分析、总结经验教训，重新编制、论证、审核割接方案。

7.4.2　应急通信保障管理

应急通信保障指为防止通信网络（系统）正常运行期间突然发生重大通信故障，对大面积用户产生影响或者对重点大客户业务产生严重影响，进行的一系列预防性工作，包括故障发生以后，实施的调度抢修及恢复业务等工作。应急通信保障也包括对可预知的重大活动提供通信保障服务。为了提高应对突发事件的组织指挥能力和应急处置能力，应建立健全通信保障和通信恢复应急工作机制，确保应急通信指挥调度工作迅速、高效、有序进行，保证通信安全畅通。

1. 应急通信保障遵循的原则

1）统一领导、分级负责

各通信运营商的省公司设立应急通信保障领导小组，根据保障级别，由省公司对各地市分公司的各项应急通信保障工作进行统一指挥，并与政府部门保持密切联系，宣传部门要做好对外的宣传工作。

2）快速反应

建立应急通信保障快速反应机制，在确保一定的人力、财力及物力的基础上，保证在事件发现、逐级报告、指挥调度及事件处置等多个环节上的快速反应及紧密衔接。

3）常备不懈

相关的应急通信保障部门应该对突发事件有紧急处置的预案，在思想上要充分认识到应急通信保障的重要性，在行动上要经常进行应急通信保障的演练，要做到常备不懈、平战结合。

4）网络能力最大化

执行应急通信保障工作时，在通信网络资源向需要优先保障的重点地区（单位），如党政军用户倾斜的同时，要合理调整设备配置，充分利用现有网络的资源，最大限度地发挥网络能力，为广大用户提供服务。

2. 应急通信保障实施的管理

1）组织指挥体系及其职责

与运营商相关的职责分公司成立应急通信保障指挥小组，下设办公室及各专业小组。

（1）应急通信保障指挥小组的职责。

① 贯彻上级有关应急通信保障工作的指示、方针、政策及法律法规，研究制订本单位应急通信保障工作的计划、措施。

② 全面领导、部署、指挥、协调重大事件时期的应急通信保障工作，对本单位应急通信保障工作中的重大问题做出决策。

（2）应急通信保障指挥办公室的职责。

① 在应急通信保障指挥领导小组的领导下，处理应急通信保障工作具体事务。

② 及时将重大事件、通信受损、通信恢复等情况向应急通信保障指挥领导小组汇报，

并提出处理建议。

③ 根据应急通信保障指挥领导小组的指示，及时向上一级应急通信保障机构报告通信受损、通信恢复等情况。

④ 根据应急通信保障指挥领导小组的指示及要求，组织起草、修订本单位的应急通信保障预案。

⑤ 完成应急通信保障指挥领导小组交办的其他事项。

（3）应急通信保障专业小组的职责。

① 组织完成应急通信保障工作。

② 组织制定本专业应急通信保障预案，并检查落实执行情况。随时对预案进行更新和补充，以提高网络的抗灾容灾能力。

③ 负责对应急通信设备和车辆等的维护和管理，保证各种设备处于良好状态，确保可随时紧急征用。

④ 执行应急通信保障工作的人员及通信装备，必须在限定的时间内到达事件现场，服从上级主管部门的统一领导，配合各方迅速建立重要通信电路，紧急需要时，用应急机动通信系统做好通信联络工作。

2）应急响应

（1）响应分级。

应急通信保障工作按照分级负责、快速反应的原则，根据对通信设施破坏的严重性分为三级：对用户业务影响面大或者对通信网络影响较大的为一级异常情况；对用户业务影响面较小或者对通信网络产生一定影响的为二级异常情况；其他为三级异常情况。

（2）应急事件上报。

① 出现突发事件时，基层分局或者生产部室应该立即向本级通信值班室报告，同时向分管部门及分管领导报告。

② 本级通信值班室要及时向上一级单位的通信值班室及有关部门报告，并与事发单位保持联系。

（3）应急保障任务下达。

① 接到突发事件的报告以后，立即召开领导小组紧急会议，实施应急通信保障预案，对应急通信保障实行统一领导。针对突发事件的性质，决定具体的应急通信实施方案。

② 各职能部门根据领导小组的会议精神，各司其职，迅速有效地组织应急通信保障工作，并将本部门的执行情况及时向领导小组办公室报告，各通信生产岗位要加强值班强度、加快报告频次，以便领导小组能及时掌握情况，做出有效的决策指挥。

（4）应急保障处置原则。

① 应急通信保障应该遵循先中央后地方、先急后缓、先重点后一般的原则，任何情况下都必须保障党政军指挥机关的通信畅通。

② 为了确保应急通信保障工作的需要，电路、设备、物资、人员等的调度要尽量减少中间环节，做到迅速、准确、高效、安全。

（5）应急保障的要求。

① 为了确保应急通信保障工作的需要，各单位要建立应急物资储备制度，机动通信器材、设备等都必须长期处于良好状态。

② 应急通信保障期间，各单位必须保持高度警惕，思想不得松懈。主要领导、各专业负责人必须第一时间到达现场，手机 24 小时开机。

③ 应急通信保障领导小组要及时向上级领导及有关部门汇报任务的执行及完成情况，使上级领导能够及时了解应急通信保障工作的进展情况，便于决策。

3. 应急通信保障系统

各运营商制定的应急通信保障预案，在各种突发事件、重大活动等场景都发挥了巨大作用。但是，许多应急通信保障工作缺少有效的信息化技术支持，不利于应急通信保障工作效能的进一步发挥。因此，迫切需要建设基于信息化技术的、高效的应急通信保障系统。

1）应急通信保障系统建设原则

应急通信保障系统应该结合运营商通信的网络特点、管理基础、地物地貌、人员配置等因素进行综合考虑，遵循统一规划、分步实施、能力累进的原则，以各种应急保障场景和重点区域为核心，循序渐进地提高应急通信保障系统处理各种突发事件和应急场景的能力。

2）应急通信保障系统建设目标

应急通信保障系统在总体目标上应该具备以下功能：能够监控各网元的性能指标、重大告警、信令数据、用户感知、投诉数据等相关信息；具备能对重点用户的关注，对特定区域网络质量异常情况的监控、负荷及业务量的过载预测、预警等功能；特定监控事件、监控场景、突发事件发生时，可定位故障位置，分析故障对通信质量的影响范围和程度。对应急通信保障工作所需的资源进行有效的管理和调度，形成规范、有效的应急通信保障能力，确保应急通信保障有序高效地执行。

3）应急通信保障系统构架及功能

应急通信保障系统构架主要包括接入适配层、处理层和应用层。

（1）接入适配层。

接入适配层主要完成从专业网管系统（如话务、数据、传输、动力环境监控）接入有关数据，从各系统接入相关的配置数据、性能数据、告警数据。同时接入适配层还接入应急通信保障预案、应急通信保障物资、应急通信保障执行人员等人、财、物信息，与各网元配套的重大节假日、重要活动应急通信保障预案、可预知事件应急通信保障预案、突发事件应急通信保障预案等管理方案。

（2）处理层。

① 告警处理。完成应急事件处理所定义的网元告警信息的过滤、压缩、格式化及关联的分析处理。

② 预处理。对不触发应急通信保障工作的告警进行过滤、分拣、调度，执行相关的预处理指令。

③ 性能处理。完成应急场景所定义的性能指标门限设置、门限判断、KPI 计算、性能告警处理等。

④ 消息分发。提供消息服务总线，对应用层提供订阅分发。紧急事件发生时，根据应急通信保障预案，将故障的发生信息及恢复信息及时通知到相关的各级负责人及应急通信保障人员。

（3）应用层。

① 负荷预测。根据应急事件定义区域或者应急场景，在可预知的重大事件发生时，对有关的核心网、无线网、数据网等网络负荷进行预测，并给出预测结论。

② 故障告警定位。故障告警定位包括专业内故障定位、跨专业故障定位、大面积断传输或者断站情况分析等。

③ 性能指标监控。性能指标监控包括核心网指标、无线网指标、数据网指标、传输网指标、用户感知指标等。

④ 物资管理。根据各专业所需的应急资源，提供应急方案制定、基于 GIS 的油机车实时调度、基于 GIS 的应急通信车实时调度、基于 GIS 的光缆路由实时调度及备用通道的预配置、备品备件及备用仪器仪表等管理。

⑤ 预案管理。对应急通信保障预案的流程、处理方案及其关联的信息进行管理。

⑥ 人员管理。对各网元有关应急场景所涉及的应急通信保障人员的信息进行管理。

⑦ 通信保障门户。可以查看所定义的各种场景的告警、性能和各种事件的信息。

⑧ 信息发布。根据应急通信保障预案与有关应急事件相关联的原则，及时、准确地发布应急通信保障处置信息。

4）应急通信保障预案的活性管理

应急通信保障系统所涉及的应急通信保障预案不仅是一组静态的文本文档，而且是一组与应急通信保障系统现状相关联的动态信息的组合。应急通信保障系统在监控各网元的各项指标的同时，也关联着应急通信保障预案的进程。当某项指标触发门限以后，应急通信保障系统自动提醒应急通信保障预案中规定的处理内容及应采取的处理措施，做到了应急通信保障预案和实际实施过程的互为推进。同时，应急通信保障预案也作为网络场景的监控者，根据预案中定义的活动监测点关联的性能指标或者告警信息，监控网络故障的发生及恢复情况，在应急通信保障系统中展示故障的处理进程或者恢复情况，从而实现更高的智能性。

7.5 质量管理知识

7.5.1 通信行业质量管理概述

通信行业是技术和知识密集型行业，如何通过管理创新促进和保障技术创新及业务创新，为信息化社会建设做出应有的贡献，全面推行通信行业的质量管理尤为重要。

鉴于通信行业的产品及其生产特点，在质量管理实践中非常适合推行全面质量管理（以质量为中心，以全员参加为基础，通过让顾客满意及企业所有成员和社会受益而达到长期成功的管理途径）。通信企业应该把方针目标管理作为推行全面质量管理的主线，将完成方针目标与经济责任制、工作责任制等相结合，运用 PDCA［计划（Plan）、执行（Do）、检查（Check）、处理（Act）］循环法不断推动各企业及个人切实高质量完成目标任务，从而确保企业总体方针目标的实现。

7.5.2　通信行业质量管理特点

（1）通信行业并不为用户提供有形的实质产品，而是为用户提供通信业务使用过程。因此，通信行业产品具有如下特点：

① 产品是通信过程，过程结束以后产品状况不再呈现。

② 提供产品的通信生产具有全程全网、联合作业的行业特点。

（2）因为通信行业产品具有以上特点，所以在通信行业质量管理过程中存在两个难点：

① 通信过程结束以后，难以进行事后检查。

② 很难简单确定质量问题的发生点。

因此，通信行业质量管理要求对全面质量（产品或者服务质量、工作质量、工程质量、维护质量）进行管理。

7.5.3　通信行业质量管理基本原则

针对通信行业产品特点，通信行业质量管理基本原则有以下几点。

（1）注重事前控制。健全各项规章制度，实行严密的生产流程管理、合理的预检预修制度，以预防通信事故发生，保证通信畅通。

（2）注重全过程控制。实现工程设计、建设、验收、维护、业务管理等全过程质量控制。

（3）严格执行生产工序的配合支撑关系。即后台为前台服务，前台为用户服务。

全面质量管理包含通信行业质量管理的基本原则，因此，通信行业应该将推行全面质量管理作为提高服务质量和工作质量的有效举措。

7.5.4　QC 小组活动

质量管理小组活动简称 QC 小组（QC Circles），是企业员工参与全面质量管理的一种非常重要的组织形式。开展 QC 小组活动能体现现代管理以人为本的思想，调动全体员工参与全面质量管理的积极性和创造性，可以为企业实现提升产品质量、降低生产成本、创造更多社会和经济效益；通过 QC 小组成员共同学习、互相切磋，有助于提高员工的素质，营造充满生机和活力的企业文化。

1. QC 小组的概念

QC 小组是指把在生产或者工作岗位上从事各种劳动的员工，围绕企业的经营策略、方针、目标和现场存在的问题，以降低消耗、提升质量、提高人的素质及经济效益为目的组织起来，运用质量管理的理论及方法开展活动的小组。

QC 小组的概念包含以下几层意思。

（1）参加 QC 小组的人员是企业的全体员工。即不管是高层领导，还是一般管理者、技术人员、生产人员、服务人员等，都可以参加或者组建 QC 小组。

（2）QC 小组活动可围绕企业的经营策略、方针、目标，以及现场存在的问题来选题，所以，活动内容广泛。

（3）QC 小组活动的目的是提高人的素质，发挥人的积极性与创造性，降低消耗、提高质量、提升经济效益。

（4）QC 小组活动强调运用质量管理的理论与方法开展活动，因此，具有严谨的科学性。

2. QC 小组活动的特点

QC 小组活动的特点突出表现为广泛的群众性、明显的自主性、高度的民主性、严密的科学性。

（1）广泛的群众性。QC 小组是吸引全员参加质量管理的组织形式。小组内除了包括高层领导在内的管理者、技术人员，更多包括在生产、服务第一线的操作人员。

（2）明显的自主性。QC 小组是以职工自愿参加为基础的，实行自主管理、自我教育、互相启发、共同提高，充分发挥小组成员的个人潜能与创造性。

（3）高度的民主性。QC 小组组长可由民主推选产生，也可由小组成员轮流担任，小组成员人人都有发挥聪明才智和锻炼成长的机会。在 QC 小组内部讨论问题、解决问题时，小组成员之间是平等的，不分职位和技术等级的高低，可各抒己见、互相启发、集思广益，从而确保实现既定目标。

（4）严密的科学性。QC 小组要遵循 PDCA 的工作程序，运用全面质量管理（TQM）的理论和方法开展活动，逐步深入地分析问题、解决问题。在活动中要坚持以数据说明事实，用科学的方法分析与解决问题，而不是凭个人经验或者“想当然”。

3. QC 小组活动的宗旨

QC 小组活动的宗旨（也就是 QC 小组活动的目的和意义）可概括为以下几个方面。

（1）提高员工素质，激发员工的积极性与创造性。

（2）提升产品质量、降低生产消耗、提高社会和经济效益。

（3）以人为本，营造整洁有序的服务、生产、工作环境，培育积极向上的团队精神。

4. QC 小组活动的作用

QC 小组活动的作用已得到普遍认可，可归纳为以下几个方面。

（1）有利于开发智力资源、发挥人的潜能、提高人的素质。

（2）有利于预防产品质量问题、提升产品质量。

（3）有利于实现全员参与质量管理。

（4）有利于员工的沟通、改善人际关系、增强团队协作精神。

（5）有利于改善和加强管理工作，提升管理水平。

（6）有利于提高员工的组织协调能力、科学思维能力、分析与解决问题的能力，促进员工成长成才。

（7）有利于提高顾客的满意度。

5. QC 小组活动的课题类型

（1）QC 小组的课题来源通常有三个方面。

① 上级下达的指令性课题。

② 质量部门推荐的指导性课题。

③ 自主性课题。

（2）根据所选课题的特点和内容的不同，可以将小组活动课题分为服务型课题、现场型课题、公关型课题、管理型课题和创新型课题等。

① 服务型课题。一般以推动服务工作程序化、标准化、科学化，提高服务质量和效益为目的。活动课题比较小，活动时间较短，但见效较快。这类课题不一定取得显著的经济效益，但是社会效益往往比较明显。

② 现场型课题。一般以改进产品质量、降低消耗、改善生产环境、稳定工序质量为目的。通常选择的课题比较小，难度不大，活动周期不长，较容易出成果，但经济效益不一定显著。

③ 公关型课题。一般以解决技术关键问题为目的。课题难度较大，活动周期较长，需要投入较多的资源，经济效益显著。

④ 管理型课题。一般以提高工作质量、提高管理水平、解决管理中存在的问题为目的。课题可大可小（如涉及本部门具体业务工作的改进课题可小一些，涉及多个部门协作的课题可大些），难度也不尽相同，效果差别也较大。

⑤ 创新型课题。创新型课题是指 QC 小组成员运用新的思维方式与视角，采用创新方法，开发新技术、新市场、新产品、新方法实现预期目标的课题。

6. QC 小组活动的成果

1）QC 小组活动的成果类型

QC 小组活动一般会产生“有形成果”和“无形成果”两种形式。

（1）“有形成果”可以物质或者价值形式表现出来，一般可直接计算其经济效益。例如，提升产品质量、降低生产成本、提高劳动生产率、减少设备故障的停机时间、保证交货期等。

（2）“无形成果”是相对于“有形成果”而言的，一般指难以用物质或者价值形式表现出来，无法直接计算其经济效益的成果。例如，改善生产或者服务现场的工作环境、增强团队成员之间的沟通协作意识、提高发现问题和解决问题的能力等。

2）QC 小组活动成果发表的作用

（1）交流经验，相互启发，共同提高。

（2）鼓舞士气，满足小组成员自我实现的需要。

（3）现身说法，吸引更多员工参加 QC 小组活动。

（4）优秀 QC 小组和优秀成果的评选真实透明，提高公信度。

（5）提升 QC 小组成员运用科学方法，对活动的过程和结果进行总结归纳的能力。

7. QC 小组活动所需的管理技术

（1）遵循 PDCA 循环。PDCA 循环包括“4 个阶段，8 个步骤”。P（计划）阶段包含 4 个步骤，分别是：找出问题所在、分析产生问题的原因、确定主要的原因、制定相应的对策措施。D（执行或者实施）阶段为 1 个步骤：实施制定的对策。C（确认或者检查）阶段为 1 个步骤：检查并确认活动的成效。A（处置）阶段包含 2 个步骤：制定巩固措施以防止问题再发生、提出遗留问题及下一步改进计划。

（2）以事实和数据为依据。QC 小组活动过程中的目标制定、课题确定、问题分析、要因确认、对策措施的制定及效果评价等，都需要证据来证明，而所提供的证据必须是客观存在的、经得起检验和推敲的事实及数据。

（3）应用统计方法及其他多种工具方法。QC 小组活动过程中收集到的大量数据，有的是有效数据，有的是无效数据。有效、无效的判定需要借助统计方法进行甄别筛选。可借助统计技术（如分层法、因果图、排列图、直方图、控制图散布图、调查表关联图、亲和图、系统图、矢线图、柱状图、饼分图、折线图、雷达图等）对有效数据进行整理分析。还可以应用价值工程、水平对比、正交试验设计法等对分析问题、解决问题有作用的工具方法进行统计分析。

8. QC 小组活动的推进

（1）教育培训。通过对 QC 小组成员进行与 QC 小组活动有关的管理知识与方法的培训可提高他们的问题意识、质量意识、改进意识及参与意识，提高他们解决问题的能力。

（2）提供环境条件。企业可根据自身状况和特点，建立健全职责明确的组织机构（如 QC 小组推进委员会或者办公室等），还可设立相关的自主推进组织（如 QC 小组骨干联席会议等），依托现有的行政管理体系推选或者任命专职、兼职推进者。为 QC 小组活动提供场地、时间及资源等。

（3）制定活动计划。企业应该在对上年度 QC 小组活动情况总结的基础上，结合本年度的经营目标，制定 QC 小组活动年度推进方针和规划，明确 QC 小组活动的普及展开方式、活动重点、教育培训内容、不同层次的 QC 小组成果发表和交流的地点及时间、外出交流活动的计划和经费预算等。

（4）对活动进行管理和指导。企业应该建立健全 QC 小组活动的管理办法，提出明确的要求，制定具体可行的操作方法，以推动 QC 小组活动逐步实现日常化、规范化、科学化。有关领导及推进者应该对 QC 小组活动进行具体指导，及时听取汇报，当好参谋与顾问。

（5）评价激励。企业高层的认可和奖励是 QC 小组活动能持续发展最为重要的条件。

9. 通信企业 QC 小组活动的对策

（1）建立领导重视、层层推进、员工积极参与的推进网络。全员性质量管理活动已成为行业质量管理不可缺少的重要组成部分，是推进企业持续发展、自主创新的重要途径。各通信企业的各级负责质量工作的部门及领导，特别是企业的一把手要高度重视 QC 小组活动，支持这项活动的推进工作，把 QC 小组活动作为企业的一项长期工作来抓。

（2）通信企业各级主管部门及领导要同抓共管，形成自上而下、党政工团齐抓共管的质量管理小组活动推进体系，要为 QC 小组活动提供必要的支持，落实奖励机制，调动员工参加 QC 小组的积极性。

（3）结合通信企业的实际抓好质量培训教育，加速培育 QC 人才队伍。根据不同企业、不同层次的需求，制定各级培训推进计划。编写符合通信企业 QC 小组活动的教材，针对行政领导、QC 小组组长、QC 小组成员进行分批、分内容的重点培训。建立一支能指导基层开展 QC 小组活动的导师队伍，为企业培养更多既懂理论知识、会用科学统计方法，又能亲自指导 QC 小组活动的骨干队伍。

（4）长期树立“质量第一”的思想，积极组织员工参加全面质量管理知识普及教育。结合企业实际，采取普及与重点相结合的方法，对广大员工进行教育培训，以提高他们对QC基本理论、程序和方法等的认识。

（5）进一步普及质量管理工作，每个通信企业都应开展QC小组活动。让员工参与管理，开发员工的智慧和创造力。通过QC小组活动使通信企业的通信生产经营服务质量和企业经济效益得到显著提高。

（6）进一步深化QC小组活动，提高QC小组活动的有效性。随着QC小组活动的深入开展，将更好地与现代管理理念和技术融合，与企业的战略、方针目标及客户需求紧密结合，与创建资源节约型企业战略很好地结合起来。

（7）在QC小组活动中应该更加有效地使用科学的方法、工具。不只是强调QC小组活动的结果，更要强调解决问题的过程是否严谨、采用的方法是否科学。只有这样才能促进QC小组成员努力学习先进的管理理论与方法，积极参与实践，提高活动的效率。要创新发展QC小组活动，在创新中实现组织与员工的共同发展。

第 8 章　通信网络安全防护

8.1　网络安全概述

随着信息化社会的不断发展，信息的商品属性也慢慢显露出来，信息商品的存储和传输的安全也日益受到广泛关注。信息安全问题本质上并不是一个单纯的技术问题，还包括复杂的社会和政治因素，信息和数据安全的范畴涵盖了从信息的产生到应用的整个过程。

在信息化发展的不同阶段，存在着不同视角对安全的理解。从信息安全的关注点来看，信息安全包括信息来源、去向及内容的真实性和完整性，“信息不会被非法泄露扩散”所关注的机密性，“信息的发送者和接收者无法抵赖自己所做过的操作”所要求的不可抵赖性等。从通信网络的层次来看，网络和系统需要保证其服务的可用性，网络协议、操作系统、应用应能够互相连接、相互协调，保证信息的可操作性，系统管理者需要对网络和信息系统拥有足够的控制和管理能力，即可控性。从经营管理层次来看，还要包括人员的可靠性、规章制度的完整性等。

由此可见，信息安全研究所涉及的领域相当广泛，实际上是一门涉及计算机科学、网络技术、通信技术、密码技术、应用数学、数论、信息论等多种学科的综合性学科，本章着重讨论通信网络中信息安全的基本概念和安全防护问题。

8.1.1　网络安全的概念

在通信网络中，导致系统出现安全问题的根本原因在于：网络环境中存在威胁和脆弱点。威胁来自系统外部，是能潜在引起系统损失和伤害的一些环境因素；而脆弱点又称安全漏洞，是系统中的安全缺陷（如过程、设计或实现中的缺陷），能被攻击者利用于进行破坏活动，是系统内部固有的因素。

威胁往往通过脆弱点实现对系统的破坏。一种在现实生活中的事例是，设一个人站在墙的一侧，墙的另一侧是水，而在墙体上存在着一些裂缝。这里墙体上的裂缝就是脆弱点之一，而在墙的另一侧的水对于人而言则是威胁。当水面逐渐上升并超过墙体上的裂缝时，水有可能通过裂缝达到人所处的一侧，并将人淹没。除了墙体上的裂缝，这里的脆弱点还可以是墙体本身的坚固程度，如果墙体在水中长期浸泡，则可能会出现倒塌现象，同样可以威胁到人的生命安全。所以在这个事例中，系统的脆弱点主要包括墙体上的裂缝和墙体本身的坚固程度，而水则是来自外部的威胁，水可能通过上述两个脆弱点破坏人的生命安全。

因此，对于威胁和脆弱点这两个重要的概念，主要需要通过把握两个概念的联系和区别来掌握。前者是来自外部的，后者是信息系统本身存在的安全缺陷，威胁通过脆弱点实现对信息系统安全性的破坏。

（1）对于威胁，在网络信息安全领域将其分为截获、中断、篡改和伪造 4 种类型。

① 截获是指一些未授权方获得了访问资源的权利。攻击者可以采用两种方式实施截获，其一是不影响通信双方的正常通信，仅仅是非法获取了通信双方的通信数据；其二是攻击者不仅获取了通信双方的通信数据，同时还使得通信数据无法正常到达其目的节点。

② 中断是指导致系统资源丢失、不可得或不可用。拒绝服务攻击就是一种典型的中断，攻击者通过耗尽信息系统相关资源（主要指主机系统资源如CPU、内存或网络的通信带宽等），使得正常的网络服务无法对外提供。

③ 篡改是指未授权方不仅访问了资源而且修改了其内容。攻击者在实施篡改攻击时，一般是先获取对系统信息资源的访问权，然后非法对该信息资源进行篡改。

④ 伪造是指未授权方在计算系统中创建假冒对象。伪造时，攻击者并不一定要先获取对资源的读访问权，再进行伪造，因为对于某些信息资源，读访问权的控制十分严格，如信息系统的安全日志等，往往仅有日志管理员才具有对日志的读访问权，此时攻击者可以在获取了对日志写访问权的前提下，为了掩盖自己的攻击痕迹，直接向日志插入一些混淆其攻击痕迹的数据。

（2）网络信息安全的技术特征主要表现在系统的可靠性、可用性、保密性、完整性、不可抵赖性和可控性等方面。

① 保密性是网络信息不被泄露给非授权的用户、实体或过程，或被其利用的特性。

② 完整性是网络信息未经授权不能进行改变的特性。完整性与保密性不同，保密性要求信息不被泄露给未授权的人，而完整性则要求信息不致受到各种原因的破坏。

③ 可用性是网络信息可被授权实体访问并按需求使用的特征，即网络信息服务在需要时，允许授权用户或实体使用的特征，或者是网络部分受损或需要降级使用时，仍能为授权用户提供有效服务的特性。

④ 不可抵赖性也称不可否认性，在网络信息系统的信息交互过程中，确信参与者的真实同一性。即所有参考者都不可能否认或抵赖曾经完成的操作和承诺。可控性是对网络信息的传播及内容具有控制能力的特性。

⑤ 可靠性是网络信息系统能够在规定条件下和规定时间内完成规定功能的特性，是系统安全的最基本要求之一，是所有网络信息系统的建设和运行目标。

概括地说，网络信息安全的核心是通过计算机、网络、密码技术和安全技术，保护在公用网络信息系统中传输、交换和存储的信息的可靠性、可用性、保密性、完整性、不可抵赖性和可控性等。

8.1.2　网络安全的层次体系

网络安全是一个复杂的问题，从网络协议体系结构的层次来看，网络安全应贯穿于通信协议的各层次。但由于网络协议重点解决的是通信双方信息交换的问题，对于网络设备来说，还存在其系统自身的其他安全问题，因此，网络安全必须上升到系统的高度，从系统总体出发，制定网络安全策略，建立安全机制，明确用户权限，责任检查能力，制定网络安全技术体系结构与基本框架，以达到安全目的。

在研究网络安全的层次体系时，一般按照系统的观点，借鉴计算机网络分层的思想将安全问题进行分解，划分为不同层次、不同模块的小问题，这样既便于理解也便于问题的解决。典型的网络信息系统可以被划分为4个层次，自下而上分别为物理安全、计算机系统平台安全、通信安全、应用系统安全。一个大中型的信息系统经过分解后，可以分别针对上述 4 个层次考虑其安全性，在各层次及其内部各模块的安全问题解决后，还需要考虑不同层次之间，以及不同模块之间安全机制的衔接问题。

1）物理安全

通过机械强度标准的控制，使信息系统所在的建筑物、机房条件及硬件设备条件满足信息系统的机械防护安全；通过采用电磁屏蔽机房、光通信接入或相关电磁干扰措施降低或消除信息系统硬件组件的电磁发射造成的信息泄露；提高信息系统组件的接收灵敏度和滤波能力，使信息系统组件具有抗击外界电磁辐射或噪声干扰的能力而保持正常运行。物理安全除了包括机械防护、电磁防护安全机制，还包括限制非法接入、抗摧毁、报警、恢复、应急响应等多种安全机制。

2）计算机系统平台安全

计算机系统平台安全是指计算机系统能够提供的硬件安全服务与操作系统安全服务。计算机系统在硬件上主要通过存储器安全机制、运行安全机制和 I/O 安全机制提供一个可信的硬件环境，实现其安全目标。操作系统的安全是指通过身份识别、访问控制、完整性控制与检查、病毒防护、安全审计等机制的综合使用，为用户提供可信的软件计算环境。

3）通信安全

ISO 发布的 ISO 7498-2 是一个开放互联系统的安全体系结构，定义了安全的基本术语和概念，并建立了一些重要的结构性准则。OSI 安全防护体系通过技术管理将安全机制提供的安全服务分别或同时对应到 OSI 协议层的一层或多层上，为数据、信息内容和通信连接提供机密性、完整性安全服务，为通信实体、通信连接和通信进程提供身份鉴别安全服务。

4）应用系统安全

应用级别的系统千变万化，且各种新的应用在不断推出，相应地，应用级别的安全也不像通信或计算机系统安全体系那样，容易统一到一些框架结构之下。对应用而言，通常采用另一种思路，把相关系统分解为若干事务来实现，从而使事务安全成为应用安全的基本组件。通过实现通用事务的安全协议组件，以及提供特殊事务安全所需的框架和安全运算支撑，推动在不同应用中采用同样的安全技术。

先进的网络安全技术是安全的根本保证。用户对自身面临的威胁进行风险评估，决定所需的安全服务种类，并选择相应的安全机制，再集成先进的安全技术，从而形成一个可信赖的安全系统。

8.2 安全管理与风险评估

网络的规模不断扩大，复杂性也随之不断增加。网络安全不仅仅是一个纯技术问题，还是一个涉及法律、管理和技术等方面综合因素的复杂的人机系统问题，只有合理地协调这三者之间的关系，才能有效地保证网络安全。

8.2.1 安全策略

安全策略是网络安全的灵魂与核心，是在一个特定的环境里，为了保证提供一定级别的安全保护所必须遵守的规则集合。网络安全策略的提出，是为了实现各种网络安全技术的有效集成，构建可靠的网络安全系统。

安全策略一般用于宏观描述一个单位或组织信息系统的安全要求及相应的措施，是实施安全保护的核心。将宏观安全策略细化后，可以进一步分解为以下部分：总目标、适用范围、引用文件、一般性安全要求、信息安全管理、物理安全、运行安全、身份鉴别、访问控制、信息加密、完整性校验、电磁泄漏辐射的保护、安全审计、安全漏洞检测、数据库安全、操作系统安全、桌面（客户端）安全、软件开发安全、外包服务安全等。下面分别介绍上述各部分的含义。

（1）总目标。该部分描述安全策略的总要求，是对后续各条款的高度概括。

（2）适用范围。适用范围是指安全策略的适用范围，一般为本单位或组织所有涉及信息系统安全的相关工作。

（3）引用文件。引用文件指安全策略在制定的过程中所引用的权威文件，一般为国际标准、国家标准，以及上级单位的标准和其他正式文件。

（4）一般性安全要求。为了保证本单位或组织信息系统的安全，指定一般性安全要求，这些安全要求是该单位或组织所有人员必须严格遵守的基本安全要求，适用于全单位范围。

（5）信息安全管理。信息安全管理包括信息安全管理的组织机构、信息安全管理人员及其分工职责、信息安全相关管理制度、信息安全管理技术、安全保密教育与信息安全相关培训等。

（6）物理安全。物理安全包括内外网物理隔离、核心机房与信息系统的环境安全、各类设备（含网络设备、安全设备、电源等）安全、各种介质（含移动硬盘、U盘、光盘、软盘等）安全等。

（7）运行安全。运行安全包括重要设备、系统与数据的备份与恢复、计算机病毒的检测与消除、电磁兼容等。

（8）身份鉴别。身份鉴别包括各种系统依据不同安全要求所需的用户身份鉴别方式、次数等。

（9）访问控制。访问控制是安全策略的重要组成部分，访问控制本身还可以进一步分解，如网络访问控制可以细化形成防火墙的访问控制规则；系统访问控制可细化形成系统的访问控制表或访问控制矩阵。访问控制主要包括访问控制的总体要求，以及不同层次、设备、域等访问控制策略的设计原则等。

（10）信息加密。信息加密包括信息传输加密、信息存储加密，以及相关加密措施（技术）的资质要求等。

（11）完整性校验。完整性校验包括信息传输过程的完整性、信息存储的完整性及数字签名等的校验。

（12）电磁泄漏辐射的保护。电磁泄漏辐射的保护是指对可能引发电磁泄漏的设备使用进行约束，如对具有电磁泄漏可能性的设备进行约束。

（13）安全审计。安全审计是指对信息系统的安全审计进行约束，如要求不同密级的信息系统具有不同的审计粒度、审计日志的保存时间，以及对审计日志的查阅权限等。

（14）安全漏洞检测。安全漏洞检测是指对安全漏洞的检测工具及检测工作进行约束，如采用何种安全漏洞检测工具，如何检测，检测频率如何，对发现的安全漏洞如何处理等。

（15）数据库安全。其是指对信息系统所使用的数据库的安全性进行约束，如数据库系统的安全增强、数据库安全管理和数据库访问控制等。

（16）操作系统安全。其是指对信息系统所使用的操作系统的安全性进行约束，如操作系统安全增强、操作系统安全管理及文件系统的访问控制等。

（17）桌面（客户端）安全。其是指对信息系统中桌面（客户端）安全进行约束，如操作系统类型的选择、操作系统安全安装、各类软件的使用控制等，一般可以采用网络监控系统或防水墙等进行控制。

（18）软件开发安全。其是指对本单位或组织后续即将开发的软件系统从安全性方面进行约束，如安全模块接口标准规范、开发过程中的安全控制等。

（19）外包服务安全。其是指对本单位或组织因工作需要外包的服务进行约束，如外包工作性质、外包单位资质、对外包服务的监督等。

8.2.2 安全管理

在网络安全中，除了采用上述技术措施外，还需要加强网络的安全管理，制定有关规章制度，确保网络安全、可靠地运行。网络的安全管理策略包括确定安全管理等级和安全管理范围，制定有关网络操作使用规程和人员出入机房管理的制度，制定网络系统的维护制度和应急措施。网络安全管理体系由法律管理、制度管理和培训管理 3 部分组成。

1）法律管理

法律管理是指根据相关的国家法律、法规对信息系统主体及其与外界的关联行为进行规范和约束。法律管理具有对信息系统主体行为的强制性约束力，并且有明确的管理层次性。与安全有关的法律法规是信息系统安全的最高行为准则。

2）制度管理

制度管理是信息系统内部依据系统必要的国家、团体的安全需求制定的一系列内部规章制度，主要内容包括安全管理和执行机构的行为规范、岗位设定及其操作规范、岗位人员的素质要求及行为规范、内部关系与外部关系的行为规范等。制度管理是法律管理的形式化、具体化，是法律、法规与管理对象的接口。

3）培训管理

培训管理是确保信息系统安全的前提。培训管理的内容包括法律法规培训、内部制度培训、岗位操作培训、普通安全意识和与岗位相关的重点安全意识相结合的培训、业务素质与技能技巧培训等。培训的对象除了包括从事安全管理和业务人员，还应包括与信息系统有关的其他人员。

8.2.3 风险评估

信息安全风险是资产的重要性，人为或自然的威胁利用信息系统及其管理体系的脆弱性，导致安全事件一旦发生所造成的影响。信息安全风险评估是指依据有关信息安全技术与管理标准，对信息系统及由其处理、传输和存储的信息的机密性、完整性和可用性等安全属性进行评价的过程。它要评估资产面临的威胁，以及威胁利用脆弱性导致安全事件的可能性，并结合安全事件所涉及的资产价值来判断安全事件一旦发生对组织造成的影响，即信息安全的风险。

信息是一种资产，资产所有者应对信息资产进行保护，通过分析信息资产的脆弱性来确定威胁可能利用哪些弱点来破坏其安全性。风险评估要识别资产相关要素的关系，从而判断资产面临的风险大小。

1. 风险评估的基本要素

风险评估的工作围绕其基本要素展开，在对这些要素的评估过程中需要充分考虑业务战略、资产价值、安全需求、安全事件、残余风险等与这些基本要素相关的各类属性。风险评估中各要素的关系如图 8-1 所示。

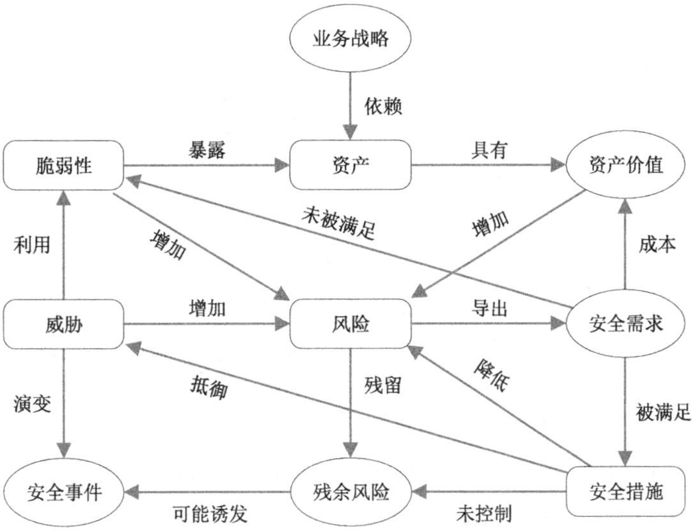

图 8-1 风险要素关系图

在图 8-1 中，方框部分的内容为风险评估的基本要素，椭圆部分的内容是与这些要素相关的属性，风险要素及其属性之间存在以下关系。

（1）业务战略依赖资产去实现。

（2）资产是有价值的，组织的业务战略对资产的依赖度越高，资产价值就越大。

（3）资产价值越大，其面临的风险也越大。

（4）风险是由威胁引发的，资产面临的威胁越多则风险越大，并且可能演变成安全事件。

（5）弱点越多，威胁利用脆弱性导致安全事件的可能性越大。

（6）脆弱性是未被满足的安全需求，威胁要利用脆弱性危害资产，从而形成风险。

（7）风险的存在及对风险的认识导出安全需求。

（8）安全需求可以通过安全措施得以满足，需要结合资产价值考虑实施成本。

（9）安全措施可以抵御威胁，降低安全事件发生的可能性，并减少影响。

（10）风险不可能也没有必要降为零，在实施了安全措施后还会有残留下来的风险。有些残余风险来自安全措施可能不当或无效，在以后需要继续控制，而有些残余风险则是在综合考虑了安全成本与效益后未控制的风险，是可以被接受的。

（11）残余风险应受到密切监视，它可能会在将来诱发新的安全事件。

2．风险的计算模型

风险的计算模型是在风险分析中，对风险值计算过程的抽象，它主要包括资产评估、威胁评估、脆弱性评估及风险分析。风险分析的原理如图 8-2 所示。

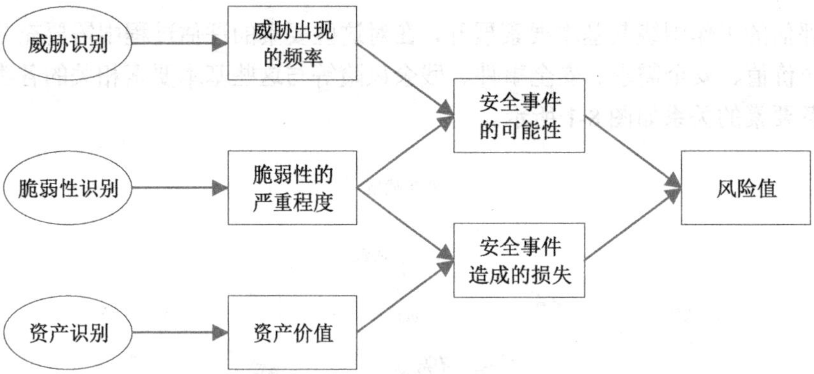

图 8-2　风险分析的原理

在图 8-2 所示的风险分析原理中，风险分析涉及资产、威胁、脆弱性等基本要素。每个要素有各自的属性，资产的属性是资产价值；威胁的属性是威胁出现的频率；脆弱性的属性是资产弱点的严重程度。风险分析的主要内容包括以下几点。

（1）对资产进行识别，并对资产的重要性进行赋值。

（2）对威胁进行识别，描述威胁的属性，并对威胁出现的频率赋值。

（3）对资产的脆弱性进行识别，并对具体资产的脆弱性的严重程度赋值。

（4）根据威胁和脆弱性的识别结果判断安全事件发生的可能性。

（5）根据脆弱性的严重程度及安全事件所作用资产的重要性计算安全事件的损失。

（6）根据安全事件发生的可能性及安全事件的损失，计算安全事件一旦发生对组织的影响，即风险值。

3．风险评估的实施流程

通常，在对信息系统实施风险评估时，采用如图 8-3 所示的基本流程。

1）风险评估准备

风险评估准备是整个风险评估过程有效性的保证。组织实施风险评估是一种战略性的考虑，其结果将受到组织业务战略、业务流程、安全需求、系统规模和结构等方面的影响。因此，在实施风险评估前，应完成以下工作。

（1）确定风险评估的目标。

（2）确定风险评估的范围。

（3）组建适当的评估管理与实施团队。
（4）选择与组织相适应的具体的风险判断方法。
（5）获得最高管理者对风险评估工作的支持。

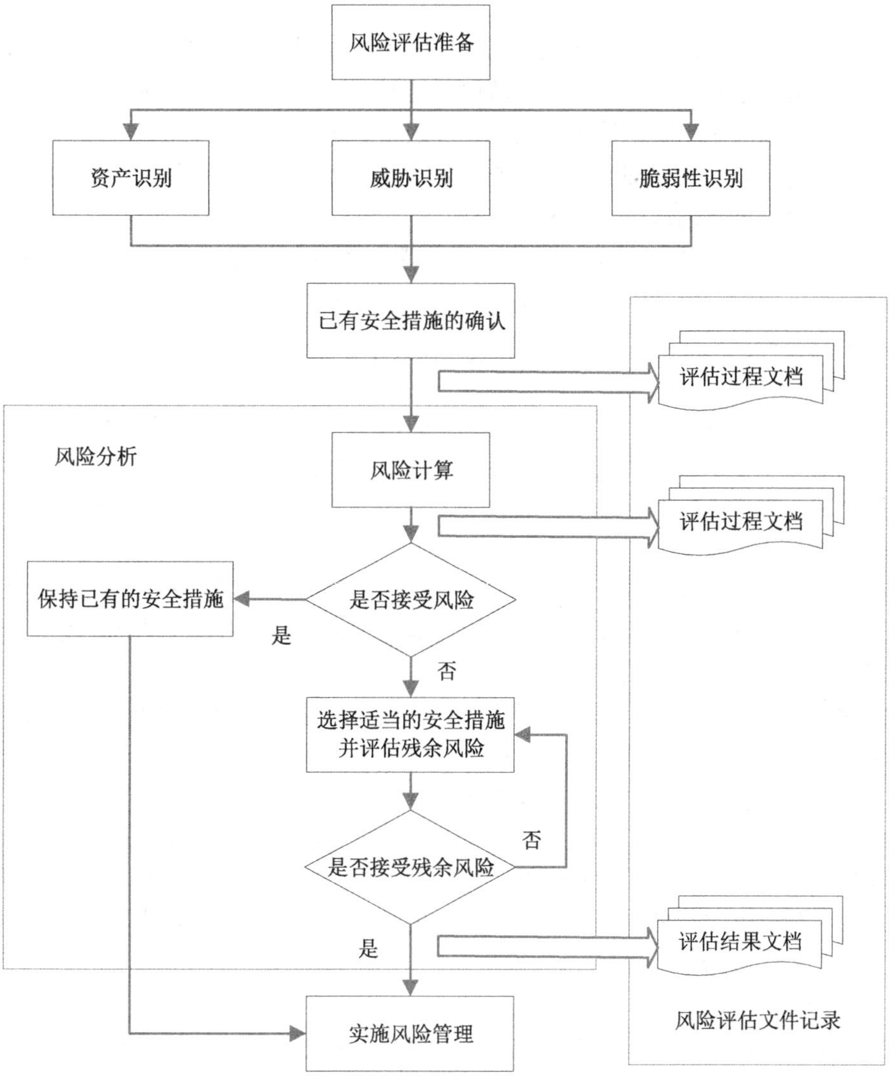

图 8-3　风险评估实施流程图

2）资产识别

资产是具有价值的信息或资源，是安全策略保护的对象。它能够以多种形式存在，有无形的、有形的，有硬件、软件，有文档、代码，也有服务、形象等。机密性、完整性和可用性是评价资产的 3 个安全属性。信息安全风险评估中资产的价值不仅仅以资产的账面价格来衡量，而是由资产在这 3 个安全属性上的达成程度或者其安全属性未达成时造成的影响程度来决定的。安全属性达成程度的不同将使资产具有不同的价值，而资产面临的威胁、存在的脆弱性，以及已采取的安全措施都将对资产安全属性的达成程度产生影响。为此，有必要对组织中的资产进行识别。

资产识别是对系统中涉及的重要资产进行识别，并对其等级进行评估，形成资产识别表。资产信息至少包括资产名称、资产类别、资产价值、资产用途、主机名、IP 地址、硬件型号、操作系统类型及版本、数据库类型及版本、应用系统类型及版本等。

3）威胁识别

威胁是一种对组织及其资产构成潜在破坏的可能性因素，是客观存在的。造成威胁的因素可分为人为因素和环境因素。根据威胁的动机，人为因素又可分为恶意和无意两种。环境因素包括自然界不可抗的因素和其他物理因素。威胁的作用形式可以是对信息系统直接或间接的攻击，如非授权的泄露、篡改、删除等，在机密性、完整性或可用性等方面造成损害；也可能是偶发的或蓄意的事件。

威胁识别是对系统中涉及的重要资产可能遇到的威胁进行识别，并对其等级进行评估，形成威胁识别表。识别的过程主要包括威胁源分析、历史安全事件分析、实时入侵事件分析几个方面。

4）脆弱性识别

脆弱性是对一个或多个资产弱点的总称。脆弱性识别也称弱点识别，弱点是资产本身存在的，如果没有相应的威胁发生，单纯的弱点本身不会对资产造成损害。并且如果系统足够强健，那么再严重的威胁也不会导致安全事件，并造成损失，即威胁总是要利用资产的弱点才可能造成危害。

资产的脆弱性具有隐蔽性，有些弱点只有在一定条件和环境下才能显现，这是脆弱性识别中最为困难的部分。需要注意的是，不正确的、起不到应有作用的或没有正确实施的安全措施本身就可能是一个弱点。

脆弱性识别是对系统中涉及的重要资产可能被对应威胁利用的脆弱性进行识别，并对其等级进行评估，形成脆弱性识别表，按其工作内容又具体分为物理安全、网络安全、主机系统安全、应用安全、数据安全、安全管理 6 个方面的内容。

脆弱性识别将针对每一项需要保护的资产，找出可能被威胁利用的弱点，并对脆弱性的严重程度进行评估，脆弱性识别时的数据应来自资产的所有者、使用者，以及相关业务领域的专家和软硬件方面的专业人员等，所采用的方法主要有问卷调查、工具检测、人工核查、文档查阅、渗透性测试等。

5）已有安全措施的确认

组织应对已采取的安全措施的有效性进行确认，对有效的安全措施继续保持，以避免不必要的工作和费用，防止安全措施的重复实施。对于确认为不适当的安全措施应核实是否应被取消，或者用更合适的安全措施替代。

安全措施可以分为预防性安全措施和保护性安全措施两种。预防性安全措施可以降低威胁利用脆弱性导致安全事件发生的可能性，如入侵检测系统；保护性安全措施可以减少因安全事件发生对信息系统造成的影响，如业务持续性计划。

已有安全措施的确认与脆弱性识别存在一定的联系。一般来说，安全措施的使用将减少脆弱性，但安全措施的确认并不需要与脆弱性识别过程那样具体到每个资产、组件的弱点，而是一类具体措施的集合。比较明显的例子是防火墙的访问控制策略，不必描述具体的端口控制策略、用户控制策略，只需要表明采用的访问控制措施。

6）风险分析

在完成了资产识别、威胁识别、脆弱性识别，以及对已有安全措施确认后，将采用适当的方法与工具确定威胁利用脆弱性导致安全事件发生的可能性，考虑安全事件一旦发生其所作用的资产的重要性及脆弱性的严重程度判断安全事件造成的损失对组织的影响，即安全风险。

风险综合分析是根据对系统资产识别、威胁分析、脆弱性评估的情况及收集的数据，定性和定量地评估系统安全现状及风险状况，评价现有保障措施的运行效能及对风险的抵御程度。结合系统的IT战略和业务连续性目标，确定系统不可接受风险范围。

组织应当综合考虑风险控制成本与风险造成的影响，提出一个可接受风险阈值。对于某些风险，如果评估值小于或等于可接受风险阈值，则为可接受风险，可保持已有的安全措施；如果评估值大于可接受风险阈值，则为不可接受风险，需要采取安全措施以降低、控制风险。安全措施的选择应兼顾管理与技术两个方面，可以参照信息安全的相关标准实施。

在对于不可接受风险选择适当的安全措施后，为了确保安全措施的有效性，可以进行再评估，以判断实施安全措施后的残余风险是否已经降低到可接受的水平。残余风险的再评估可以依据本标准提出的风险评估流程进行，也可进行适当裁减。

某些风险可能在选择了适当的安全措施后仍处于不可接受的风险范围，应考虑是否接受此风险或进一步增加相应的安全措施。

7）风险评估文件记录

风险评估文件包括在整个风险评估过程中产生的评估过程文档和评估结果文档，包括（但不仅限于此）以下几点。

（1）风险评估计划。阐述风险评估的目标、范围、团队、评估方法、评估结果的形式和实施进度等。

（2）风险评估程序。明确评估的目的、职责、过程、相关的文件要求，并且准备实施评估需要的文档。

（3）资产识别清单。根据组织在风险评估程序文件中所确定的资产分类方法进行资产识别，形成资产识别清单，清单中应明确各资产的责任人/部门。

（4）重要资产清单。根据资产识别和赋值的结果，形成重要资产列表，包括重要资产名称、描述、类型、重要程度、责任人/部门等。

（5）威胁列表。根据威胁识别和赋值的结果，形成威胁列表，包括威胁名称、种类、来源、动机及出现的频率等。

（6）脆弱性列表。根据脆弱性识别和赋值的结果，形成脆弱性列表，包括脆弱性名称、描述、类型及严重程度等。

（7）已有安全措施确认表。根据已采取的安全措施确认的结果，形成已有安全措施确认表，包括已有安全措施名称、类型、功能描述及实施效果等。

（8）风险评估报告。对整个风险评估过程和结果进行总结，详细说明被评估对象，风险评估方法，资产、威胁、脆弱性的识别结果，风险分析、风险统计和结论等内容。

（9）风险处理计划。对评估结果中不可接受的风险制订风险处理计划，选择适当的控制目标及安全措施，明确责任、进度、资源，并通过对残余风险的评价确保所选择安全措施的有效性。

（10）风险评估记录。根据组织的风险评估程序文件，记录对重要资产的风险评估过程。

8.3 安全防护制度与监管

在安全防护（预防保护）、网络运行、事件应急处置等通信网络安全管理环节中，安全防护是保障通信网络安全的第一道关口，对于防范网络安全事件的发生、及时消除安全隐患具有重要的意义。为了落实通信网络安全防护责任、合理部署防护措施、完善管理制度，需要通过建立通信网络分级、备案、符合性评测、安全风险评估等管理制度，加强通信网络安全管理，保障网络可靠运行。

1983 年美国国防部发布了《可信计算机系统评估准则》（TCSEC，俗称橘皮书），将计算机系统的安全等级分为 D、C1、C2、B1、B2、B3 和 A1 七个级别，开创了分等级保护的先河，之后欧洲将其发展为《信息技术安全性评估标准》（ITSEC），美国又在此基础上进一步完善推出了《通用安全评估准则》（CC）、《联邦信息和信息系统的安全分类标准》（FIPS 199）、《联邦信息系统安全控制》（SP 800-53）和《美国国家空间战略》等，完善了计算机系统安全分级制度，并逐步落实了分等级保护的方法。

我国的等级保护思想始于 1994 年发布的《中华人民共和国计算机信息系统安全保护条例》（国务院第 147 号令），其中，明确提出了“计算机信息系统实行安全等级保护”。之后于 1999 年发布了 GB 17859—1999《计算机信息系统安全保护等级划分准则》。2003 年发布的中办发【2003】27 号《国家信息化领导小组关于加强信息安全保障工作的意见》（简称 27 号文件）和 2004 年发布的公通字【2004】66 号《关于信息安全等级保护的实施意见》（简称 66 号文件），确立了等级保护作为国家信息安全保障的基本制度。

等级保护制度是从国家的视角，依据信息系统被破坏后，对国家安全、社会秩序和公共利益造成的影响程度来划分系统的安全等级。等级保护制度充分体现了信息安全的国家意志。

在 66 号文件发布之后，等级保护按照信息系统的涉密情况分成两条线管理。非涉密信息系统的等级保护由公安部负责监督、检查、指导，称为“信息系统安全等级保护”；涉及国家秘密信息系统的等级保护由国家保密工作机构负责监督、检查、指导，称为“涉及国家秘密的信息系统分级保护”。

在等级保护方面，国家发布了公通字【2007】43 号《信息安全等级保护管理办法》、公信安【2007】861 号《关于开展全国重要信息系统安全等级保护定级工作的通知》等文件，并起草了“信息系统安全等级保护定级指南”“信息系统安全等级保护基本要求”“信息系统安全等级保护实施指南”等一系列国家标准。2017 年 6 月 1 日起正式施行的《中华人民共和国网络安全法》明确国家实行网络安全等级保护制度。

随着云计算、物联网、大数据、人工智能等新兴技术的不断发展，2019 年 5 月 13 日，国家市场监督管理总局、中国国家标准化管理委员会正式发布了 GB/T 22239—2019《信息安全技术 网络安全等级保护基本要求》，并于 2019 年 12 月 1 日开始正式实施，标志着我国等级保护工作正式步入新的阶段——等保 2.0 时代。

等保 2.0 在 GB/T 22239—2008《信息安全技术 信息系统安全等级保护基本要求》（等保 1.0）的基础上，将基础信息网络、传统信息系统、云计算平台、大数据平台、移动互联、物联网和工业控制系统等作为等级保护对象，并在原有通用安全要求的基础上新增了安全扩展要求，采用新技术的信息系统除了需要满足安全通用要求外，还需要满足相应的扩展要求。同时，等保 2.0 还新增了风险评估、安全检测、态势感知等安全要求，这就要求安全服务供应商能对未知的安全威胁进行提前检测，从而进一步实现提前防御，化被动为主动，提供更加完备的安全防护能力。

在分级保护方面，国家保密局发布了国保发【2005】16 号《涉及国家秘密的信息系统分级保护管理办法》，之后陆续发布了《涉及国家秘密的信息系统分级保护技术要求》《涉及国家秘密的信息系统分级保护管理规范》《涉及国家秘密的信息系统分级保护方案设计指南》《涉及国家秘密的信息系统分级保护测评指南》等一系列分级保护的国家保密标准。

8.3.1 信息系统等级保护

由于信息系统结构是应社会发展、社会生活和工作的需要而设计、建立的，是社会构成、行政组织体系的反映，因此这种系统结构是分层次和级别的。系统基础资源和信息资源的价值大小、用户访问权限的高低、大系统中各子系统重要程度的区别等就是级别的客观体现。信息安全保护必须符合客观存在和发展规律，其分级、分区域、分类和分阶段是做好信息安全保护的前提。本节通过讨论 GB/T 22239—2008《信息安全技术 信息系统安全等级保护基本要求》的相关要求，帮助读者理解等级保护的核心思想和一般方法。

信息系统安全等级保护将安全保护的监管级别划分为 5 个级别。

用户自主保护级（第一级）。该级别完全由用户自己来决定如何对资源进行保护，以及采用何种方式进行保护。

系统审计保护级（第二级）。本级的安全保护机制受到信息系统等级保护的指导，支持用户具有更强的自主保护能力，特别是具有访问审计能力。能够创建、维护受保护对象的访问审计跟踪记录，记录与系统安全相关事件发生的日期、时间、用户和事件类型等信息，所有和安全相关的操作都能够被记录下来，以便当系统发生安全问题时，可以根据审计记录，分析追查事故责任人，使所有的用户对自己行为的合法性负责。

安全标记保护级（第三级）。该级别除了具有第二级系统审计保护级的所有功能外，还要求对访问者和访问对象实施强制访问控制，并能够进行记录，以便事后的监督、审计。通过对访问者和访问对象指定不同安全标记，监督、限制访问者的权限，实现对访问对象的强制访问控制。

结构化保护级（第四级）。该级别将前三级的安全保护能力扩展到所有访问者和访问对象，支持形式化的安全保护策略。其本身构造也是结构化的，将安全保护机制划分为关键部分和非关键部分，对关键部分强制性地直接控制访问者对访问对象的存取，使之具有相当的抗渗透能力。本级的安全保护机制能够使信息系统实施一种系统化的安全保护。

访问验证保护级（第五级）。这个级别除了具备前四级的所有功能外，还特别增设了访问验证功能，负责仲裁访问者对访问对象的所有访问活动，仲裁访问者能否访问某些对象从而对访问对象实行专控，保护信息不能被非授权获取。因此，本级的安全保护机制不易被攻击、篡改，具有极强的抗渗透的保护能力。

在等级保护的实际操作中，强调从以下 5 个部分进行保护，由这 5 个部分的安全控制机制构成系统整体安全控制机制。

（1）物理部分。该部分包括周边环境，门禁检查，防火、防水、防潮、防鼠、防虫害和防雷，防电磁泄漏和干扰，电源备份和管理，设备的标识、使用、存放和管理等。

（2）支撑系统。该部分包括计算机系统、操作系统、数据库系统和通信系统。

（3）网络部分。该部分包括网络的拓扑结构、网络的布线和防护、网络设备的管理和报警，网络攻击的监测和处理。

（4）应用系统。该部分包括系统登录、权限划分与识别、数据备份与容灾处理，运行管理和访问控制，密码保护机制和信息存储管理。

（5）管理制度。该部分包括管理的组织机构和各级的职责、权限划分和责任追究制度，人员的管理和培训、教育制度，设备的管理和引进、退出制度，环境管理和监控，安防和巡查制度，应急响应制度和程序，规章制度的建立、更改和废止的控制程序。

8.3.2 网络安全等级保护

作为等保 2.0 标准，GB/T 22239—2019《信息安全技术 网络安全等级保护基本要求》与 GB/T 22239—2008《信息安全技术 信息系统安全等级保护基本要求》相比发生了一些明显的变化，本节主要介绍 GB/T 22239—2019《信息安全技术 网络安全等级保护基本要求》在总体结构方面的主要变化，并着重讨论其安全通用要求和安全扩展要求的主要内容，以便于读者更好地了解等保 2.0 的内容。

为了适应《网络安全法》，配合落实网络安全等级保护制度，GB/T 22239—2019《信息安全技术 网络安全等级保护基本要求》将其名称由原来的《信息系统安全等级保护基本要求》改为《网络安全等级保护基本要求》，等级保护对象由原来的信息系统调整为基础信息网络、信息系统（含采用移动互联技术的系统）、云计算平台/系统、大数据应用/平台/资源、物联网和工业控制系统等。

GB/T 22239—2019《信息安全技术 网络安全等级保护基本要求》规定了第一级到第四级等级保护对象的安全要求，每个级别的安全要求均由安全通用要求和安全扩展要求构成。

安全通用要求是所有等级保护对象都必须满足的要求。原标准基本要求中各级技术所要求的“物理安全”、“网络安全”、“主机安全”、“应用安全”和“数据安全和备份与恢复”修订为“安全物理环境”、“安全通信网络”、“安全区域边界”、“安全计算环境”和“安全管理中心”；原各级管理要求的“安全管理制度”、“安全管理机构”、“人员安全管理”、“系统建设管理”和“系统运维管理”修订为“安全管理制度”、“安全管理机构”、“安全管理人员”、“安全建设管理”和“安全运维管理”。

安全扩展要求是针对云计算、移动互联、物联网和工业控制系统提出的特殊要求。

（1）云计算安全扩展要求。主要内容包括“基础设施的位置”、“虚拟化安全保护”、“镜像和快照保护”、“云计算环境管理”和“云服务商选择”等。

（2）移动互联安全扩展要求。主要内容包括“无线接入点的物理位置”、“移动终端管控”、“移动应用管控”、“移动应用软件采购”和“移动应用软件开发”等。

（3）物联网安全扩展要求。主要内容包括“感知节点的物理防护”、“感知节点设备安全”、“网关节点设备安全”、“感知节点的管理”和“数据融合处理”等。

（4）工业控制系统安全扩展要求。主要内容包括“室外控制设备防护”、“工业控制系统网络架构安全”、“拨号使用控制”、“无线使用控制”和“控制设备安全”等。

1．安全通用要求

安全通用要求细分为技术要求和管理要求，其中，技术要求包括“安全物理环境”、“安全通信网络”、“安全区域边界”、“安全计算环境”和“安全管理中心”；管理要求包括“安全管理制度”、“安全管理机构”、“安全管理人员”、“安全建设管理”和“安全运维管理”。两者合计十大类，如图8-4所示。

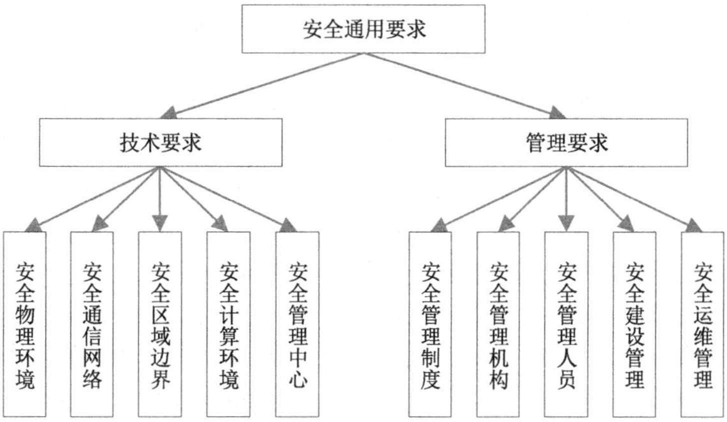

图8-4　安全通用要求的基本分类

1）技术要求

技术要求分类体现了从外部到内部的纵深防御思想。对等级保护对象的安全防护应考虑从通信网络到区域边界再到计算环境的从外到内的整体防护，同时考虑对其所处的物理环境的安全防护。对级别较高的等级保护对象还需要考虑对分布在整个系统中的安全功能或安全组件的集中技术管理手段。

（1）安全物理环境。

安全物理环境部分是针对物理机房提出的安全控制要求，主要对象为物理环境、物理设备和物理设施等；涉及的安全控制点包括物理位置的选择、物理访问控制、防盗窃和防破坏、防雷击、防火、防水和防潮、防静电、温湿度控制、电力供应和电磁防护。

承载高级别系统的机房相对承载低级别系统的机房强化了物理访问控制、电力供应和电磁防护等方面的要求。例如，四级比三级增设了“重要区域应配置第二道电子门禁系统”“应提供应急供电设施”“应对关键区域实施电磁屏蔽”等要求。

（2）安全通信网络。

安全通信网络部分是针对通信网络提出的安全控制要求，主要对象为广域网、城域网和局域网等；涉及的安全控制点包括网络架构、通信传输和可信验证。

高级别系统的通信网络相对低级别系统的通信网络强化了优先带宽分配、设备接入认证、通信设备认证等方面的要求。例如，四级比三级增设了“应可按照业务服务的重要程度分配带宽，优先保障重要业务”“应采用可信验证机制对接入网络中的设备进行可信验证，保证接入网络的设备真实可信”“应在通信前基于密码技术对通信双方进行验证或认证”等要求。

（3）安全区域边界。

安全区域边界部分是针对网络边界提出的安全控制要求，主要对象为系统边界和区域边界等；涉及的安全控制点包括边界防护、访问控制、入侵防范、恶意代码防范、安全审计和可信验证。

高级别系统的网络边界相对低级别系统的网络边界强化了高强度隔离和非法接入阻断等方面的要求。例如，四级比三级增设了“应在网络边界通过通信协议转换或通信协议隔离等方式进行数据交换”“应能够在发现非授权设备私自联到内部网络的行为或内部用户非授权联到外部网络的行为时，对其进行有效阻断”等要求。

（4）安全计算环境。

安全计算环境部分是针对边界内部提出的安全控制要求，主要对象为边界内部的所有对象，包括网络设备、安全设备、服务器设备、终端设备、应用系统、数据对象和其他设备等；涉及的安全控制点包括身份鉴别、访问控制、安全审计、入侵防范、恶意代码防范、可信验证、数据完整性、数据保密性、数据备份与恢复、剩余信息保护和个人信息保护。

高级别系统的计算环境相对于低级别系统的计算环境强化了身份鉴别、访问控制和程序完整性等方面的要求。例如，四级比三级增设了“应采用口令、密码技术、生物技术等两种或两种以上组合的鉴别技术对用户进行身份鉴别，且其中一种鉴别技术至少应使用密码技术来实现”“应对主体、客体设置安全标记，并依据安全标记和强制访问控制规则确定主体对客体的访问”“应采用主动免疫可信验证机制及时识别入侵和病毒行为，并将其有效阻断”等要求。

（5）安全管理中心。

安全管理中心部分是针对整个系统提出的安全管理方面的技术控制要求，通过技术手段实现集中管理。涉及的安全控制点包括系统管理、审计管理、安全管理和集中管控。

高级别系统的安全管理相对低级别系统的安全管理强化了采用技术手段进行集中管控等方面的要求。例如，三级比二级增设了“应划分出特定的管理区域，对分布在网络中的安全设备或安全组件进行管控”“应对网络链路、安全设备、网络设备和服务器等的运行状况进行集中监测”“应对分散在各设备上的审计数据进行收集汇总和集中分析，并保证审计记录的留存时间符合法律法规要求”“应对安全策略、恶意代码、补丁升级等安全相关事项进行集中管理”等要求。

2）管理要求

管理要求分类体现了从要素到活动的综合管理思想。安全管理需要的“机构”“制度”“人员”三要素缺一不可，同时还应对系统建设整改过程中和运行维护过程中的重要活动实施控制和管理。对级别较高的等级保护对象需要构建完备的安全管理体系。

（1）安全管理制度。

安全管理制度部分是针对整个管理制度体系提出的安全控制要求，涉及的安全控制点包括安全策略、管理制度、制定和发布，以及评审和修订。

（2）安全管理机构。

安全管理机构部分是针对整个管理组织架构提出的安全控制要求，涉及的安全控制点包括岗位设置、人员配备、授权和审批、沟通和合作，以及审核和检查。

（3）安全管理人员。

安全管理人员部分是针对人员管理模式提出的安全控制要求，涉及的安全控制点包括人员录用、人员离岗、安全意识教育和培训，以及外部人员访问管理。

（4）安全建设管理。

安全建设管理部分是针对安全建设过程提出的安全控制要求，涉及的安全控制点包括定级和备案、安全方案设计、安全产品采购和使用、自行软件开发、外包软件开发、工程实施、测试验收、系统交付、等级测评和服务供应商管理。

（5）安全运维管理。

安全运维管理部分是针对安全运维过程提出的安全控制要求，涉及的安全控制点包括环境管理、资产管理、介质管理、设备维护管理、漏洞和风险管理、网络和系统安全管理、恶意代码防范管理、配置管理、密码管理、变更管理、备份与恢复管理、安全事件处置、应急预案管理和外包运维管理。

2. 安全扩展要求

安全扩展要求是采用特定技术或特定应用场景下的等级保护对象需要增加实现的安全要求。GB/T 22239—2019《信息安全技术 网络安全等级保护基本要求》提出的安全扩展要求包括云计算安全扩展要求、移动互联安全扩展要求、物联网安全扩展要求和工业控制系统安全扩展要求。

1）云计算安全扩展要求

云计算安全扩展要求是针对云计算平台提出的安全通用要求之外额外需要实现的安全要求。云计算安全扩展要求涉及的控制点包括基础设施位置、网络架构、网络边界的访问控制、网络边界的入侵防范、网络边界的安全审计、集中管控、计算环境的身份鉴别、计算环境的访问控制、计算环境的入侵防范、镜像和快照保护、数据安全性、数据备份恢复、剩余信息保护、云服务商选择、供应链管理和云计算环境管理。

2）移动互联安全扩展要求

移动互联安全扩展要求是针对移动终端、移动应用和无线网络提出的特殊安全要求，它们与安全通用要求一起构成针对采用移动互联技术的等级保护对象的完整安全要求。移动互联安全扩展要求涉及的控制点包括无线接入点的物理位置、无线和有线网络之间的边界防护、无线和有线网络之间的访问控制、无线和有线网络之间的入侵防范、移动终端管控、移动应用管控、移动应用软件采购、移动应用软件开发和配置管理。

3）物联网安全扩展要求

物联网安全扩展要求涉及的控制点包括感知节点的物理防护、感知网的入侵防范、感知网的接入控制、感知节点设备安全、网关节点设备安全、抗数据重放、数据融合处理和感知节点的管理。

4）工业控制系统安全扩展要求

工业控制系统通常是可用性要求较高的等级保护对象。工业控制系统是各种控制系统的总称，典型的如数据采集与监视控制系统（Supervisory Control And Data Acquisition，SCADA）、集散控制系统（Distributed Control System，DCS）等。工业控制系统通常用于电力，水和污水处理，石油和天然气，化工，交通运输，制药，纸浆和造纸，食品和饮料，以及离散制造（如汽车、航空航天和耐用品）等行业。

工业控制系统从上到下一般分为5个层级，依次为企业资源层、生产管理层、过程监控层、现场控制层和现场设备层，不同层级的实时性要求有所不同，对工业控制系统的安全防护应包括各层级。由于企业资源层、生产管理层和过程监控层通常由计算机设备构成，因此这些层级按照安全通用要求提出的要求进行保护。

工业控制系统安全扩展要求是针对现场控制层和现场设备层提出的特殊安全要求，它们与安全通用要求一起构成针对工业控制系统的完整安全要求。工业控制系统安全扩展要求涉及的控制点包括室外控制设备防护、网络架构、通信传输、访问控制、拨号使用控制、无线使用控制、控制设备安全、产品采购和使用，以及外包软件开发。

8.3.3 涉密信息系统分级保护

涉密信息系统实行分级保护（下文简称分级保护），根据涉密信息的涉密等级，涉密信息系统的重要性，遭到破坏后对国计民生造成的危害性，以及涉密信息系统必须达到的安全保护水平来确定信息安全的保护等级。“分级保护”的核心是对信息系统安全进行合理分级，按标准进行建设、管理和监督。国家保密局专门对涉密信息系统如何进行分级保护制定了一系列的管理办法和技术标准，目前，正在执行的两个分级保护的国家保密标准是BMB17《涉及国家秘密的信息系统分级保护技术要求》和BMB20《涉及国家秘密的信息系统分级保护管理规范》。这两个标准从物理安全、信息安全、运行安全和安全保密管理等方面，对不同级别的涉密信息系统有明确的分级保护措施，从技术要求和管理标准两个层面解决涉密信息系统的分级保护问题。

“分级保护”根据其涉密信息系统处理信息的最高密级，可以划分为秘密级、机密级和机密级（增强）、绝密级3个等级。

（1）秘密级。信息系统中包含最高为秘密级的国家秘密，其防护水平不低于国家信息安全等级保护三级的要求，并且还必须符合分级保护的保密技术要求。

（2）机密级。信息系统中包含最高为机密级的国家秘密，其防护水平不低于国家信息安全等级保护四级的要求，还必须符合分级保护的保密技术要求。属于下列情况之一的机密级信息系统应选择机密级（增强）的要求。

① 信息系统的使用单位为副省级以上的党政首脑机关，以及国防、外交、国家安全、军工等要害部门。

② 信息系统中的机密级信息含量较高或数量较多。

③ 信息系统使用单位对信息系统的依赖程度较高。

（3）绝密级。信息系统中包含最高为绝密级的国家秘密，其防护水平不低于国家信息安全等级保护四级的要求，还必须符合分级保护的保密技术要求，绝密级信息系统应限定在封闭的安全可控的独立建筑内，不能与城域网或广域网相联。

“分级保护”的管理过程分为8个阶段，即系统定级阶段、安全规划方案设计阶段、安全工程实施阶段、信息系统测评阶段、系统审批阶段、安全运行及维护阶段、定期评测与检查阶段和系统隐退终止阶段等。在实际工作中，涉密信息系统的定级、安全规划方案设计的实施与调整、安全运行及维护这三个阶段，尤其要引起重视。

系统定级决定了系统方案的设计实施、安全措施、运行维护等涉密信息系统建设的各环节，因此如何准确地对涉密信息系统进行定级在“分级保护”中尤为重要。涉密信息系统定级遵循“谁建设、谁定级”的原则，可以根据信息密级、系统重要性和安全策略划分为不同的安全域，针对不同的安全域确定不同的等级，并进行相应的保护。在涉密信息系统定级时，可以综合考虑涉密信息系统中资产、威胁、受到损害后的影响，以及使用单位对涉密信息系统的信赖性等因素对涉密信息系统进行整体定级；同时，在同一个系统里，还允许划分不同的安全域，在每个安全域可以分别定级，不同的级别采取不同的安全措施，更加科学地实施分级保护，在一定程度上可以解决保重点、保核心的问题，也可以有效地避免因过度保护而造成应用系统运行效能降低及投资浪费等问题。涉密信息系统建设单位在定级的同时，必须报主管部门审批。

涉密信息系统要按照分级保护的标准，结合涉密信息系统应用的实际情况进行方案设计。设计时要逐项进行安全风险分析，并根据安全风险分析的结果，对部分保护要求进行适当的调整和改造，调整应以不降低涉密信息系统整体安全保护强度，确保国家秘密安全为原则。当保护要求不能满足实际安全需求时，应适当选择采用部分较高的保护要求，当保护要求明显高于实际安全需求时，可适当选择采用部分较低的保护要求。对于安全策略的调整及改造方案进行论证，综合考虑修改项和其他保护要求之间的相关性，综合分析，改造方案的实施及后续测评要按照国家的标准执行，并且要求文档化。在设计完成之后要进行方案论证，由建设使用单位组织有关专家和部门进行方案设计论证，确定总体方案达到分级保护技术的要求后再开始实施；在工程建设实施过程中注意工程监理的要求；建设完成之后应该进行审批；审批前由国家保密局授权的涉密信息系统测评机构进行系统测评，确定在技术层面是否达到了“分级保护”的要求。

运行及维护过程的不可控性及随意性，往往是涉密信息系统安全运行的重大隐患。通过运行管理和控制、变更管理和控制，对安全状态进行监控，对发生的安全事件及时响应，在流程上对系统的运行维护进行规范，从而确保涉密信息系统正常运行。通过安全检查和持续改进，不断跟踪涉密信息系统的变化，并依据变化进行调整，确保涉密信息系统满足相应分级的安全要求，并处于良好安全状态。由于运行维护的规范化能够大幅度地提高系统运行及维护的安全级别，所以在运行维护中应尽可能地实现流程固化、操作自动化，减少人员参与带来的风险。还需要注意的是，在安全运行及维护中保持系统安全策略的准确性，以及与安全目标的一致性，使安全策略作为安全运行的驱动力及重要的制约规则，从而保持整个涉密信息系统能够按照既定的安全策略运行。在安全运行及维护阶段，当局部调整等原因导致安全措施发生变化时，如果不影响系统的安全分级，则应从安全运行及维护阶段进入安全工程实施阶段，重新调整和实施安全措施，确保满足分级保护的要求；当系统发生重大变更影响系统的安全分级时，应从安全运行及维护阶段进入系统定级阶段，重新开始一次分级保护实施过程。

8.3.4 等级保护和分级保护的关系

国家信息安全等级保护与涉密信息系统分级保护是两个既有联系又有区别的概念。涉密信息系统分级保护是国家信息安全等级保护的重要组成部分，也是等级保护在涉密领域的具体体现。表 8-1 以 GB/T 22239—2008《信息安全技术 信息系统安全等级保护基本要求》为例，对等级保护和分级保护进行了对比。

表 8-1　等级保护与分级保护对比表

<table>
<tr><th>对 比 项</th><th colspan="2">等 级 保 护</th><th colspan="2">分 级 保 护</th></tr>
<tr><td>职能部门</td><td colspan="2">公安机关
国家保密工作部门
国家密码管理部门
国务院信息办</td><td colspan="2">国家保密工作部门
地方各级保密工作部门
中央和国家机关
建设使用单位</td></tr>
<tr><td rowspan="4">管理职责</td><td>公安机关</td><td>监督、检查、指导</td><td>国家保密局（全国）</td><td>监督、检查、指导</td></tr>
<tr><td>国家保密工作部门</td><td>保密工作的监督、检查、指导</td><td>地方各级保密局（本行政区域）</td><td>监督、检查、指导</td></tr>
<tr><td>国家密码管理部门</td><td>密码工作的监督、检查、指导</td><td>中央和国家机关（本部门/本系统）</td><td>主管和指导</td></tr>
<tr><td>国务院信息办</td><td>部门之间的协调</td><td>建设使用单位（本单位）</td><td>具体实施</td></tr>
<tr><td>标准体系</td><td colspan="2">国家标准（GB、GB/T）</td><td colspan="2">国家保密标准（BMB，强制执行）</td></tr>
<tr><td>适用对象</td><td colspan="2">非涉密信息系统</td><td colspan="2">涉密信息系统</td></tr>
<tr><td>级别划分</td><td colspan="2">一级（自主保护）
二级（指导保护）
三级（监督保护）
四级（强制保护）
五级（专控保护）</td><td colspan="2">秘密级
机密级
绝密级</td></tr>
<tr><td>基本测评</td><td colspan="2">1．物理安全
2．网络安全
3．主机系统安全
4．应用安全
5．数据安全
6．安全管理测评
7．安全管理机构
8．安全管理制度
9．人员安全管理
10．系统建设管理
11．系统运维管理</td><td colspan="2">1．物理隔离
2．安全保密产品选择
3．安全域边界防护
4．密级标识
5．用户身份鉴别
6．访问控制力度
7．信息传输加密
8．信息存储加密
9．信息设备的电磁泄漏发射防护
10．边界控制
11．违规外联监控
12．安全保密管理机构
13．安全保密管理制度
14．安全保密管理人员
15．集成资质单位选择</td></tr>
<tr><td>资质</td><td colspan="2">国内注册的中资机构、技术设备符合要求、制度完善</td><td colspan="2">涉及国家秘密的计算机信息系统集成：
甲级（全国范围）；
乙级（本省、自治区、直辖市）；
单项业务：（全国，仅限所批准业务）军工、软件开发、综合布线、系统服务、系统咨询、风险评估、工程监理、数据恢复、屏蔽室建设、保密安防监控</td></tr>
</table>

国家安全信息等级保护重点保护的对象是涉及国计民生的重要信息系统和通信基础信息系统，与其是否涉密无关。例如：

（1）国家事务处理信息系统（党政机关办公系统）。

（2）金融、税务、工商、海关、能源、交通运输、社会保障、教育等基础设施的信息系统。

（3）国防工业企业、科研等单位的信息系统。

（4）公用通信、广播电视传输等基础信息网络中的计算机信息系统。

（5）互联网网络管理中心、关键节点、重要网站及重要应用系统。

（6）其他领域的重要信息系统。

国家实行信息安全等级保护制度，有利于建立长效机制，保证安全保护工作稳固、持久地进行下去；有利于在信息化建设过程中同步建设信息安全设施，保障信息安全与信息化建设相协调；有利于突出重点，加强对涉及国家安全、经济命脉、社会稳定的基础信息网络和重要信息系统的安全保护和管理监督；有利于明确国家、企业、个人的安全责任，强化政府监管职能，共同落实各项安全建设和安全管理措施；有利于提高安全保护的科学性、针对性，推动网络安全服务机制的建立和完善；有利于采取系统、规范、经济有效、科学的管理和技术保障措施，提高整体安全保护水平，保障信息系统安全正常运行，保障信息安全，进而保障各行业、部门和单位的职能与业务安全、高速、高效地运转；有利于根据所保护的信息的重要程度，决定保护等级，防止“过保护”和“欠保护”的情况发生，有利于信息安全保护科学技术和产业化发展。

涉密信息系统分级保护，保护的对象是所有涉及国家秘密的信息系统，重点是党政机关、军队和军工单位，由各级保密工作部门根据涉密信息系统的保护等级实施监督管理，确保系统和信息安全，确保国家秘密不被泄漏。国家秘密信息是国家主权的重要内容，关系到国家的安全和利益，一旦泄露，必将直接危害国家的政治安全、经济安全、国防安全、科技安全和文化安全。没有国家秘密的信息安全，国家就会丧失信息主权和信息控制权，所以国家秘密的信息安全是国家信息安全保障体系中的重要组成部分。

因为不同类别、不同层次的国家秘密信息，对于维护国家安全和利益具有不同的价值，所以需要不同的保护强度和措施。对不同密级的信息，应当合理平衡安全风险与成本，采取不同强度的保护措施，这就是分级保护的核心思想。对涉密信息系统的保护，既要反对只重应用不讲安全，防护措施不到位造成各种泄密隐患和漏洞的“弱保护”现象；同时要反对不从实际出发，防护措施“一刀切”，造成经费与资源浪费的“过保护”现象。对涉密信息系统实行分级保护，就是要使保护重点更加突出，保护方法更加科学，保护的投入产出比更加合理，从而彻底解决长期困扰涉密单位在涉密信息系统建设使用中的网络互联与安全保密问题。

由上可以看出，国家信息安全等级保护是国家从整体上、根本上解决国家信息安全问题的办法，进一步确定了信息安全发展的主线和中心任务，提出了总体要求。对信息系统实行等级保护是国家法定制度和基本国策，是开展信息安全保护工作的有效办法，是信息安全保护工作的发展方向。而涉密信息系统分级保护则是国家信息安全等级保护在涉及国家秘密信息的信息系统中的特殊保护措施与方法。由于国家秘密信息与公开信息在内容和特性上有着明显的区别，所以涉密信息系统和公众信息系统在保障安全的原则、系统和方法等方面也有不同的要求。既不能用维护国家秘密信息安全的办法去维护国家公众信息安全，以至于影响信息的合理利用，阻碍信息化的发展；也不能用维护公众信息安全的办法维护国家的秘密信息安全，以至于窃密、泄密事件的发生，危害国家的安全和利益，同样影响信息化的健康发展。

第 9 章　培训与指导

9.1　培训准备

9.1.1　培训需求分析

培训需求分析是指了解企业或者员工需要何种培训。通常以企业的培训需求为主，也要关注员工的培训需求。

1．培训需求分析的参与者

培训需求分析的参与者包括人力资源部工作人员、员工本人、上级、下属、同事、有关专家及其他相关人员。

2．现有记录的分析

现有记录的分析是获取培训需求信息的重要方面。业务工作现有记录主要包括业务数量、服务质量、绩效评估、事故率、工作描述、生产年报、聘用标准、个人档案等。

3．培训需求分析的方法

培训需求分析的方法主要有小组面谈、个人面谈、问卷、评价中心、操作测试、观察法、关键事件、任务分析、工作分析等。

4．流动模型与培训需求分析的关系

流动模型是一种层级推进和反馈分析图形，通过这个模型可从员工绩效问题中分析出培训的需求，从而为确定培训目标做好准备。

9.1.2　确立培训目标

以培训需求分析为基础确定培训目标。要确定通过培训，员工应该获取哪些方面的知识，在行为、工作、能力等方面能够达到什么程度。

确立培训目标时应注意以下几点。

（1）要和长远目标相吻合。

（2）一次培训的目标不要太多。

（3）目标应具体，可操作性强。

9.1.3　制订培训计划

培训计划包括临时计划、短期计划、中期计划和长期计划。培训计划通常要包括以下几个方面的内容。

（1）培训目的，也就是要达到的结果。

（2）培训原则，是脱产培训还是不脱产培训等。

（3）参加培训的人员，包括应参加培训的人员和必须参加培训的人员。

（4）培训内容，包括培训科目（课目）、培训教材及培训中需要解决的问题等。

（5）培训方法，包括个案讨论、讲授、角色扮演等。

（6）培训安排，包括培训地点、时间、食宿、要求等。

（7）培训预算，根据培训的内容、种类等多方面因素，确定每人每天的预算，并报主管部门审核批准。

9.1.4 撰写培训教案

1. 指导思想设计

依照教学大纲制定正确的教学目标，循序渐进地完成教学任务。指导思想设计包括以下几个方面。

（1）认知目标。即知识体系。

（2）技能目标。即能力培养。

（3）情感目标。即思想道德渗透。

2. 教学内容设计

（1）知识点。重点及难点，以点带面。

（2）能力培养。通过传授知识提高哪些方面的技能。

（3）课堂实践教学。理论知识和专业实际相结合，在实践中运用和检验理论知识。

（4）设计教学内容时要注意以下几个方面：时间安排的合理性、内容详略取舍、步骤合理性、节奏张弛性等。

3. 学员情况分析

（1）原有知识的水准与积累。

（2）可能出现或者提出的问题。

（3）教学辅导。

4. 教学法设计

根据课程类型、课程内容、课程阶段和对象，可以采用以下不同的教学方法。

（1）讲解分析法。

（2）提问启发法。

（3）小组讨论法。

（4）列表法。

（5）图解法。

（6）辩论法。

（7）试题模拟法。

（8）总结归纳法等。

5. 教学媒体设计

根据每节课的教学内容，可采用讲述、录音、录像、光盘等不同的教学媒体。

6. 教学过程设计

1）导入环节
（1）新知识切入点。
（2）知识体系中的坐标点。
（3）和已有知识及现实生活的联系点。
（4）学员容易激发的兴趣点。
2）互动环节
教学过程中与学员的沟通互动及学员的积极参与。
3）课堂小结环节
对所授知识点的系统归纳、强化和总结。
4）课后巩固环节
通过课后作业，引发学员对新知识的兴趣，促进学员对所学知识的掌握。

7. 教学板书设计

直观、简练、规范、美观、扼要、容易唤起记忆。

8. 教学评价设计

1）自检反思
（1）教学设计是否得体。
（2）环节安排是否得当。
（3）教学方法是否适宜。
（4）重点难点是否突出。
（5）是否达到预期效果。
2）教学反馈
通过与不同层次的学员交流沟通，了解课堂教学效果。
3）课后随笔
及时对教学感想、收获教训、应改进之处等进行全面的记录，以便改进提高。

撰写好培训教案是搞好培训与指导工作的重要环节和前提，要做到把握企业需求、对准培训目标、了解员工情况、吃透培训教材、精心设计每一节课程。

9.2 培训实施

9.2.1 基本要求

1. 仪表仪态

言传身教、为人师表是培训师需要具备的基本素质，个人形象对培训师来说也非常重要。培训师仪表仪态要大方、整洁、得体、协调，符合公司的理念要求。

（1）穿公司统一制服、正装皮鞋。

（2）男士要整洁干净，女士要着淡妆。

（3）步入培训教室前要进行七项自检：脸上是否干净、头发是否梳理整齐、牙齿是否已刷、衣服是否整洁、扣子拉链是否扣拉好、面部是否微笑、情绪是否饱满，培训师应当自觉做好以上各项。

2．教态要求

对教态的要求主要是自然、端庄、沉着、大方、稳重，既不要呆板枯燥、严峻清冷，也不要过分活泼。

1）开课

（1）空台登场。要提前到教室“热场”，将与课堂无关的并且可能对教学造成干扰的物品清理出教室。

（2）静场起音。进入教室站上讲台，先用眼睛环视所有学员，等全场安静下来以后，开始授课。

（3）启动注意。为了创造更好的听课氛围，可以用一些特别的方式吸引学员，如与学员互动问答。

2）下课

下课的原则是专注全场、享受掌声、再次致礼。

3）基本姿势

（1）站姿。女士站姿体现“静”的柔美：两脚呈“V”字形或者丁字步或者并拢。男式站姿体现“劲”的壮美：两脚分开、小八字，或者两脚平行与肩同宽，上身挺直。切忌斜靠讲台，手把桌子，以手托脸，长时间站在同一地方等。

（2）坐姿。头正身直，下巴微收，稍向前倾，双脚平行着地略分开，手放桌面，端正、稳重，稳坐如钟。

（3）走姿。踱步徐行，动作舒缓，中心均衡，体现动态美感。

4）声音

清晰悦耳，自然，音量适中，讲普通话。注意音量控制和语速控制，可以短暂沉默以引起学员的注意，可加快语速以起到刺激和激励的作用，可降低语速以起到强调、威慑、渲染和控制的作用。

3．非语言行为的运用

非语言行为指人与人交流时通过表情、动作传递的信息。美国行为学家阿尔勃特提出了“7%语言+38%语调、音量+55%面部表情、身体语言”的行为公式，可见非语言行为的重要性。

1）类型

（1）动态的无声交流。通过面部表情表达的意思（包括点头、摆头、挥手等）能够达到无声胜有声的效果。

（2）静态的无声交流。保持人与人之间的物理距离。

2）应用原则

（1）相互尊重。尊重是人际交往中很重要的原则。

（2）师生共议。师生理解一致，老师应对学生予以赞扬。

（3）协调一致。与讲课内容、课堂气氛、民族习惯等协调一致。

（4）程度控制。不要过于频繁使用肢体语言、幅度不要过大。

（5）最优搭配。肢体语言、口头表达要有助于语言的表述。

9.2.2 培训与指导的方法

1. 行为示范法

行为示范法是指给受训者提供一个演示关键行为的模型，并为受训者提供实践这些关键行为的机会。

1）行为示范法的形式

（1）提供实践机会。让受训者演练并思考关键行为（关键行为指完成一项任务所必需的一组行为），受训者置于必须使用关键行为的情景中（如角色扮演）。

（2）应用规划。让每一个受训者准备一份书面材料，找出其可以应用关键行为的情景，让受训者做好克服可能阻止其应用关键行为的环境因素的准备。受训者之间组成搭档，事先约定定期沟通的时间，以讨论应用关键行为的成功经验和失败教训。

2）行为示范法的步骤

（1）介绍。通过录像演示关键行为，给出技能模型的理论基础，受训者讨论应用这些技能的经历。

（2）技能准备与开发。观看示范演习并参与角色扮演和实践活动，接受有关关键行为的执行情况的口头或录像反馈。

（3）应用规划。设定改进目标，明确可以应用关键行为的情形，承诺关键行为在实践应用中的作用。

3）行为示范法的实施要点

（1）提供对关键行为的解释与说明。

（2）所做的演示能清楚地展示关键行为。

（3）示范者对受训者来说是可信的。

（4）向受训者说明示范者采用的行为与关键行为之间的关系。

（5）重新总结回顾所包括的关键行为。

（6）提供正确使用关键行为和错误使用关键行为的受训模式。

2. 行为矫正训练法

行为矫正训练法是针对企业一些员工的某些不现实、不合理、自我破坏的观念与想法而产生的训练方法。行为矫正训练法以学习和应用心理学的原理，特别是条件反射的规律，帮助心理与行为异常者改变异常的行为，形成新的适应性行为。

1）行为矫正训练法的操作步骤

（1）准备阶段。学习心理学原理，发现心理与行为异常者，确定训练方式。

（2）实施阶段。集中训练员工，做好角色分配。培训师演示在某种场景合适的语言、行为与动作，受训者对相同场景进行情景演练，二者互换角色，受训者行为达标后可给予奖励。

2）行为矫正训练法的操作内容

（1）阅读心理学书籍，达到学习心理学原理的目的。

（2）及时发现员工存在的问题，如缺乏自我表达能力、存在认知障碍等。

（3）完善环境，改变产生不良行为的条件与因素。

（4）提出训练标准，要求受训者能做出某种动作、行为，用某些语言进行表达。

（5）对正确动作进行强化训练，并给予适当的奖励，以激起受训者参加活动的兴趣。

（6）要改变心理及行为异常者的思维过程，要否定其错误观念与想法，使其异常行为不再发生。

（7）辅导心理及行为异常者自定活动计划，进行自我监视，自觉遵守规则和禁令，实现自我节制，遏制引起不良行为的习惯。

（8）对心理及行为异常者的近期行为进行评估，比较取得的进展与要达到的目的之间的差距，帮助受训者缩小这个差距。

3）行为矫正训练法的操作要点

（1）要求不能过高。开始进行强化训练时要求不能过高，以免目标难以达到而产生焦躁心理。

（2）鼓励为主。鼓励心理及行为异常者多进行自我强化、自我评估，及时发现进步迹象，增强异常行为得到矫正的信心。

（3）想象模仿与参与模仿相结合。想象（内隐）模仿是让心理及行为异常者想象情景，以及如何应付这种情景；参与（实效）模仿是除了亲身示范，还提供实践的条件和机会，使心理及行为异常者懂得什么是正常行为模式、什么是异常行为模式。在模拟场合训练时可以运用两者相结合的方式。

（4）用理智来进行说服教育。心理及行为异常者难以进行正常的思维过程，不愿也不能做出适宜的行为，因此，行为矫正训练法最根本的观念就是要用理智来进行说服教育，改变心理及行为异常者的思维过程。

行为矫正训练法还可用于改革进程中遇到的观念变革问题，有助于帮助员工改变旧的观念，形成新的思想，更易接受并投入到改革中去。

3. 角色扮演法

角色扮演法是心理辅导常用的一种很重要的技术。实施角色扮演法时，受训者扮演分配给他们的角色，并获取有关的背景信息（如工作或者人际关系等问题）。

1）角色扮演法的类型

（1）结构性角色扮演。此类培训方法常运用于特定的问题和场景中，依照事先设计的步骤进行，以达到提高受训者某些特定技能的目的。其要点如下所示。

① 模仿学习。在活动过程中有机会观察到其他受训者的表现，可向他们学习，模仿他们的举止、行为、处理问题的方式方法等。

② 分析和总结经验。在观察、模仿、反馈的基础上，受训者可以在小组讨论中提高自己分析问题的能力，并及时总结经验。

③ 实践和练习。角色扮演活动向受训者提供多种机会，让他们充分地实践、练习，

改变错误的学习方法。

④ 观察与反馈。受训者在讨论彼此的表现时交流自己观察和反馈的信息，通过反馈也可以了解到别人是如何看待自己的。

（2）自发性角色扮演。自发性角色扮演是让受训者在学习过程中学会发现新的行为模式，减少在人际交往中的拘束和过强的自我意识。培训师要起积极的指导作用，帮助受训者学习模仿、观察和反馈。受训者在学习中要提高分析、评价的能力，并能改进行为和技能。

2）角色扮演法的实施步骤

（1）确定培训所要达到的目标。确定角色扮演活动的目标时必须考虑到要配合整体的教学目标，然后根据主要内容确定出比较合理的课目。

（2）构想问题情景或者环境。情景描述可较小些，但必须可信和能够引起兴趣。可选择一些常见的问题，如人际关系中的推销艺术等。

（3）确定所要扮演的角色。应该以可明显地充实学员的各种学习经验为原则决定受训者要扮演的角色。角色不宜过多，否则会增加表演难度，也不能集中反映想要说明的问题。

（4）确定扮演者。让受训者选择自己感兴趣或者是对个人发展有帮助的角色，培训师可提供辅导。

（5）准备扮演。扮演者应该在数天前开始揣摩自己的角色，培训师可以提供必要的辅导。

（6）布置表演场所。表演场所要让扮演者和观察者都感到自在。

（7）安排观察者。培训师要事先对观察者进行辅导，评估的标准应当不是扮演者的表演水平，而是扮演过程表达出了什么思想和感受。

（8）正式扮演。角色扮演活动应该尽可能做到真实与自然。培训师可以采用一系列方法来化解人际冲突，为受训者设计不同的角色，培训师可以介入表演以激发人际互动。

（9）表演结束后的讨论。表演结束以后，培训师要引导受训者进行总结。例如，谈自己对所扮演角色的认识，自己表演时的感受与体会，对其他角色的看法。培训师要善于启发受训者将表演与现实联系起来，鼓励受训者将所学的东西应用到实践中去。

（10）评估角色扮演活动的成效。活动结束以后要评估是否达到了原定的目标。如果受训者对某项主题表现出高度的兴趣，并且不断从各种角度提出建议，就有必要再演一次。

3）角色扮演法的实施要点

（1）做好角色扮演前的思想工作。在角色扮演前，向受训者说明活动的目的，使他们感到活动更有意义、更愿意去学习。

（2）做好角色扮演活动中的管理工作。在活动期间培训师要监管活动时间，受训者的感情投入程度，以及各小组的关注焦点。活动对受训者越有意义，培训师就越不会遇到注意力分散和集中程度降低的问题。

（3）做好活动结束以后的总结工作。总结工作可以帮助受训者更好地体会活动经历，并且可互相探讨各自的认识。受训者还可以讨论他们的感受、学到的东西、积累的经验等，总结其在活动中采取的行动与工作中发生事情的联系。

4. 解决问题讨论法

解决问题讨论法是一种让面临问题的团队成员，通过问题的讨论，相互刺激和影响，使员工的思考方式顺应团队要求，以提高团队解决问题能力的方法。这种方法以普通员工或者管理阶层为受训者，培训的目的是培养受训者的团队意识，提高受训者解决问题的能力。一般以会议形式为讨论方式，培训时间通常为15个小时左右。

1）解决问题讨论法的实施步骤

（1）准备阶段。

此阶段的工作要点是确定会议时间、会议地点和受训员工，列出培训计划表，表9-1所示为“解决问题讨论法”培训计划表范例。

表9-1 “解决问题讨论法”培训计划表范例

步骤	内容	所需时间
介绍	指导员向学员简介培训目标、培训方法、应注意的问题；提出议题、发表个案并接受相关内容的咨询	2小时
休息		0.5小时
集中学员	让学员各自了解和分析问题，并订立解决策略	4小时
休息		1小时
寻找对策	分组发表学员意见，并且相互讨论，寻找本组共同提出的对策	3小时
休息	结束第一会议	
制订计划	全体讨论问题对策，制订实施计划	3小时
休息		1小时
交流	讲评培训报告，交流培训后感想。此时指导员同样要点评各组的对策，并督促学员深入思考，找出最理想对策	1小时

（2）实施阶段。

① 向受训者简要介绍培训目标和方法，给出个案，提出应解决的问题并接受相关内容的咨询。

② 受训者个人作业，了解问题关键点并说明自己准备采取的对策。

③ 受训者各自阐述准备好的对策，并进行分组讨论。

④ 培训师听取讨论意见，点评各组的对策方案。培训师应当从可行性、经济性等方面评价各组提出的对策是否恰当，并督促受训者进一步深入探讨或者修改方案。

⑤ 讲评会议结果，回顾整个讨论过程，并发表自己的感想。

2）实施解决问题讨论法应注意的问题

（1）讨论执行前。

① 为避免同事之间因业务上的竞争、业绩差别、级别关系等因素影响发言的真实性，受训者最好是同一部门的，这样会使全体受训者对提出的个案产生“共同感”。

② 如果受训者是管理阶层人员，要选择现在所面临或者不久可能发生的人际关系或者领导能力等问题作为个案。

③ 注意事先对个案相关材料的收集。

（2）讨论执行时。

① 按步骤进行讨论，如果讨论过程混乱无序，培训师应当及时引导受训者走上有效讨论轨道，以免讨论无法产生具体结论。

② 制订对策时应该着重把握问题的背景、产生的原因等重点，注意确认受训者对问

题是否能够正确地理解。

（3）讨论执行后。

① 交流各自的心得感想。

② 对得出的具体结论，制订一个执行计划，保证问题得到及时处理和解决。

5. 沟通能力分析训练法

沟通能力分析训练法是在确立个人的自主性及自律性的基础上，将其运用于与他人交往、接触过程中的一种方法。其实质是以体验学习为基础，通过体验来达到自我认识及他人认知的目的。

1）沟通能力分析训练法的实施步骤

（1）准备阶段。

① 将受训者分成若干小组，每小组以 10～15 人为宜。

② 选择培训人员、确定训练时间、训练地点。

（2）实施阶段。

小组成员之间进行相互认识、了解，培训人员进行沟通分析。

2）培训人员应注意的问题

（1）除了原有训练内容，还应进一步学习心理学的专业知识，并接受相关的技能训练。

（2）辅导受训者学习的同时，应该辅以理论及体验性方式，帮助受训者掌握自我了解模型及沟通人际关系模型。

（3）不过度介入或者干预受训者的训练过程，以免妨碍受训者个人自主性与自律性的确立。

6. 案例教学法

案例教学是指根据不同受训者的不同理解，补充新的教学内容，鼓励受训者独立思考，引导受训者将注重知识变为注重能力，重视培训者与受训者之间的双向交流。

1）案例教学法的实施步骤

（1）受训者自行准备。在开始集中讨论前的 1～2 周，把案例材料发给受训者，要求受训者阅读案例材料，查阅指定资料，搜集必要信息，并积极思索，初步形成关于案例中问题的原因分析及解决方案。培训者可以在这个阶段给受训者列出一些思考题，让受训者有针对性地进行准备工作。

（2）小组讨论准备。培训者根据受训者的学历、年龄、职位、工作经历等，将受训者划分为由 3～7 人组成的几个小组。小组成员的成分要多样化，有助于表达不同意见，以加深对案例的理解。各小组的讨论地点要彼此分开。

（3）小组集中讨论。各小组派出自己的代表，发表本小组对案例的分析及处理意见。发言时间通常控制在 30 分钟内。发言完毕，发言人要接受其他小组成员的询问并做出解释，本小组的其他成员可代替发言人回答问题。培训者充当组织者和主持人的角色，可提出几个意见比较集中的问题，组织各小组对这些问题进行重点讨论。

（4）思考和总结。集中讨论完成以后，培训者应留出一定的时间让受训者自己进行思考和总结。这种总结可以是总结规律及经验，也可以是获取这种知识及经验的方式方法。

2）案例教学的要求

（1）真实可信。案例是为教学目标服务的，所以它应具有典型性，应与所对应的理论知识有直接的联系，并且一定是经过深入调查研究的，来源于实践，绝不可由培训师主观臆造。

（2）客观生动。培训师给出的案例应该既客观又生动，可采用场景描写、人物对白、心理刻画等方式，使受训者感受到案例的生动性；可结合有关企业具体实例，使受训者感受到案例的客观性。

（3）层次多样。案例可简单，可复杂，但总的原则是多样化。案例应只有情况而没有结果，有激烈的矛盾冲突却没有处理的办法和结论，后面未完成的部分，由受训者去决策和处理，不同的解决办法会产生不同的结果。从这个意义上讲，案例越复杂越有价值。

7. 课堂训练法

课堂训练法是员工培训最基本的方法，主要有课堂授课和课堂讨论两种。课堂训练法的特点是内容丰富但进度较快、授课内容有探索性、授课内容广泛而灵活、授课与自学并举。

1）课堂训练法的实施步骤

（1）提供讨论提纲。

① 讨论题目要有代表性和启发性，难度要适中，数量不宜多，最好只有一个。

② 事先将讨论题目布置给受训者，使其能做好充分准备。培训师要认真研究课堂讨论内容，明确要解决的问题，设计好课堂讨论进程，确定讨论的主要发言人选，准备课堂讨论的总结发言。

（2）组织课堂讨论。

培训师凭经验和能力把握课堂讨论，因此，授课者应重点做好以下工作。

① 公示讨论的要求，安排讨论的程序，确定讨论的形式。

② 引导讨论的进程。当讨论不热烈时，应该提出一些小问题，引导受训者思考辩论；当讨论双方争执不下时，应及时指明论点的实质性区别，将讨论引向深入。

③ 营造讨论的气氛。对有胆怯心理的受训者，要及时鼓励其打消不必要的顾虑；对理解程度较好的受训者，可以指派其进行比较完整的发言。

④ 总结正确的结论。采取全面总结和重点阐述相结合的方法，既要纠正讨论中出现的不正确观点，也要充分肯定正确的意见。

⑤ 评价讨论的效果。既要根据教学目标检查是否达到预期要求，也要关心受训者的进步，对每个受训者的发言情况做出分析，为评定成绩提供依据。

2）课堂训练法存在的问题

（1）课堂训练法本质上是一种单向性的思想传递方式。受训者对这种训练法要么是仔细倾听，要么是置之不理或者逃避。若在教学过程中过多使用课堂讲授，会助长受训者学习的被动性。

（2）课堂训练法不能使受训者直接体验知识和技能。讲授仅是一种语言媒介，只能促使受训者想象和思考，无法给受训者提供最直接的感性认识，因此，有时会给受训者理解知识和应用知识造成困难。

（3）课堂训练法的记忆效果相对不佳。由于讲授不够感性直观，没有受训者的直接参与，所以受训者容易忘记授课内容。随着授课时间的延长，记忆效果呈下降趋势。

（4）课堂训练法难于贯彻因材施教的原则。采用统一要求、统一资料、统一方法来授课，不能充分照顾受训者的个别差异。

9.2.3 培训时间的分配与掌控

培训时间的分配和掌控会直接影响培训的实际效果。

1. 准时开始，准时结束

准时开始，准时结束对培训师及受训者都十分重要，它是考验培训师是否严谨的标志。

2. 合理分配时间

受训者注意力集中的时间范围是比较规律的，培训师可根据受训者的这个特点，在培训过程中安排适当的中途休息时间。合适的间隔时间比大量的集中时间更有效果，原因如下：

（1）课程开始之初，受训者的投入呈现上升趋势。

（2）课程逐渐深入，受训者的兴趣及注意力会逐渐下降。

（3）课程临近结束，受训者对下课的盼望会使课堂气氛有所活跃。

3. 灵活判断情绪

对一个高强度的教学过程，可以通过受训者的一些动作来判断其是否疲劳。受训者消极的肢体动作：短暂闭眼、摇头、挠头、揉鼻子或者鼻梁、摘下眼镜、腿抖动、伸小懒腰、打小哈欠、手下垂并晃动、局部小按摩、频繁喝水、与同桌聊天、无目的地翻阅资料、无神凝视、频繁看表等。若有这些动作出现，则说明受训者需要休息。

9.2.4 培训过程中的沟通

良好的沟通能力是一个优秀培训师的基本素质要求。优秀培训师除了要在培训前期与客户人力资源部门、受训者进行很好的沟通，还要在培训开始前与每个受训者进行沟通，充分了解受训者在培训现场的心态和动机。另外，培训师也要在培训过程的休息期间和受训者进行交流，从而在课程中充分和受训者进行与培训主题紧密结合的互动活动。

1. 培训师语言表达的要求

（1）授课时要条理清晰，要用轻柔、自然的声音流畅地表达。

（2）授课内容要充分、深入浅出，能打动人心、引人入胜。

（3）进行案例分析时要有理有据、具有说服力。

（4）和受训者进行互动活动时，要放下培训师的架子，用风趣幽默的语言和生动的示范动作，打破课堂沉闷，消除受训者之间的隔膜。

2. 在互动中培训师应具备的能力。

（1）应变能力。培训过程中，人员、任务或者环境发生变化是经常有的事情，如投影仪突然失灵、电脑软件发生故障等。遇到这些问题时，培训师要沉着冷静，机智应对，通过幽默来化解尴尬的气氛，并取得受训者的谅解。

（2）观察能力。培训师在培训课堂上要善于“察言观色”：受训者的眼神有没有游离，某个动作是否长时间保持不变，对培训师的提问有没有反应等。从以上这些表象可以看出受训者对培训内容的理解和掌握的程度。培训师应时刻注意，随时调整自己的授课进度或者方法以配合受训者的心理状态。

（3）控制能力。培训师主要是通过提问的方式来调动气氛和实现互动的，这种技巧看似简单，但实际上很有效果并且具有一定的控制课堂气氛的作用。通过引导提问并提供很有说服力的回答，可以博得受训者的好感与尊重，从而使学员的参与积极性和热情得到很大的提高。

9.3 培训反馈与评估

培训结束以后应该对培训效果进行评估。培训效果反馈与评估为度量培训的价值提供依据，培训效果应该在实际工作中进行检验。

9.3.1 培训评估的层级

按照“柯氏四级培训评估模式”进行培训项目评估。

一级评估。该评估是反应层面的评估，旨在了解受训人员对培训项目的满意度。

二级评估。该评估是学习层面的评估，旨在了解受训人员经过培训以后，在掌握知识及技能方面的提高程度。

三级评估。该评估是行为层面的评估，旨在了解受训人员行为的改变。

四级评估。该评估是结果层面的评估，旨在了解受训人员经过培训以后，工作业绩和单位效益提高的程度。

9.3.2 培训评估的实施

1. 确定评估层级

在设计培训项目的同时，应该根据培训目标、培训项目的重要性、培训经费的投入情况及领导的重视程度等因素，考虑应实施什么层级的评估。可按照以下原则确定评估层级。

（1）所有面授培训应实施一级评估，网络教学也应该尽量对课程内容、教学课件呈现方式等进行类似评估。

（2）原则上所有培训项目都应该实施二级评估。

（3）部分重点培训项目，如与工作密切相关的培训项目，应该实施三级评估。

（4）个别非常重大的培训项目应该实施四级评估。

2. 实施评估

1）一级评估

以问卷调查法为主实施一级评估。培训项目结束后，请受训者填写“培训项目评估表

（学员用表）”，对培训情况进行量化打分，鼓励受训者多写意见及建议。培训管理人员应该立即进行汇总，填写“培训项目评估表（汇总表）”，经受训者代表、业务部项目责任人及项目责任人三方签字确认后将汇总表原件交相关培训管理部门保存。

2）二级评估

通过测试了解受训者参训前后知识技能的改进情况来实施二级评估。培训组织者要合理安排好测试的时间、课程等各环节，要求受训者认真做好测试准备，培训师精心准备测试试题。对于需要进行现场技能操作的项目，应该提前准备好设备。二级评估的结果应该反馈给受训者本人及其直接上级，以便于他们了解培训效果，在实际工作中进一步学习和改进。

3）三级、四级评估

实施三级和四级评估时应注意以下问题。

（1）认真选择适合进行三级、四级评估的培训课程。

（2）应该在培训开始前进行训前测试，以掌握受训者培训前的相关情况，便于在培训结束后一定时间内进行比较分析。

（3）选择合适的评估时间。通常三级、四级评估要在受训者回到工作岗位之后实施，三级评估通常在培训结束 3 个月后实施，四级评估通常在培训结束半年后实施。

3．针对标准评价培训结果

常用方法是请受训者在培训结束以后填写一份培训评价表。培训评价表应具有以下特点。

（1）与培训目标紧密联系。

（2）以培训标准为基础。

（3）与受训者先测内容有关。

（4）包括培训的一些主要因素，如培训师、培训教材、培训场地等。

（5）包括培训的一些主要环节，如客户服务、案例讨论等。

（6）评价结果容易量化。

（7）鼓励受训者真实反映结果。

9.3.3 评价结果转移

评价结果转移指把培训的效果转移到工作实践中去，即工作效率提高了多少，这和培训目标息息相关。因此，评价结果的有效转移是最终衡量一次培训是否成功的关键。评价结果转移要注意以下几点。

（1）取得其他职能部门的支持。

（2）评价工具有效、可靠。

（3）评价内容具有可测量性，如销量、事故次数、产品合格率、出勤率、产品耗能率等。

（4）时间性。如有的培训效果立竿见影，有的培训效果在一段时间后才能见效，有的培训效果过了一段时间后会失效。

（5）真实。即使有的评价结果没有转移，也要真实反映出来，以便吸取教训，有利于改进提高。

参考文献

[1] 中华人民共和国国务院．中华人民共和国电信条例．北京：中国法制出版社，2016.

[2] 中华人民共和国国务院．中华人民共和国劳动法．北京：中国法制出版社，2018.

[3] 中华人民共和国国务院．中华人民共和国劳动合同法．北京：中国法制出版社，2012.

[4] 中华人民共和国国务院．中华人民共和国合同法．北京：中国法制出版社，1999.

[5] 中华人民共和国国务院．中华人民共和国安全生产法．北京：中国法制出版社，2002.

[6] 工业和信息化部通信行业职业技能鉴定中心．电信机务员（基础知识）[M]．北京，2017.

[7] 戴海兵，张桂荣，薛冰冰，等．信息通信工程建设与维护手册[M]．北京：人民邮电出版社，2017.

[8] 中国电信．中国电信现场综合化维护教材[M]．北京：人民邮电出版社，2017.

[9] 工业和信息化部通信工程定额质监中心．信息与通信建设工程概预算管理与实务[M]．北京：人民邮电出版社，2017.

[10] 吴功宜．智慧物联网——感知中国和世界的技术[M]．北京：机械工业出版社，2010.

[11] 饶运涛，邹继军．电子标签技术[M]．北京：北京航空航天大学出版社，2011.

[12] 罗军舟，金嘉晖，宋爱波，等．云计算：体系架构与关键技术[M]．通信学报，2011，32（7）：3-21.

[13] 马力，祝国邦，陆磊．《信息安全技术网络安全等级保护基本要求》（GB/T 22239—2019）标准解读[J]．信息网络安全，2017（2）：77-84.